Adriano Oprandi
Angewandte Differentialgleichungen
De Gruyter Studium

Weitere empfehlenswerte Titel

Angewandte Differentialgleichungen
Adriano Oprandi, 2021

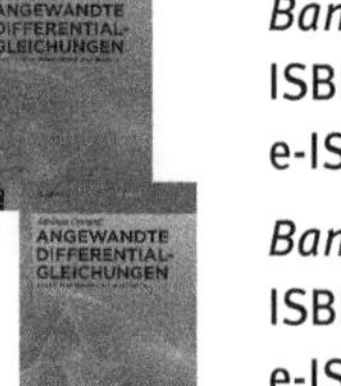

Band 1: Kinetik, Biomathematische Modelle
ISBN 978-3-11-068379-0, e-ISBN (PDF) 978-3-11-068380-6,
e-ISBN (EPUB) 978-3-11-068406-3

Band 2: Elastostatik, Schwingungen
ISBN 978-3-11-068381-3, e-ISBN (PDF) 978-3-11-068382-0,
e-ISBN (EPUB) 978-3-11-068407-0

Band 3: Baudynamik
ISBN 978-3-11-068413-1, e-ISBN (PDF) 978-3-11-068414-8,
e-ISBN (EPUB) 978-3-11-068423-0

Band 5: Fluiddynamik 1
ISBN 978-3-11-068451-3, e-ISBN (PDF) 978-3-11-068452-0,
e-ISBN (EPUB) 978-3-11-068475-9

Band 6: Fluiddynamik 2
ISBN 978-3-11-068453-7, e-ISBN (PDF) 978-3-11-068454-4,
e-ISBN (EPUB) 978-3-11-068471-1

Differentialgleichungen und mathematische Modellbildung
Eine praxisnahe Einführung unter Berücksichtigung der Symmetrie-Analyse
Nail H. Ibragimov, 2017
ISBN 978-3-11-049532-4, e-ISBN (PDF) 978-3-11-049552-2,
e-ISBN (EPUB) 978-3-11-049284-2

Numerik gewöhnlicher Differentialgleichungen
Band 1: Anfangswertprobleme und lineare Randwertprobleme
Martin Hermann, 2017
ISBN 978-3-11-050036-3, e-ISBN (PDF) 978-3-11-049888-2,
e-ISBN (EPUB) 978-3-11-049773-1

Numerik gewöhnlicher Differentialgleichungen
Band 2: Nichtlineare Randwertprobleme
Martin Hermann, 2018
ISBN 978-3-11-051488-9, e-ISBN (PDF) 978-3-11-051558-9,
e-ISBN (EPUB) 978-3-11-051496-4
Band 1 und 2 als Set erhältlich (Set-ISBN: 978-3-11-055582-0)

Adriano Oprandi

Angewandte Differentialgleichungen

Band 4: Wärmetransporte

DE GRUYTER

Mathematics Subject Classification 2010
65L10

Author
Adriano Oprandi
Bartenheimerstr. 10
4055 Basel
Schweiz
spideradri@bluewin.ch

ISBN 978-3-11-068445-2
e-ISBN (PDF) 978-3-11-068446-9
e-ISBN (EPUB) 978-3-11-068474-2

Library of Congress Control Number: 2020938222

Bibliografische Information der Deutschen Nationalbibliothek
Die Deutsche Nationalbibliothek verzeichnet diese Publikation in der Deutschen Nationalbibliografie; detaillierte bibliografische Daten sind im Internet über http://dnb.dnb.de abrufbar.

Umschlaggestaltung: dianaarturovna / iStock / Getty Images Plus
Satz: le-tex publishing services GmbH, Leipzig
Druck und Bindung: CPI books GmbH, Leck

www.degruyter.com

Inhalt

1 Wärmeübertragung durch Konvektion

In der Natur findet ein ständiger Temperaturunterschiedsausgleich statt. Stets haben wir einen Transport von Wärme von Stellen höherer Temperatur zu solchen niedrigerer. Im Gegensatz dazu sind Lebewesen im Allgemeinen bestrebt, Wärme zu speichern. Wärmeübertragung kann auf drei Arten vor sich gehen: durch Leitung, Konvektion oder Strahlung.

Konvektion

Diese Art des Wärmetransports (Massentransports) beruht auf der Bewegung eines warmen Trägers. Dieser kann fest, flüssig oder gasförmig sein. Beispiele sind die für das Klima auf der Erde lebenswichtigen Wind- und Meeresströmungen (Passatwinde, Golfstrom).

Bei Flüssigkeiten und Gasen tritt die Konvektion von selbst ein. Die erwärmten Gebiete sind spezifisch leichter und steigen in die Höhe. Diese Art der Konvektion nennt man freie Konvektion. Im Gegensatz dazu liegt eine erzwungene Konvektion dann vor, wenn durch äußere Kräfte, zum Beispiel durch einen Ventilator, einen Föhn oder mit Hilfe einer Pumpe bei der Zentralheizung, die Bewegung von Materie erzwungen wird.

Der notwendige Druck- oder Dichteunterschied wird durch Erwärmen auf der einen Seite und Abkühlen auf der anderen Seite des Kreislaufs aufrechterhalten.

In allen drei genannten Fällen wird dann die Wärme von einem Träger (beim Föhn die Metalldrähte) zu einem anderen (beim Föhn die Luft) geleitet. Bei der Zentralheizung sogar vom Wasser über das Metallgehäuse an die Luft, also drei Träger in verschiedenen Aggregatszuständen.

Will man bewusst Konvektion oder Wärmeleitung vermeiden, dann braucht es ein praktisch materiefreies Fluid, ein Vakuum wie bei der Thermoskanne. Damit findet nur über die Naht- oder Verschlussstellen ein Wärmeverlust statt.

Die Wärmemenge ΔQ hängt neben der Zeit Δt, der Oberfläche der Grenzschicht A, der Temperaturdifferenz zwischen der Oberflächentemperatur T_{i} des festen Körpers und der Temperatur T_{a} des umgebenden Fluids und von weiteren Parametern ab, die im sogenannten konvektiven Wärmeübergangskoeffizienten α $[\frac{\mathrm{W}}{\mathrm{m}^2 \cdot \mathrm{K}}]$ zusammengefasst sind. Diese Parameter sind zum Beispiel die Lage der sich ausbildenden Grenzfläche (horizontal oder vertikal), die Art der Konvektionsströmung (freie oder erzwungene Konvektion), die Art und die Geschwindigkeit des Fluids, sowie die Geometrie der Grenzfläche. Die Abhängigkeit von solch vielen Parametern ist sehr schwierig zu erfassen. Es ist sogar so, dass α lokal mit der Dicke der Grenzschicht fällt (vgl. Kapitel 7.7). Eine genaue Untersuchung des letztgenannten Sachverhalts

https://doi.org/10.1515/9783110684469-001

wird in den 6. Band verschoben.

$\Delta Q = \alpha \cdot A \cdot (T_\mathrm{i} - T_\mathrm{a}) \cdot \Delta t$ ist die Wärmemenge [J],

$\frac{\Delta Q}{\Delta t} = \dot{Q}_\mathrm{K} = \alpha \cdot A \cdot (T_\mathrm{i} - T_\mathrm{a})$ heißt konvektive Wärmeleistung oder Wärmestrom [W] und

$\frac{\dot{Q}_\mathrm{K}}{A} = \dot{q}_\mathrm{K} = \alpha \cdot (T_\mathrm{i} - T_\mathrm{a})$ bezeichnet die Wärmestromdichte $[\frac{\mathrm{W}}{\mathrm{A}}]$.

2 Wärmeleitung

Hält man einen Metallstab in siedendes Wasser, so fühlt man, wie das andere Ende nach kurzer Zeit ebenfalls heiß wird. Es ist also Wärme durch den Stab zum kalten Ende hin übertragen worden. Wir können uns diesen Übergang als Übertragung der Energie von schwingenden Molekülen vorstellen. Bei diesem Vorgang wird demnach keine Materie, sondern nur Energie transportiert. Dies bezeichnen wir als Wärmeleitung. Alle Metalle sind gute, wohingegen z. B. Luft oder Wolle schlechte Wärmeleiter sind.

2.1 Wärmeleitung in der Platte

Fourier betrachtete eine ebene Platte der Fläche A und der Dicke l, bei dem die eine Seite auf der konstanten Temperatur T_1 (beispielsweise im Eisbad) und die andere Seite auf der konstanten Temperatur T_2 (beispielsweise in siedendem Wasser) gehalten wird (Abb. 2.1 links). Alle anderen Seiten der Platte seien gegenüber außen isoliert, so dass Wärmeleitung nur in eine Richtung erfolgt. Durch Messung fand er, dass die Wärmemenge ΔQ mit der Zeit Δt, der Fläche A und der Temperaturdifferenz $T_2 - T_1$ zunimmt und mit der Strecke l abnimmt. Es gilt also

$$\Delta Q = -\lambda \cdot \frac{T_2 - T_1}{l} \cdot A \cdot \Delta t = -\lambda \cdot A \cdot \frac{\Delta T}{\Delta x} \cdot \Delta t \,.$$

Somit erhält man für die Wärmeleistung oder den Wärmestrom $\frac{\Delta Q}{\Delta t} = \dot{Q}_\mathrm{L} = -\lambda \cdot A \cdot \frac{dT}{dx}$. Dabei ist λ der Wärmeleitkoeffizient in $[\frac{\mathrm{W}}{\mathrm{m \cdot K}}]$.

Diese Gleichung gilt allgemein, also auch für zylindrische Rohre oder Kugeln. Die Wärmeleitfähigkeit λ gibt die Wärmemenge ΔQ an, die pro Zeitintervall Δt durch eine Querschnittsfläche A entlang einer Distanz Δx mit der Temperaturdifferenz ΔT transportiert wird.

Die Wärmestromdichte ist dann $\dot{q}_\mathrm{L} = -\lambda \cdot \frac{\Delta T}{\Delta x}$. Für die Platte sind $\dot{Q}_\mathrm{L}$ bzw. $\dot{q}_\mathrm{L}$ aufgrund des linearen Temperaturverlaufs konstant. Für den Zylinder und die Kugel werden $\dot{Q}_\mathrm{L}$ bzw. $\dot{q}_\mathrm{L}$ deswegen konstant sein, weil sie auf veränderliche (Ober-)flächen bezogen sind, obwohl die Temperatur abhängig vom Radius ist.

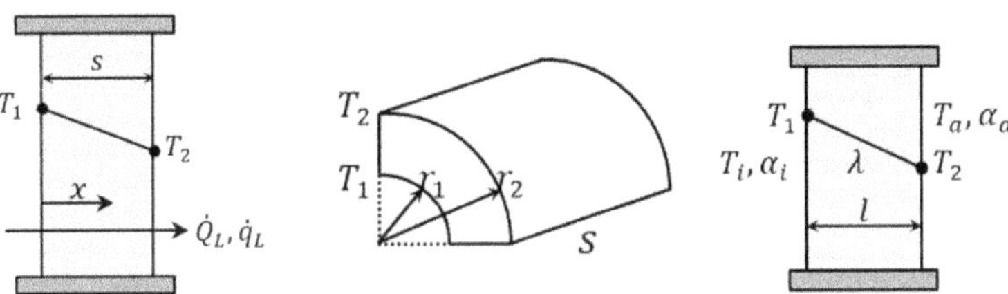

Abb. 2.1: Skizzen zur Wärmeleitung

https://doi.org/10.1515/9783110684469-002

Für den Temperaturverlauf in der Platte schreibt man den Wärmestrom als $\dot{Q}_L = A \cdot \frac{\lambda}{l} \cdot (T_1 - T_2)$. Dies folgt unmittelbar aus $\Delta Q = -\lambda \cdot \frac{T_2 - T_1}{l} \cdot A \cdot \Delta t$.

Den Temperaturverlauf erhält man durch Integration:

$$\dot{Q}_L \int_0^x d\chi = -\lambda \cdot A \cdot \int_{T_1}^{T} d\tau$$

$$\Longrightarrow \quad A \cdot \frac{\lambda}{l}(T_1 - T_2) \cdot x = \lambda \cdot A(T_1 - T(x)) \quad \Longrightarrow \quad T(x) = T_1 + (T_2 - T_1) \cdot \frac{x}{l} \,.$$

Der Temperaturverlauf ist in diesem Fall linear (Abb. 2.2).

2.2 Wärmeleitung im Zylinder

Es soll $s \gg r_2$ sein, damit wir vom Wärmeverlust an den Enden absehen können (Abb. 2.1 mitte). Dann erhält man nacheinander $A = A(r) = 2\pi rs$, $\dot{Q}_L = -\lambda \cdot 2\pi rs \cdot \frac{dT}{dr}$,

$$\dot{Q}_L \int_{r_1}^{r_2} \frac{dr}{r} = -\lambda \cdot 2\pi s \cdot \int_{T_1}^{T_2} dT \quad \text{und} \quad \dot{Q}_L \cdot \ln\left(\frac{r_2}{r_1}\right) = 2\pi s\lambda \cdot (T_1 - T_2) \,.$$

Schließlich ist

$$\dot{Q}_L = \frac{2\pi s\lambda}{\ln\left(\frac{r_2}{r_1}\right)} \cdot (T_1 - T_2) \quad \text{und} \quad \dot{q}_L(r) = \frac{\dot{Q}_L}{2\pi rs} = \frac{\lambda}{r \cdot \ln\left(\frac{r_2}{r_1}\right)} \cdot (T_1 - T_2) \,.$$

Der Temperaturverlauf ergibt sich durch Integration (Abb. 2.2):

$$\dot{Q}_L \int_{r_1}^{r} \frac{dR}{R} = -\lambda \cdot 2\pi s \cdot \int_{T_1}^{T} d\tau$$

$$\Longrightarrow \quad \frac{2\pi s\lambda}{\ln\left(\frac{r_2}{r_1}\right)} \cdot (T_1 - T_2) \cdot \ln\left(\frac{r}{r_1}\right) = \lambda \cdot 2\pi s(T_1 - T(r))$$

$$\Longrightarrow \quad T(r) = T_1 + (T_2 - T_1) \cdot \frac{\ln\left(\frac{r}{r_1}\right)}{\ln\left(\frac{r_2}{r_1}\right)}$$

2.3 Wärmeleitung in der Kugel

Wieder seien die Radien r_1 und r_2. Es ist

$$A = A(r) = 4\pi r^2 \quad \Longrightarrow \quad \dot{Q}_L = -\lambda \cdot 4\pi r^2 \cdot \frac{dT}{dr} \quad \Longrightarrow \quad \dot{Q}_L \int_{r_1}^{r_2} \frac{dr}{r^2} = -\lambda \cdot 4\pi \cdot \int_{T_1}^{T_2} dT$$

$$\Longrightarrow \quad \dot{Q}_L = \frac{4\pi\lambda}{\frac{1}{r_1} - \frac{1}{r_2}} \cdot (T_1 - T_2) \quad \text{und} \quad \dot{q}_L(r) = \frac{\lambda}{r^2 \cdot \left(\frac{1}{r_1} - \frac{1}{r_2}\right)} \cdot (T_1 - T_2)\,.$$

Den Temperaturverlauf erhält man durch Integration (Abb. 2.2):

$$\dot{Q}_L \int_{r_1}^{r} \frac{d\rho}{\rho^2} = -\lambda \cdot 4\pi \cdot \int_{T_1}^{T} d\tau$$

$$\Longrightarrow \quad \frac{4\pi\lambda}{\frac{1}{r_1} - \frac{1}{r_2}} \cdot (T_1 - T_2) \cdot \left(\frac{1}{r_1} - \frac{1}{r}\right) = \lambda \cdot 4\pi (T_1 - T(r))$$

$$\Longrightarrow \quad T(r) = T_1 + (T_2 - T_1) \cdot \frac{\left(\frac{1}{r} - \frac{1}{r_1}\right)}{\left(\frac{1}{r_2} - \frac{1}{r_1}\right)}\,.$$

In Abb. 2.2 erkennt man, dass die Temperatur T_2 der Kugel bei wachsendem Radius schneller auf die Temperatur T_1 absinkt als bei der Platte und dem Zylinder. Bis zu einem Radius r_* ist die Wärmestromdichte $\dot{q}_L(r)$ (als Maß für die Temperaturabnahme) der Kugel größer als diejenige des Zylinders, danach sind die Größenverhältnisse entgegengesetzt. Für die Lage von r_* setzt man

$$\frac{\lambda}{r \cdot \ln\left(\frac{r_2}{r_1}\right)} \cdot (T_1 - T_2) = \frac{\lambda}{r^2 \cdot \left(\frac{1}{r_1} - \frac{1}{r_2}\right)} \cdot (T_1 - T_2)$$

und erhält

$$r_* = \frac{\ln\left(\frac{r_2}{r_1}\right)}{\frac{1}{r_1} - \frac{1}{r_2}}\,.$$

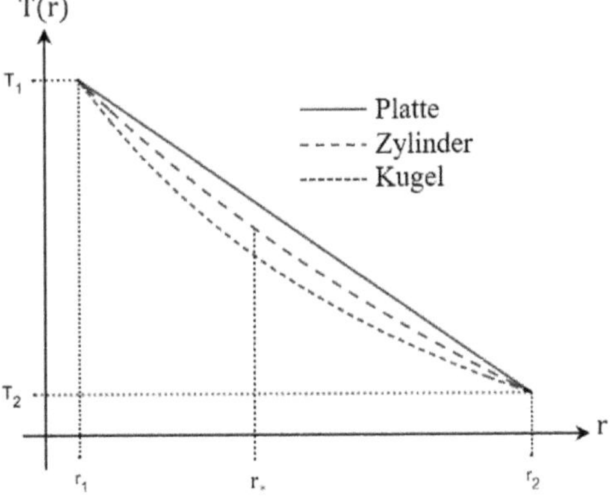

Abb. 2.2: Temperaturverlauf für Platte, Zylinder und Kugel

2.4 Kombination von Konvektion und Wärmeleitung

A) Ebene Platte

Vielfach treten mehrere Wärmetransporte gleichzeitig auf. Betrachten wir dazu die Wand eines Hauses (Abb. 2.1 rechts).Ihre Oberfläche sei A, die Dicke l und ihre Wärmeleitfähigkeit λ. Die Innenwand habe die Temperatur T_1, die Außenwand die Temperatur T_2. Die Innen- bzw. Außentemperaturen seien T_i und T_a mit den entsprechenden Wärmeübergangszahlen α_i, bzw. α_a.

Im stationären Zustand muss der Wärmestrom in der Wand genauso groß wie der zur Oberfläche der Wand hinführende und der von der Wand wegführende Wärmestrom sein. Das bedeutet

$$\dot{Q} = \alpha_\mathrm{i} A(T_\mathrm{i} - T_1) = \frac{\lambda}{l} A(T_1 - T_2) = \alpha_\mathrm{a} A(T_2 - T_\mathrm{a}) \,.$$

Schreibt man

$$T_\mathrm{i} - T_\mathrm{a} = T_\mathrm{i} - T_1 + T_1 - T_2 + T_2 - T_\mathrm{a} \,,$$

dann ist

$$T_\mathrm{i} - T_\mathrm{a} = \frac{\dot{Q}}{\alpha_\mathrm{i} A} + \frac{\dot{Q} l}{\lambda A} + \frac{\dot{Q}}{\alpha_\mathrm{a} A}$$

und somit

$$\dot{Q} = \frac{A(T_\mathrm{i} - T_\mathrm{a})}{\frac{1}{\alpha_\mathrm{i}} + \frac{l}{\lambda} + \frac{1}{\alpha_\mathrm{a}}} = k \cdot A(T_\mathrm{i} - T_\mathrm{a}) \quad \text{mit} \quad \frac{1}{k} = \frac{1}{\alpha_\mathrm{i}} + \frac{l}{\lambda} + \frac{1}{\alpha_\mathrm{a}} \,.$$

Isolation

Verallgemeinert man dieses Ergebnis für n Schichten der Dicke l_u mit den Wärmeleitfähigkeiten λ_u, so erkennt man, dass der Wärmestrom mit der Anzahl der Isolationsschichten sinkt: $\frac{1}{k} = \frac{1}{\alpha_\mathrm{i}} + \sum_{u=1}^{n} \frac{l_u}{\lambda_u} + \frac{1}{\alpha_\mathrm{a}}$.

Die eingeführte Wärmedurchgangszahl k liegt bei Doppelverglasungen zwischen $1 - 3\,\frac{\mathrm{W}}{\mathrm{m^2K}}$.

Dreifachverglasungen erzielen einen Wert von $k = 0{,}5\,\frac{\mathrm{W}}{\mathrm{m^2K}}$. Will man einen „Vollwärmeschutz“ erzielen, $k < 0{,}4\,\frac{\mathrm{W}}{\mathrm{m^2K}}$, dann muss man z. B. Mauerziegel mit einer Wandstärke von $0{,}5\,\mathrm{m}$ wählen. Für Berechnungen verwendet man folgende Normwerte: $T_\mathrm{i} = 20\,°\mathrm{C}$, $T_\mathrm{a} = -15\,°\mathrm{C}$, $\alpha_\mathrm{i} = 15\,\frac{\mathrm{W}}{\mathrm{m^2K}}$, $\alpha_\mathrm{a} = 6 - 8\,\frac{\mathrm{W}}{\mathrm{m^2K}}$.

Aufgabe

Bearbeiten Sie die Übungen 1 und 2.

Bemerkung. Der Begriff des Wärmestroms leitet sich aus folgender Analogie ab: Nach dem Ohm'schen Gesetz ist $I = \frac{U}{R}$. Definiert man $R_{\alpha_\mathrm{i}} := \frac{1}{\alpha_\mathrm{i}}$, $R_{\alpha_\mathrm{a}} := \frac{1}{\alpha_\mathrm{a}}$, $R_\lambda := \frac{l}{\lambda}$, dann ist $R_\mathrm{total} = R_{\alpha_\mathrm{i}} + R_\lambda + R_{\alpha_\mathrm{a}}$ und $\dot{Q} = \frac{(T_\mathrm{i} - T_\mathrm{a})}{R_\mathrm{total}}$. Die Spannung entspricht dem Temperaturunterschied, der einen Wärmestrom überhaupt möglich macht.

B) Zylinderrohr

Als weiteren Fall betrachten wir ein Rohr, das von einem Fluid durchströmt wird, wie es z. B. beim Transport von Fernwärme zum Einsatz kommt (Abb. 2.3 links). Bei der Zentralheizung ist das Fluid Wasser.

Der Unterschied zum vorigen Fall besteht darin, dass hier eine Strömung vorliegt. Im Rohr bildet sich bei laminarer Strömung ein Temperaturprofil: Im Zentrum beträgt die Temperatur T_i. Je näher das Fluid an der Innenseite des Rohrs strömt, umso mehr fällt die Temperatur hin zur Wandtemperatur T_1 ab.

Bei turbulenter Strömung sieht das Profil aus wie in Abb. 2.3 rechts. Erheblich für uns ist, dass wir für die Temperatur des Fluids eine Mischtemperatur annehmen müssen, die wir mit $T_\text{m} = \frac{T_\text{i}+T_1}{2}$ ansetzen können. Wir formulieren wie bei der ebenen Platte den Wärmestrom auf drei verschiedene Arten. Es gilt

$$\dot{Q} = \alpha_\text{i} A_1 (T_\text{m} - T_1) = \frac{2\pi\lambda s}{\ln\left(\frac{r_2}{r_1}\right)}(T_1 - T_2) = \alpha_\text{a} A_2 (T_2 - T_\text{a}) \,.$$

Wieder schreiben wir $T_\text{m} - T_\text{a} = T_\text{m} - T_1 + T_1 - T_2 + T_2 - T_\text{a}$.

Dann ist

$$T_\text{m} - T_\text{a} = \frac{\dot{Q}}{\alpha_\text{i} A_1} + \frac{\dot{Q}\ln\left(\frac{r_2}{r_1}\right)}{2\pi\lambda s} + \frac{\dot{Q}}{\alpha_\text{a} A_2}$$

und somit

$$\begin{aligned}\dot{Q} &= \frac{(T_\text{m} - T_\text{a})}{\frac{1}{\alpha_\text{i} A_1} + \frac{1}{2\pi\lambda s}\cdot\ln\left(\frac{r_2}{r_1}\right) + \frac{1}{\alpha_\text{a} A_2}} = \frac{A_2(T_\text{m} - T_\text{a})}{\frac{A_2}{\alpha_\text{i} A_1} + \frac{A_2}{2\pi\lambda s}\cdot\ln\left(\frac{r_2}{r_1}\right) + \frac{A_2}{\alpha_\text{a} A_2}} \\ &= k\cdot A_2(T_\text{m} - T_\text{a}) \quad \text{mit} \quad \frac{1}{k} = \frac{r_2}{r_1}\cdot\frac{1}{\alpha_\text{i}} + \frac{r_2}{\lambda}\ln\left(\frac{r_2}{r_1}\right) + \frac{1}{\alpha_\text{a}} \,.\end{aligned}$$

Spezialfall: Ist die Geschwindigkeit des Fluids Null, dann ist $T_\text{m} = T_\text{i}$. In Europa wird der U-Wert im Falle eines Rohrs immer bezüglich der äußeren Austauschfläche angegeben.

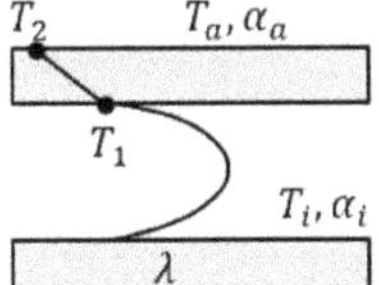

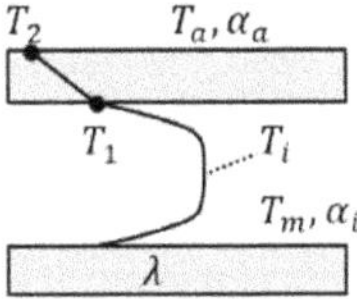

Abb. 2.3: Skizzen zum Strömungsprofil eines durchströmten Rohrs

---

Aufgabe

Bearbeiten Sie die Übungen 3 und 4.

Isolation

Verallgemeinert man dieses Ergebnis für n Schichten der Dicke $r_{m+1} - r_m$ mit den Wärmeleitfähigkeiten λ_m, so erhält man bezüglich der äußersten Fläche

$$\dot{Q} = \frac{(T_\mathrm{m} - T_\mathrm{a})}{\frac{1}{\alpha_\mathrm{i} A_1} + \sum_{u=1}^{n} \frac{1}{2\pi\lambda_u s} \cdot \ln\left(\frac{r_{u+1}}{r_u}\right) + \frac{1}{\alpha_\mathrm{a} A_{n+1}}} = \frac{A_{n+1}(T_\mathrm{m} - T_\mathrm{a})}{\frac{A_{n+1}}{\alpha_\mathrm{i} A_1} + \sum_{u=1}^{n} \frac{A_{n+1}}{2\pi\lambda_u s} \cdot \ln\left(\frac{r_{u+1}}{r_u}\right) + \frac{A_{n+1}}{\alpha_\mathrm{a} A_{n+1}}}$$

$$= \frac{A_{n+1}(T_\mathrm{m} - T_\mathrm{a})}{\frac{r_{n+1}}{r_1} \cdot \frac{1}{\alpha_\mathrm{i}} + r_{n+1} \sum_{u=1}^{n} \frac{1}{\lambda_u} \cdot \ln\left(\frac{r_{u+1}}{r_u}\right) + \frac{1}{\alpha_\mathrm{a}}}$$

$$\Longrightarrow \quad \frac{1}{k} = \frac{r_{n+1}}{r_1} \frac{1}{\alpha_\mathrm{i}} + \sum_{u=1}^{n} \frac{r_{n+1}}{\lambda_u} \ln\left(\frac{r_{u+1}}{r_u}\right) + \frac{1}{\alpha_\mathrm{a}} .$$

Beispielsweise gilt für zwei Schichten

$$\frac{1}{k} = \frac{r_3}{r_1} \frac{1}{\alpha_\mathrm{i}} + \frac{r_3}{\lambda_1} \ln\left(\frac{r_2}{r_1}\right) + \frac{r_3}{\lambda_2} \ln\left(\frac{r_3}{r_2}\right) + \frac{1}{\alpha_\mathrm{a}} .$$

Man könnte meinen, dass folglich der Wärmestrom umso kleiner sein sollte, je dicker eine um ein Rohr gelegte Isolationsschicht ist. Paradoxerweise steigt der Wärmestrom bis zu einer kritischen Isolationsdicke, bevor er wieder sinkt. Dies kann man sich so erklären, dass mit der Dicke zwar ein kleinerer Wärmestrom erzielt würde, gleichzeitig aber aufgrund der vergrößerten Austauschfläche die Zunahme des Wärmestroms anfänglich überwiegt.

Betrachten wir dazu ein Rohr mit Radius r_1 der Dicke $r_2 - r_1$ (Abb. 2.4 links). Um dieses Rohr wird eine Isolationsschicht der Dicke $r_3 - r_2$ gelegt. Wir untersuchen das Wärmestromverhältnis $\Phi = \frac{\dot{Q}}{\alpha_\mathrm{a} A_2 (T_\mathrm{i} - T_\mathrm{a})}$. Dies entspricht dem Wärmestrom verglichen mit dem Wärmestrom ohne Isolation. Verwenden wir zusätzlich noch die Abkürzung $\varrho = \frac{r_3}{r_2}$, dann wird daraus

$$\Phi(r_3) = \frac{1}{\alpha_\mathrm{a} A_2 \left(\frac{1}{\alpha_\mathrm{i} A_1} + \frac{1}{2\pi\lambda_1 s} \ln\left(\frac{r_2}{r_1}\right) + \frac{1}{2\pi\lambda_2 s} \ln\left(\frac{r_3}{r_2}\right) + \frac{1}{\alpha_\mathrm{a} A_3}\right)}$$

$$= \frac{1}{\underbrace{\frac{r_2}{r_1} \cdot \frac{\alpha_\mathrm{a}}{\alpha_\mathrm{i}} + \frac{\alpha_\mathrm{a} r_2}{\lambda_1} \cdot \ln\left(\frac{r_2}{r_1}\right)}_{c} + \underbrace{\frac{\alpha_\mathrm{a} r_2}{\lambda_2}}_{d} \cdot \ln\left(\frac{r_3}{r_2}\right) + \frac{r_2}{r_3}} .$$

oder

$$\Phi(\varrho) = \frac{1}{c + d \cdot \ln \varrho + \frac{1}{\varrho}} . \tag{2.1}$$

Zur Darstellung wählen wir $c = 1$, $d = \{\frac{1}{3}, \frac{1}{2}, 1, 2\}$ (Abb. 2.4 rechts).

$\frac{\partial \Phi}{\partial \varrho} = 0$ ergibt ein Maximum bei $\varrho_\mathrm{k} = \frac{1}{d} = \frac{\lambda_2}{\alpha_\mathrm{a} r_2}$. Diese Zahl erfasst die drei maßgebenden Größen für das Maximum: r_2, λ_2, α_a. Der kritische Radius wäre demnach $r_3 = \frac{\lambda_2}{\alpha_\mathrm{a}}$.

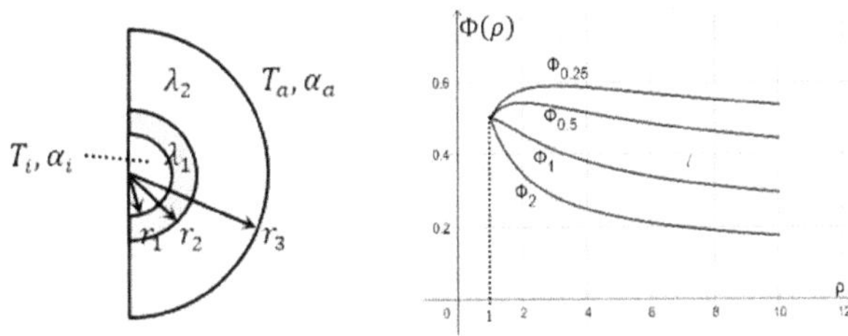

Abb. 2.4: Skizze zur Isolationsschicht und Graph von (2.1)

Allgemein gilt: Befindet sich ein Körper der Leitfähigkeit λ und der Ausdehnung l in Kontakt mit einem Fluid der Übergangszahl α, so ist das Verhältnis von Übergangszahl außen am Körper zu derjenigen im Körper gegeben durch die sogenannte Biot-Zahl $Bi = \frac{\alpha}{\frac{\lambda}{l}} = \frac{\alpha l}{\lambda}$

Damit schreibt sich das Verhältnis des kritischen Radius auch als $\varrho_{\text{k}} = \frac{1}{Bi}$.

Aufgabe

Bearbeiten Sie die Übung 5.

2.5 Wärmeleitung zwischen den Oberflächen zweier Körper

Nun kehren wir wieder zur reinen Wärmeleitung zurück und wollen das Problem der Wärmeübertragung *zwischen* den Oberflächen zweier Körper untersuchen. In unserem Fall beschränken wir uns auf kreisförmige Rohre.

Wir betrachten zwei Rohre in den Punkten A und B mit den Radien r_0 im Abstand $-l$ und $+l$ vom Nullpunkt (Abb. 2.5 links). Ihre Oberflächentemperaturen seien T_{0A} bzw. T_{0B}. Das wärmeleitende Medium sei beispielsweise Luft oder das Erdreich. Wir wollen das resultierende Temperaturprofil und den Wärmestrom im Außenbereich der Rohre bestimmen.

Die konstante Temperatur auf der Oberfläche eines Rohres sei T_0 (Abb. 2.5 rechts).

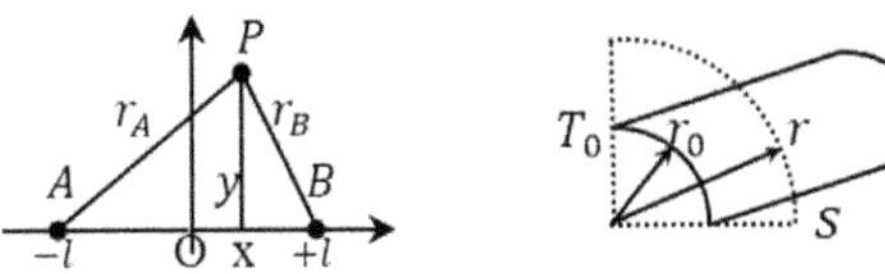

Abb. 2.5: Skizzen zur Wärmeleitung zwischen den Oberflächen zweier Kreisrohre

In der Entfernung r zu seinem Mittelpunkt ist die Temperatur $T(r)$.
Es gilt

$$A = A(r) = 2\pi rs \qquad \Longrightarrow \qquad \dot{Q} = -\lambda \cdot 2\pi rs \cdot \frac{dT}{dr}$$

$$\Longrightarrow \quad \dot{Q}\int_{r_0}^{r} \frac{d\varrho}{\varrho} = -\lambda \cdot 2\pi s \cdot \int_{T_0}^{T(r)} dT \quad \Longrightarrow \quad \dot{Q} \cdot \ln\left(\frac{r}{r_0}\right) = -2\pi s\lambda \cdot (T(r) - T_0)\,.$$

Der Temperaturverlauf ergibt sich zu $T(r) = T_0 + \frac{\dot{Q}}{2\pi s\lambda} \cdot \ln(\frac{r_0}{r})$.

Geht man nun von zwei Rohren aus, zwischen denen der Wärmestrom $\dot{Q}$ fließt, und betrachtet das Rohr im Punkt A als Wärmequelle und das andere Rohr als Wärmesenke, dann herrscht in einem beliebigen Punkt P die Temperatur

$$T = T_{0B} + \frac{\dot{Q}}{2\pi s\lambda} \cdot \ln\left(\frac{r_0}{r_B}\right) + T_{0A} - \frac{\dot{Q}}{2\pi s\lambda} \cdot \ln\left(\frac{r_0}{r_A}\right) = T_{0A} + T_{0B} + \frac{\dot{Q}}{2\pi s\lambda} \cdot \ln\left(\frac{r_A}{r_B}\right)\,. \qquad (2.2)$$

Um dieses Ergebnis noch genauer zu untersuchen, wollen wir die Isothermen $T =$ *konst*. bestimmen. Dazu muss das Verhältnis $k := \frac{r_A}{r_B}$ konstant sein.

Es gibt drei Fälle:

1. $k > 1$: P liegt rechts von der y-Achse und es ist $T > T_{0A} + T_{0B}$.
2. $k = 1$: Die y-Achse ist Isotherme und es ist $T = T_{0A} + T_{0B}$.
3. $0 \le k < 1$: P liegt links von der y-Achse und es ist $T < T_{0A} + T_{0B}$.

Man erhält

$$k^2 = \frac{r_A^2}{r_B^2} = \frac{(x + l)^2 + y^2}{(x - l)^2 + y^2} \qquad \Longrightarrow \qquad k^2 = \frac{x^2 + 2lx + l^2 + y^2}{x^2 - 2lx + l^2 + y^2}\,.$$

Es folgt nacheinander

$$\begin{aligned}
& k^2x^2 - 2k^2lx + k^2l^2 + k^2y^2 = x^2 + 2lx + l^2 + y^2 \\
\Longrightarrow \quad & k^2x^2 - x^2 - 2k^2lx - 2lx + k^2y^2 - y^2 = l^2 - k^2l^2 \\
\Longrightarrow \quad & x^2(k^2 - 1) - 2l(k^2 + 1)x + y^2(k^2 - 1) = -l^2(k^2 - 1) \\
\Longrightarrow \quad & x^2 - 2l\frac{(k^2 + 1)}{(k^2 - 1)}x + y^2 = -l^2 \\
\Longrightarrow \quad & x^2 - 2l\frac{(k^2 + 1)}{(k^2 - 1)}x + \left(\frac{k^2 + 1}{k^2 - 1}l\right)^2 + y^2 = -l^2 + \left(\frac{k^2 + 1}{k^2 - 1}l\right)^2 \\
\Longrightarrow \quad & x^2 - 2l\frac{(k^2 + 1)}{(k^2 - 1)}x + \left(\frac{k^2 + 1}{k^2 - 1}l\right)^2 + y^2 = -l^2 + \left(\frac{k^2 + 1}{k^2 - 1}l\right)^2 \\
\Longrightarrow \quad & \left(x - \frac{k^2 + 1}{k^2 - 1}l\right)^2 + y^2 = \left(\left(\frac{k^2 + 1}{k^2 - 1}\right)^2 - 1\right)l^2 \\
\Longrightarrow \quad & \left(x - \frac{k^2 + 1}{k^2 - 1}l\right)^2 + y^2 = \left(\frac{k^4 + 2k^2 + 1 - k^4 + 2k^2 - 1}{(k^2 - 1)^2}\right)l^2\,.
\end{aligned}$$

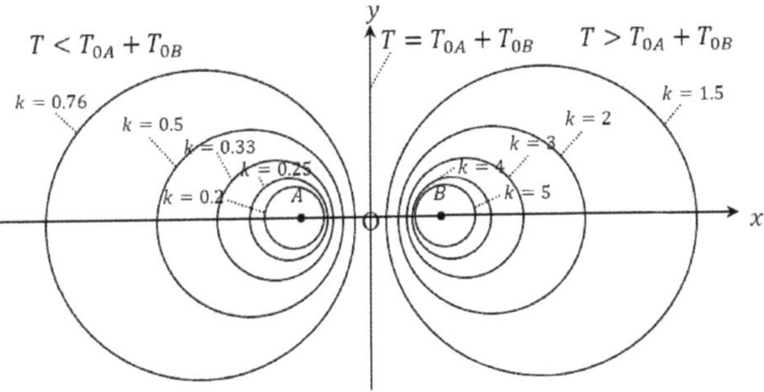

Abb. 2.6: Isothermen von (2.2)

Schließlich hat man

$$\left(x - \frac{k^2+1}{k^2-1} l\right)^2 + y^2 = \frac{4k^2}{(k^2-1)^2} l^2 .$$

Die Isothermen sind somit Kreise mit Radius $R = \frac{2k}{k^2-1} l$ und einem auf der x-Achse liegenden Mittelpunkt mit dem Abstand zum Nullpunkt von $a = \frac{k^2+1}{k^2-1} l$ (Abb. 2.6).

Angewandt auf die drei Fälle folgt:

1. $k > 1$: Die Kreise liegen wegen $\frac{k^2+1}{k^2-1} l > \frac{2k}{k^2-1} l$ vollständig rechts von der y-Achse. Für $k \to \infty$ ist $a \to 1$ und $R \to 0$. Die Kreise ziehen sich immer enger um die Quelle B zusammen.
2. $k = 1$: Entarteter Kreis, also die y-Achse.
3. $0 \leq k < 1$: Die Kreise liegen vollständig links von der y-Achse und winden sich für $k \to 0$ immer stärker um die Senke A.

Die Größen k, a und R kann man in einer Gleichung vereinen.

Dazu bilden wir das Verhältnis $\frac{a}{R}$. Es folgt

$$\frac{a}{R} = \frac{k^2+1}{2k} \quad \Longrightarrow \quad Rk^2 - 2ak + R = 0$$

$$\Longrightarrow \quad k_{\mathrm{I,II}} = \frac{2a \pm \sqrt{4a^2 - 4R^2}}{2R} = \frac{a}{R} \pm \sqrt{\left(\frac{a}{R}\right)^2 - 1} .$$

Das Pluszeichen liefert Abstandsverhältnisse $k > 1$ und gehört zu den Isothermen-Kreisen rechts der y-Achse. Das Minuszeichen erzeugt k-Werte, für die $0 \leq k < 1$ gilt.

Da die Isothermen Kreise sind, können wir zwei solche als Rohre auffassen und ihre Oberflächentemperatur mit derjenigen der Isothermen identifizieren (Abb. 2.7). Das Temperaturgefälle $T_1 - T_2$ zwischen den Oberflächen der beiden Rohre erzeugt einen Wärmestrom. In einem beliebigen Punkt P gilt

$$T_1 - T_2 = \frac{\dot{Q}}{2\pi s\lambda} \cdot \ln\left(\frac{r_{A_1}}{r_{B_1}}\right) - \frac{\dot{Q}}{2\pi s\lambda} \cdot \ln\left(\frac{r_{A_2}}{r_{B_2}}\right)$$

$$= \frac{\dot{Q}}{2\pi s\lambda} \cdot (\ln(k_1) - \ln(k_2)) = \frac{\dot{Q}}{2\pi s\lambda} \cdot \ln\left(\frac{k_1}{k_2}\right) \implies \dot{Q} = \frac{2\pi s\lambda}{\ln\left(\frac{k_1}{k_2}\right)} \cdot (T_1 - T_2)\,.$$

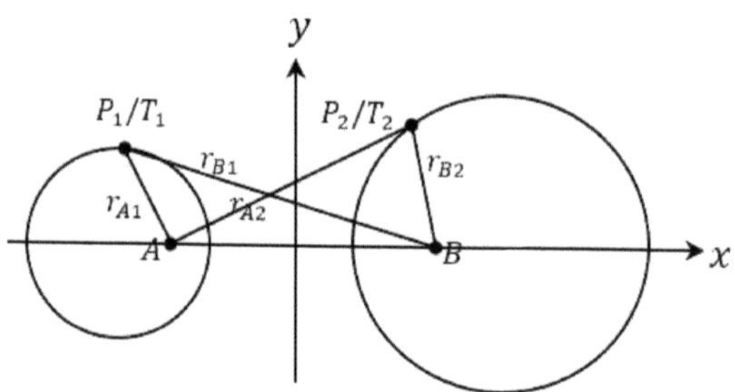

Abb. 2.7: Skizze zum Wärmestrom zwischen zweier Isothermen

Das ist der (stationäre) Wärmestrom, der zwischen den Isothermen T_1 und T_2 fließt.

Der Leitwiderstand beträg

$$R_{\mathrm{L}} = \frac{\ln\left(\frac{k_1}{k_2}\right)}{2\pi s\lambda}\,.$$

Wir unterscheiden drei Fälle:

1. $k_1 > k_2 > 1$ (Abb. 2.8). Zwei exzentrische Rohre mit Achsenabstand e. Es ist $T_1 > T_2$.
2. $k_1 > 1$, $k_2 = 1$ (Abb. 2.8). Ein Rohr mit Radius R, das in der Tiefe a unter einer isothermen Ebene, z. B. der Erdoberfläche, liegt.
3. $k_1 > 1$, $k_2 < 1$ (Abb. 2.8). Zwei Rohre mit den Radien R_1 und R_2 im Abstand $d > R_1 + R_2$.

Für jeden Fall soll jetzt der Leitwiderstand als Funktion der Lage allein berechnet werden.

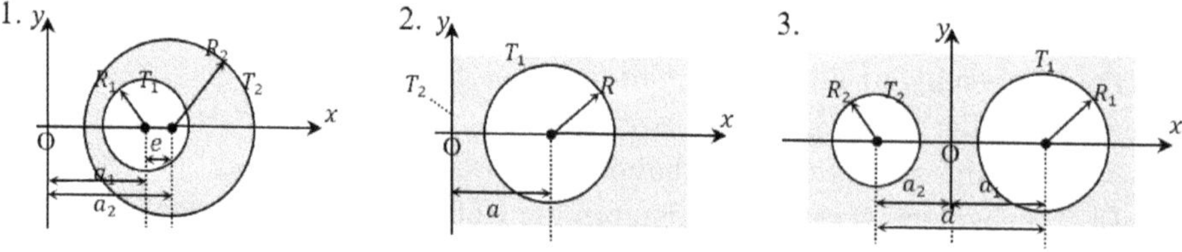

Abb. 2.8: Skizzen zur Berechnung dreier Leitwiderstände

2. Fall. Vorbereitung:

$$x = \cosh(y) = \frac{e^y + e^{-y}}{2} \quad \Longrightarrow \quad e^{2y} - 2xe^y + 1 = 0$$

$$\Longrightarrow \quad e^y = \frac{2x \pm \sqrt{4x^2 - 4}}{2} = x \pm \sqrt{x^2 - 1} \quad \Longrightarrow \quad y = \pm\operatorname{arcosh}(x) = \ln\left(x \pm \sqrt{x^2 - 1}\right) .$$

Für den Widerstand gilt dann

$$R_\mathrm{L} = \frac{1}{2\pi s\lambda} \ln\left(\frac{a}{R} + \sqrt{\left(\frac{a}{R}\right)^2 - 1}\right) = \frac{1}{2\pi s\lambda} \operatorname{arcosh}\left(\frac{a}{R}\right) .$$

1. Fall. Vorbereitung 1:

$$a^2 - R^2 = \left(\left(\frac{k^2 + 1}{k^2 - 1}\right)^2 - \frac{4k^2}{(k^2 - 1)^2}\right) l^2 = \left(\frac{k^4 - 2k^2 + 1}{(k^2 - 1)^2}\right) l^2 = l^2 .$$

Vorbereitung 2: Es gilt $\cosh^2 x - \sinh^2 x = 1$.

Das Additionstheorem des Kosinus Hyperbolicus ergibt sich zu

$$\begin{aligned}
\cosh(x \pm y) &= \frac{1}{2}(e^{x\pm y} + e^{-(x\pm y)}) = \frac{1}{4}(2e^{x\pm y} + 2e^{-(x\pm y)}) \\
&= \frac{1}{4}\left(2e^{x\pm y} + e^{x\mp y} - e^{x\mp y} + e^{-x\pm y} - e^{-x\pm y} + 2e^{-(x\pm y)}\right) \\
&= \frac{1}{4}\left[(e^{x+y} + e^{x-y} + e^{-x+y} + e^{-(x+y)}) \pm (e^{x+y} - e^{x-y} - e^{-x+y} + e^{-(x+y)})\right] \\
&= \frac{1}{4}\left[(e^x + e^{-x})(e^y + e^{-y}) \pm (e^x - e^{-x})(e^y - e^{-y})\right] \\
&= \frac{1}{2}(e^x + e^{-x})\frac{1}{2}(e^y + e^{-y}) \pm \frac{1}{2}(e^x - e^{-x})\frac{1}{2}(e^y - e^{-y}) \\
&= \cosh(x)\cosh(y) \pm \sinh(x)\sinh(y) .
\end{aligned}$$

Weiter wählen wir nun $x = \operatorname{arcosh}(u)$ und $y = \operatorname{arcosh}(v)$. Dann folgt

$$\begin{aligned}
\cosh(x \pm y) &= \cosh(\operatorname{arcosh}(u) \pm \operatorname{arcosh}(v)) \\
&= \cosh(\operatorname{arcosh}(u))\cosh(\operatorname{arcosh}(v)) \pm \sinh(\operatorname{arcosh}(u))\sinh(\operatorname{arcosh}(v)) \\
&= uv \pm \sinh(\operatorname{arcosh}(u))\sinh(\operatorname{arcosh}(v)) = uv \pm \sqrt{u^2 - 1}\sqrt{v^2 - 1} .
\end{aligned}$$

Schließlich hat man $\operatorname{arcosh}(u) \pm \operatorname{arcosh}(v) = \operatorname{arcosh}(uv \pm \sqrt{u^2 - 1}\sqrt{v^2 - 1})$.

Folglich können wir schreiben $a_2^2 - a_1^2 = R_2^2 - R_1^2$. Aus $(a_2 - a_1)^2 = e^2$ wird $a_2^2 - 2a_1a_2 + a_1^2 = e^2$. Subtraktion der beiden Gleichungen ergibt

$$-2a_1^2 + 2a_1a_2 = R_2^2 - R_1^2 - e^2 \quad \Longrightarrow \quad -2a_1(a_1 - a_2) = R_2^2 - R_1^2 - e^2$$

$$\Longrightarrow \quad 2ea_1 = R_2^2 - R_1^2 - e^2 \quad \Longrightarrow \quad a_1 = \frac{R_2^2 - R_1^2 - e^2}{2e} .$$

Analog folgt $a_2 = \frac{R_2^2 - R_1^2 + e^2}{2e}$.

Für den Widerstand gilt dann

$$
\begin{aligned}
R_{\mathrm{L}} &= \frac{1}{2\pi s\lambda}\cdot(\ln(k_1)-\ln(k_2))\\
&= \frac{1}{2\pi s\lambda}\cdot\left(\ln\left(\frac{a_1}{R_1}+\sqrt{\left(\frac{a_1}{R_1}\right)^2-1}\right)-\ln\left(\frac{a_2}{R_2}+\sqrt{\left(\frac{a_2}{R_2}\right)^2-1}\right)\right)\\
&= \frac{1}{2\pi s\lambda}\cdot\left(\operatorname{arcosh}\left(\frac{a_1}{R_1}\right)-\operatorname{arcosh}\left(\frac{a_2}{R_2}\right)\right)\\
&= \frac{1}{2\pi s\lambda}\cdot\left(\operatorname{arcosh}\left(\frac{R_2^2-R_1^2-e^2}{2eR_1}\right)-\operatorname{arcosh}\left(\frac{R_2^2-R_1^2+e^2}{2eR_2}\right)\right)\\
&= \frac{1}{2\pi s\lambda}\cdot\left(\operatorname{arcosh}\left(\left(\frac{R_2^2-R_1^2-e^2}{2eR_1}\right)\cdot\left(\frac{R_2^2-R_1^2+e^2}{2eR_2}\right)\right.\right.\\
&\qquad\left.\left.-\sqrt{\left(\frac{R_2^2-R_1^2-e^2}{2eR_1}\right)^2-1}\sqrt{\left(\frac{R_2^2-R_1^2+e^2}{2eR_2}\right)^2-1}\right)\right)\\
&= \frac{1}{2\pi s\lambda}\cdot\left(\operatorname{arcosh}\left(\frac{(R_2^2-R_1^2)^2-e^4}{4e^2R_1R_2}-\sqrt{\frac{(R_2^2-R_1^2-e^2)^2-4e^2R_1^2}{4e^2R_1^2}}\right.\right.\\
&\qquad\left.\left.\cdot\sqrt{\frac{(R_2^2-R_1^2+e^2)^2-4e^2R_2^2}{4e^2R_2^2}}\right)\right)\\
&= \frac{1}{2\pi s\lambda}\cdot\left(\operatorname{arcosh}\left(\frac{(R_2^2-R_1^2)^2-e^4}{4e^2R_1R_2}-\sqrt{\frac{(R_2^2-R_1^2)^2-2e^2(R_2^2-R_1^2)+e^4-4e^2R_1^2}{4e^2R_1^2}}\right.\right.\\
&\qquad\left.\left.\cdot\sqrt{\frac{(R_2^2-R_1^2)^2+2e^2\left(R_2^2-R_1^2\right)+e^4-4e^2R_2^2}{4e^2R_2^2}}\right)\right)\\
&= \frac{1}{2\pi s\lambda}\cdot\left(\operatorname{arcosh}\left(\frac{(R_2^2-R_1^2)^2-e^4}{4e^2R_1R_2}-\sqrt{\frac{(R_2^2-R_1^2)^2-2e^2(R_2^2+R_1^2)+e^4}{4e^2R_1^2}}\right.\right.\\
&\qquad\left.\left.\cdot\sqrt{\frac{(R_2^2-R_1^2)^2-2e^2(R_2^2+R_1^2)+e^4}{4e^2R_2^2}}\right)\right)\\
&= \frac{1}{2\pi s\lambda}\cdot\left(\operatorname{arcosh}\left(\frac{(R_2^2-R_1^2)^2-e^4}{4e^2R_1R_2}-\frac{(R_2^2-R_1^2)^2-2e^2(R_2^2+R_1^2)+e^4}{4e^2R_1R_2}\right)\right)\\
&= \frac{1}{2\pi s\lambda}\cdot\left(\operatorname{arcosh}\left(\frac{2e^2(R_2^2+R_1^2)-2e^4}{4e^2R_1R_2}\right)\right)
\end{aligned}
$$

$$
\Longrightarrow\quad R_{\mathrm{L}} = \frac{1}{2\pi s\lambda}\cdot\left(\operatorname{arcosh}\left(\frac{R_2^2+R_1^2-e^2}{2R_1R_2}\right)\right).
$$

Für den Spezialfall zweier konzentrischer Kreise ($e = 0$) erhält man

$$
\begin{aligned}
R_{\mathrm{L}} &= \frac{1}{2\pi s\lambda}\cdot\left(\operatorname{arcosh}\left(\frac{R_2^2+R_1^2}{2R_1R_2}\right)\right) = \frac{1}{2\pi s\lambda}\ln\left(\frac{R_2^2+R_1^2}{2R_1R_2}+\sqrt{\left(\frac{R_2^2+R_1^2}{2R_1R_2}\right)^2-1}\right)\\
&= \frac{1}{2\pi s\lambda}\ln\left(\frac{R_2^2+R_1^2}{2R_1R_2}+\sqrt{\frac{(R_2^2+R_1^2)^2-4R_1^2R_2^2}{4R_1^2R_2^2}}\right)\\
&= \frac{1}{2\pi s\lambda}\ln\left(\frac{R_2^2+R_1^2}{2R_1R_2}+\sqrt{\frac{(R_2^2-R_1^2)^2}{4R_1^2R_2^2}}\right)\\
&= \frac{1}{2\pi s\lambda}\ln\left(\frac{R_2^2+R_1^2}{2R_1R_2}+\frac{R_2^2-R_1^2}{2R_1R_2}\right) = \frac{1}{2\pi s\lambda}\ln\left(\frac{R_2}{R_1}\right).
\end{aligned}
$$

Dieses Ergebnis ist bekannt.

3. Fall. Aus $a_2^2 - a_1^2 = R_2^2 - R_1^2$ wird mit $(a_1 + a_2)^2 = d^2$ und $a_1^2 + 2a_1a_2 + a_2^2 = d^2$. Subtraktion der beiden Gleichungen ergibt

$$
\begin{aligned}
&-2a_1^2 - 2a_1a_2 = R_2^2 - R_1^2 - d^2 \implies -2a_1(a_1+a_2) = R_2^2 - R_1^2 - d^2\\
\implies\ &-2da_1 = R_2^2 - R_1^2 - d^2 \implies a_1 = \frac{d^2-(R_2^2-R_1^2)}{2d}.
\end{aligned}
$$

Analog folgt $a_2 = \frac{d^2+R_2^2-R_1^2}{2d}$.

Für den Widerstand gilt dann

$$
\begin{aligned}
R_{\mathrm{L}} &= \frac{1}{2\pi s\lambda}\cdot(\ln(k_1)-\ln(k_2))\\
&= \frac{1}{2\pi s\lambda}\cdot\left(\ln\left(\frac{a_1}{R_1}+\sqrt{\left(\frac{a_1}{R_1}\right)^2-1}\right)-\ln\left(\frac{a_2}{R_2}-\sqrt{\left(\frac{a_2}{R_2}\right)^2-1}\right)\right)\\
&= \frac{1}{2\pi s\lambda}\cdot\left(\operatorname{arcosh}\left(\frac{a_1}{R_1}\right)+\operatorname{arcosh}\left(\frac{a_2}{R_2}\right)\right)\\
&= \frac{1}{2\pi s\lambda}\cdot\left(\operatorname{arcosh}\left(\frac{d^2-(R_2^2-R_1^2)}{2dR_1}\right)+\operatorname{arcosh}\left(\frac{d^2+R_2^2-R_1^2}{2dR_2}\right)\right) \qquad (2.3)\\
&= \frac{1}{2\pi s\lambda}\cdot\left(\operatorname{arcosh}\left(\left(\frac{d^2-(R_2^2-R_1^2)}{2dR_1}\right)\cdot\left(\frac{d^2+R_2^2-R_1^2}{2dR_2}\right)\right.\right.\\
&\qquad\left.\left.+\sqrt{\left(\frac{d^2-(R_2^2-R_1^2)}{2dR_1}\right)^2-1}\sqrt{\left(\frac{d^2+R_2^2-R_1^2}{2dR_2}\right)^2-1}\right)\right)\\
&= \frac{1}{2\pi s\lambda}\cdot\left(\operatorname{arcosh}\left(\frac{d^4-(R_2^2-R_1^2)^2}{4d^2R_1R_2}+\sqrt{\frac{(d^2-(R_2^2-R_1^2))^2-4d^2R_1^2}{4d^2R_1^2}}\right.\right.\\
&\qquad\left.\left.\cdot\sqrt{\frac{(d^2+R_2^2-R_1^2)^2-4d^2R_2^2}{4d^2R_2^2}}\right)\right)
\end{aligned}
$$

$$= \frac{1}{2\pi s\lambda} \cdot \left(\operatorname{arcosh}\left(\frac{d^4 - (R_2^2 - R_1^2)^2}{4d^2 R_1 R_2} + \sqrt{\frac{d^4 - 2d^2(R_2^2 - R_1^2) + (R_2^2 - R_1^2)^2 - 4d^2 R_1^2}{4d^2 R_1^2}} \right.\right.$$
$$\left.\left. \cdot \sqrt{\frac{d^4 + 2d^2(R_2^2 - R_1^2) + (R_2^2 - R_1^2)^2 - 4d^2 R_2^2}{4d^2 R_2^2}} \right)\right)$$
$$= \frac{1}{2\pi s\lambda} \cdot \left(\operatorname{arcosh}\left(\frac{d^4 - (R_2^2 - R_1^2)^2}{4d^2 R_1 R_2} + \sqrt{\frac{d^4 - 2d^2(R_2^2 + R_1^2) + (R_2^2 - R_1^2)^2}{4d^2 R_1^2}} \right.\right.$$
$$\left.\left. \cdot \sqrt{\frac{d^4 - 2d^2(R_2^2 + R_1^2) + (R_2^2 - R_1^2)^2}{4e^2 R_2^2}} \right)\right)$$
$$= \frac{1}{2\pi s\lambda} \cdot \left(\operatorname{arcosh}\left(\frac{d^4 - (R_2^2 - R_1^2)^2}{4d^2 R_1 R_2} + \frac{d^4 - 2d^2(R_2^2 + R_1^2) + (R_2^2 - R_1^2)^2}{4d^2 R_1 R_2} \right)\right)$$
$$= \frac{1}{2\pi s\lambda} \cdot \left(\operatorname{arcosh}\left(\frac{2d^4 - 2d^2(R_2^2 + R_1^2)}{4d^2 R_1 R_2} \right)\right)$$
$$\Longrightarrow \quad R_L = \frac{1}{2\pi s\lambda} \cdot \left(\operatorname{arcosh}\left(\frac{d^2 - R_1^2 - R_2^2}{2R_1 R_2} \right)\right).$$

Für den Spezialfall zweier gleich großer Rohre ($R_1 = R_2 = R$) erhält man aus (2.2)

$$R_L = \frac{1}{2\pi s\lambda} \cdot \left(\operatorname{arcosh}\left(\frac{d^2}{2dR} \right) + \operatorname{arcosh}\left(\frac{d^2}{2dR} \right)\right) = \frac{1}{\pi s\lambda} \cdot \left(\operatorname{arcosh}\left(\frac{d}{2R} \right)\right).$$

Die drei stationären Wärmeströme lauten:

1. $\dot{Q} = \frac{2\pi s\lambda}{\left(\operatorname{arcosh}\left(\frac{R_2^2 + R_1^2 - e^2}{2R_1 R_2}\right)\right)} \cdot (T_1 - T_2) \quad \text{mit} \quad e = a_2 - a_1,$
2. $\dot{Q} = \frac{2\pi s\lambda}{\operatorname{arcosh}\left(\frac{a}{R}\right)} \cdot (T_1 - T_2) \quad \text{und}$
3. $\dot{Q} = \frac{2\pi s\lambda}{\left(\operatorname{arcosh}\left(\frac{d^2 - R_1^2 - R_2^2}{2R_1 R_2}\right)\right)} \cdot (T_1 - T_2) \quad \text{mit} \quad d = a_1 + a_2.$

Beispiel. Ein unterirdisch verlegtes Fernheizungsrohr mit Radius $R = 0{,}2$ m liegt in einer Tiefe von $a = 1{,}2$ m. Die Wärmeleitfähigkeit der Erde beträgt $\lambda = 0{,}6 \, \frac{\text{W}}{\text{mK}}$ und die Temperatur am äußeren Rand der Isolation ist $T_1 = 5$ °C. An der Erdoberfläche herrscht die Temperatur $T_2 = -2$ °C.

Dann gilt für den Verlustwärmestrom des Rohrs pro Meter

$$\frac{\dot{Q}}{s} = \frac{2\pi \cdot 0{,}6}{\operatorname{arcosh}\left(\frac{1{,}2}{0{,}2}\right)} \cdot 7 = 10{,}65 \, \frac{\text{W}}{\text{m}}.$$

3 Die Wärmeleitungsgleichung ohne innere Wärmequellen

Die bisherigen Ausführungen gelten nur für einen stationären, also zeitunabhängigen Temperaturverlauf. Von nun an ist die Temperatur eine Funktion des Ortes und der Zeit: $T(x, t)$.

Vorerst sollen keine inneren Wärmequellen vorhanden sein. Betrachten wir einen dünnen Stab mit konstantem Querschnitt A und Länge l (Abb. 3.1). Dünn bedeutet, dass wir den Wärmestrom mit dem Fluss in die x-Richtung gleichsetzen können. Seitlich findet somit kein Wärmestrom statt. Außerdem sollen die Ränder isoliert sein.

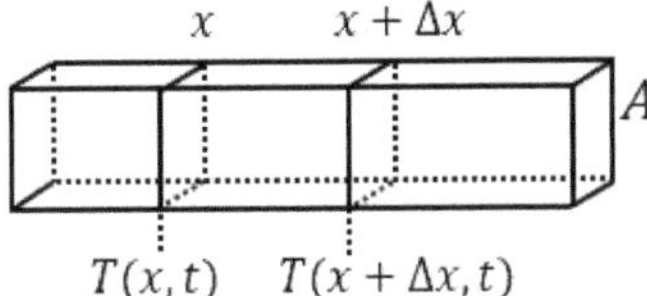

Abb. 3.1: Skizze zur Wärmeleitungsgleichung

Um einen Körper der Masse m und der spezifischen Wärmekapazität c von der Temperatur T auf die Temperatur $T + \Delta T$ zu bringen, ist die Wärmemenge $\Delta Q_1 = cm \cdot \Delta T = c\rho \cdot \Delta V \cdot \Delta T$ erforderlich. Die in der Zeit Δt durch die Fläche A strömende Wärmemenge an der Stelle x beträgt $-\lambda \frac{\partial T}{\partial x}(x, t) \cdot A \cdot \Delta t$, die Wärmemenge durch A an der Stelle $x + \Delta x$ hingegen $-\lambda \frac{\partial T}{\partial x}(x + \Delta x, t)A \cdot \Delta t$. Dem Volumen von x bis $x + \Delta x$ wird somit in der Zeit Δt die folgende Wärmemenge zugeführt (bzw. entzogen):

$$\begin{aligned}\Delta Q_2 &= -\lambda \frac{\partial T}{\partial x}(x, t)A \cdot \Delta t - \left(-\lambda \frac{\partial T}{\partial x}(x + \Delta x, t)A \cdot \Delta t\right) \\ &= \lambda \left(\frac{\partial T}{\partial x}(x + \Delta x, t) - \frac{\partial T}{\partial x}(x, t) \right) \frac{\Delta V}{\Delta x} \cdot \Delta t \,.\end{aligned}$$

Gleichsetzen der Wärmemengen ergibt

$$c \cdot \rho \Delta V \cdot \Delta T = \lambda \left(\frac{\partial T}{\partial x}(x + \Delta x, t) - \frac{\partial T}{\partial x}(x, t) \right) \frac{\Delta V}{\Delta x} \cdot \Delta t$$

oder

$$c \cdot \rho \cdot \frac{\Delta T}{\Delta t} = \lambda \left(\frac{\frac{\partial T}{\partial x}(x + \Delta x, t) - \frac{\partial T}{\partial x}(x, t)}{\Delta x} \right) .$$

Nach dem Mittelwertsatz der Differenzialrechnung gibt es ein $\xi \in [x, x + \Delta x]$ mit

$$\frac{\partial T}{\partial x}(x + \Delta x, t) - \frac{\partial T}{\partial x}(x, t) = \frac{\partial^2 u}{\partial x}(\xi, t) \cdot \Delta x \,.$$

Für $\Delta x \to 0$ ist dann $\xi \to x$, woraus $c\rho \cdot \frac{\partial T}{\partial t} = \lambda \frac{\partial^2 T}{\partial x^2}$ folgt.

https://doi.org/10.1515/9783110684469-003

Damit erhalten wir die Wärmeleitungsgleichung ohne innere Wärmequellen

$$\frac{\partial T}{\partial t} = \frac{\lambda}{c\rho} \cdot \frac{\partial^2 T}{\partial x^2} . \tag{3.1}$$

In drei Dimensionen lautet Gleichung (3.1)

$$\frac{\partial T}{\partial t} = \frac{\lambda}{c\rho} \cdot \left(\frac{\partial^2 T}{\partial x^2} + \frac{\partial^2 T}{\partial y^2} + \frac{\partial^2 T}{\partial z^2} \right) \quad \Longrightarrow \quad \frac{\partial T}{\partial t} = \frac{\lambda}{c\rho} \cdot \Delta T ,$$

wobei $\Delta = \frac{\partial^2}{\partial x^2} + \frac{\partial^2}{\partial y^2} + \frac{\partial^2}{\partial z^2}$ den Laplace-Operator bezeichnet. Hat man es mit Zylindern zu tun, dann ist es sinnvoller, den Laplace-Operator in Polarkoordinaten zu verwenden: $\Delta = \frac{\partial^2}{\partial r^2} + \frac{1}{r} \cdot \frac{\partial}{\partial r} + \frac{1}{r^2} \cdot \frac{\partial^2}{\partial \theta^2}$. Da wir uns auf den Wärmestrom in Längsrichtung einer ebenen Platte und in Radialrichtung eines Zylinders bzw. einer Kugel beschränken, kann man die drei Fälle jeweils als ein quasi eindimensionales Problem auffassen.

In den entsprechenden Laplace-Operatoren der drei Koordinatensysteme beachten wir also nur den Teil in x-Richtung, bzw. in radialer Richtung. Es gilt

	Platte:	Zylinder:	Kugel:
	$\Delta = \frac{\partial^2}{\partial r^2} + \cdots$	$\Delta = \frac{1}{r} \cdot \frac{\partial}{\partial r} \left(r \frac{\partial}{\partial r} \right) + \cdots$	$\Delta = \frac{1}{r^2} \cdot \frac{\partial}{\partial r} \left(r^2 \frac{\partial}{\partial r} \right) + \cdots$
oder	$\Delta = \frac{\partial^2}{\partial r^2} + \cdots$	$\Delta = \frac{\partial^2}{\partial r^2} + \frac{1}{r} \cdot \frac{\partial}{\partial r} + \cdots$	$\Delta = \frac{\partial^2}{\partial r^2} + \frac{2}{r} \cdot \frac{\partial}{\partial r} + \cdots$

Damit kann man die Wärmeleitungsgleichung für alle drei Körper kompakt schreiben als

$$\frac{\partial T}{\partial t} = \beta^2 \cdot \left(\frac{\partial^2 T}{\partial r^2} + \frac{n}{r} \cdot \frac{\partial T}{\partial r} \right) ,$$

$$\beta^2 = \frac{\lambda}{c\rho} , \qquad n = 0 \text{ (ebene Platte)} , \qquad n = 1 \text{ (Zylinder)} , \qquad n = 2 \text{ (Kugel)} .$$

Als Nächstes geben wir eine Übersicht über die Randbedingungen:

Randbedingung 1. Art (Dirichlet'sche Randbedingung). Vorgabe der Temperatur am Rand: $T(0, t) = T_W$.

Randbedingung 2. Art (Neumann'sche Randbedingung). Vorgabe des Wärmestroms am Rand: $\dot{Q} = -\lambda \cdot A \cdot [\frac{dT}{dx}]_{x=0} = \dot{Q}_0$.

Ist speziell $\dot{Q}_0 = 0$, dann nennt man die Oberfläche adiabat. In diesem Fall tauscht der Körper keine Wärme mit der Umgebung aus.

Randbedingung 3. Art (Newton'sche Randbedingung). Vorgabe des Wärmeübergangs von einer festen Oberfläche an ein Fluid der Temperatur T_∞ und Wärmeübergangskoeffizient α: $-\lambda \cdot A \cdot [\frac{dT}{dx}]_{x=0} = \alpha \cdot A \cdot (T_\infty - T(0,t))$.

Bemerkung. Im Fall einer ebenen Platte oder eines Stabs, bei dem nur an den Enden ein Wärmeaustausch stattfindet, stimmt die Querschnittsfläche A mit der Austauschfläche überein.

Zur Zeit $t = 0$ beträgt die Temperatur $T(x,0) = T_0(x)$ (in Abb. 3.2 konstant T_0). Im Fall der 1. Randbedingung wird für $t > 0$ am Rand eine konstante Temperatur T_W aufgetragen. Es findet somit ein Sprung der Temperatur am Rand statt. Zur Zeit des vollständigen Temperaturausgleichs (theoretisch unendlich lang) verläuft die Temperaturkurve horizontal auf der Höhe $T = T_W$. Bei konstantem Wärmestrom (2. Randbedingung) verlaufen die Tangenten an die Temperaturkurve parallel. Eine Grenztemperatur existiert damit nicht. Das Material erwärmt sich theoretisch immer weiter. Bei einer Randbedingung 3. Art fallen die Wärmeströme mit der Zeit, weil ein Temperaturausgleich stattfindet. Die Tangenten schneiden sich in einem Punkt. Nach einer gewissen Zeit sind Umgebungs- und Körpertemperatur identisch: $T_W = T_\infty$. Die zeitlich schwankenden Temperaturverläufe in der Grenzschicht hin zur Wand können nicht bestimmt werden (siehe 6. Band).

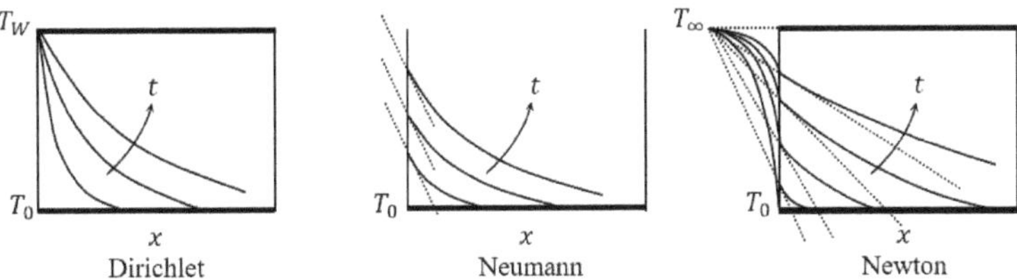

Abb. 3.2: Skizze zu den drei Randbedingungen der Wärmeleitung

3.1 Stationäre Temperaturverteilung

Für alle drei Körper wollen wir die schon oben hergeleitete stationäre Temperaturverteilung bestätigen und stationäre Lösungen für weitere Randbedingungen hinzufügen.

1. Platte mit Dicke l überall isoliert, außer an den Enden.

$$\frac{d^2T}{dx^2} = 0 \quad \Longrightarrow \quad T(x) = C_1 x + C_2 \,.$$

a) Randbedingungen 1. Art:

$$T(0) = T_1\,, \quad T(l) = T_2 \quad \Longrightarrow \quad C_2 = T_1\,, \quad C_1 = \frac{T_2 - T_1}{l}\,.$$

Somit ist $T(r) = T_1 + (T_2 - T_1) \cdot \frac{x}{l}$.

b) Randbedingungen 1. und 2. Art:

$$T(0,t) = T_1\,, \quad \dot{Q} = -\lambda A \cdot \left[\frac{dT}{dx}\right]_{x=l} = \dot{Q}_l$$

$$\Longrightarrow \quad -\lambda A \cdot C_1 = \dot{Q}_l \quad \text{und} \quad C_2 = T_2 \quad \Longrightarrow \quad C_1 = -\frac{\dot{Q}_l}{\lambda A}\,.$$

Es folgt $T(x) = T_2 - \frac{\dot{Q}_l}{\lambda A} \cdot x$.
Die Kombination $-\lambda \cdot [\frac{dT}{dx}]_{x=0} = \dot{Q}_0$, $-\lambda \cdot [\frac{dT}{dx}]_{x=l} = \dot{Q}_l$ ist nicht möglich, wenn die Platte außer an den Enden überall isoliert ist. Dann muss $\dot{Q}_0 = \dot{Q}_l$ sein.

c) Randbedingungen 1. und 3. Art:

$$T(0,t) = T_1\,, \quad -\lambda \cdot \left[\frac{dT}{dx}\right]_{x=l} = \alpha \cdot (T_2 - T_\infty)$$

$$\Longrightarrow \quad -\lambda \cdot C_1 = \alpha \cdot (T_2 - T_\infty) \quad \text{und} \quad C_2 = T_2\,.$$

Man erhält $T(r) = T_2 - \frac{\alpha \cdot (T_2 - T_\infty)}{\lambda} \cdot x$.
Rein rechnerisch gesehen sind weitere Randbedingungen denkbar. Praktisch gesehen, sind einige unmöglich oder unsinnig.

2. Zylinderrohr mit Dicke $r_2 - r_1$ ($l \gg r_2$).

$$\frac{1}{r} \cdot \frac{dT}{dr}\left(r\frac{dT}{dr}\right) = 0 \quad \Longrightarrow \quad r\frac{dT}{dr} = C_1 \quad \Longrightarrow \quad dT = \frac{C_1}{r}\,dr$$

$$\Longrightarrow \quad T(r) = C_1 \ln(r) + C_2\,.$$

a) Randbedingungen 1. Art:

$$T(r_1) = T_1\,, \quad T(r_2) = T_2 \quad \Longrightarrow \quad T_1 = C_1 \ln(r_1) + C_2$$

$$\Longrightarrow \quad T_1 = C_1 \ln(r_1) + C_2\,, \quad T_2 = C_1 \ln(r_2) + C_2$$

$$\Longrightarrow \quad C_1 = \frac{T_2 - T_1}{\ln\left(\frac{r_2}{r_1}\right)}\,, \quad C_2 = T_1 - \frac{T_2 - T_1}{\ln\left(\frac{r_2}{r_1}\right)} \ln(r_1)\,.$$

Somit ist

$$T(r) = \frac{T_2 - T_1}{\ln\left(\frac{r_2}{r_1}\right)} \ln(r) + T_1 - \frac{T_2 - T_1}{\ln\left(\frac{r_2}{r_1}\right)} \ln(r_1) \quad \Longrightarrow \quad T(r) = T_1 + (T_2 - T_1) \cdot \frac{\ln\left(\frac{r}{r_1}\right)}{\ln\left(\frac{r_2}{r_1}\right)}\,.$$

b) Randbedingungen 1. und 2. Art:

$$T(r_1) = T_1\,, \quad -\lambda A \cdot \left[\frac{dT}{dr}\right]_{r=r_2} = \dot{Q}_2$$

$$\Longrightarrow \quad -\lambda A \cdot \frac{C_1}{r_2} = \dot{Q}_2 \quad \text{und} \quad T_1 = C_1 \ln(r_1) + C_2$$

$$\Longrightarrow \quad C_1 = -\frac{\dot{Q}_2 r_2}{\lambda A} \quad \Longrightarrow \quad C_2 = \frac{\dot{Q}_2 r_2}{\lambda A} \ln(r_1) + T_1\,.$$

Man erhält $T(r) = T_1 - \frac{\dot{Q}_2 r_2}{\lambda A} \cdot \ln(\frac{r}{r_1})$.

c) Randbedingungen 1. und 3. Art:

$$T(r_1, t) = T_1\,, \qquad -\lambda \cdot \left[\frac{dT}{dr}\right]_{r=r_2} = \alpha \cdot (T_2 - T_\infty)$$

$$\Longrightarrow \quad -\frac{\lambda \cdot C_1}{r_2} = \alpha \cdot (C_1 \ln(r_2) + C_2 - T_\infty) \quad \text{und} \quad T_1 = C_1 \ln(r_1) + C_2$$

$$\Longrightarrow \quad -\lambda C_1 = r_2 \alpha C_1 \ln(r_2) + r_2 \alpha T_1 - r_2 \alpha C_1 \ln(r_1) - r_2 \alpha T_\infty$$

$$\Longrightarrow \quad C_1 = \frac{r_2 \alpha (T_\infty - T_1)}{\lambda + r_2 \alpha \ln\left(\frac{r_2}{r_1}\right)}\,, \qquad C_2 = T_1 - \frac{r_2 \alpha (T_\infty - T_1)}{\lambda + r_2 \alpha \ln\left(\frac{r_2}{r_1}\right)} \ln(r_1)\,.$$

$$C_2 = \frac{\lambda T_1 + r_2 \alpha \ln(r_2) T_1 - r_2 \alpha \ln(r_1) T_1 - r_2 \alpha (T_\infty - T_1) \ln(r_1)}{\lambda + r_2 \alpha \ln\left(\frac{r_2}{r_1}\right)}$$

$$= \frac{\lambda T_1 + r_2 \alpha (\ln(r_2) T_1 - \ln(r_1) T_\infty)}{\lambda + r_2 \alpha \ln\left(\frac{r_2}{r_1}\right)}$$

Es folgt

$$T(r) = \frac{r_2 \alpha (T_\infty - T_1)}{\lambda + r_2 \alpha \ln\left(\frac{r_2}{r_1}\right)} \cdot \ln(r) + \frac{\lambda T_1 + r_2 \alpha (\ln(r_2) T_1 - \ln(r_1) T_\infty)}{\lambda + r_2 \alpha \ln\left(\frac{r_2}{r_1}\right)}\,.$$

Aufgabe
Bearbeiten Sie die Übung 6.

3.2 Instationäre Temperaturverteilung

Nun wollen wir uns den instationären Fällen zuwenden. Zeitabhängige Temperaturfelder treten auf, wenn sich die thermischen Bedingungen am Rand eines Körpers ändern. Wird beispielsweise ein Körper mit anfänglich konstanter Temperatur einer Umgebung mit einer davon abweichenden Temperatur ausgesetzt, dann fließt Wärme über die Körperoberfläche und die Temperatur im Körper ändert sich mit der Zeit. Am Ende des zeitabhängigen Vorgangs stellt sich dann eine neue stationäre Temperaturverteilung ein.

Symmetrische Temperaturverteilung
Eine exakte Lösung mit Reihenlösungen existiert nur für einen symmetrischen Temperaturverlauf. Auf einen solchen wollen wir uns beschränken. Um diesen für die Körper Platte, Zylinder und Kugel gleichzeitig zu beschreiben, wählen wir die Dicke der Platte $2l$, damit sind der Radius des Zylinders und der Kugel l. Die Temperaturverteilung wird dann von 0 bis l betrachtet und gespiegelt.

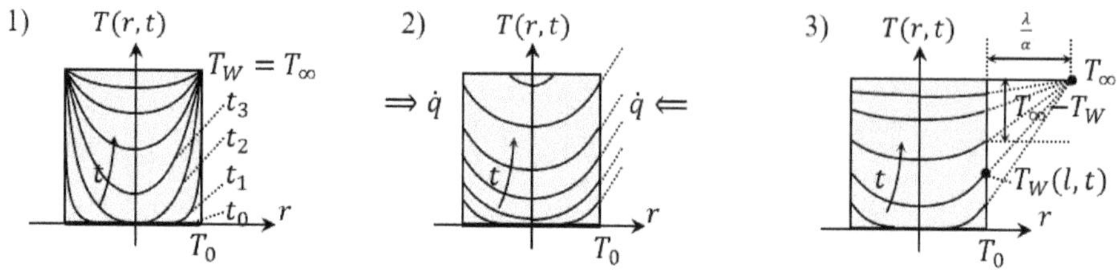

Abb. 3.3: Skizze zu den drei Randbedingungen bei symmetrischer Temperaturverteilung

Aus dieser Vorgabe folgt zwingend, dass der Wärmestrom in der Mitte Null sein muss: $[\frac{dT}{dr}]_{r=0} = 0$. Wir betrachten im Einzelnen die drei bekannten Randbedingungen (Abb. 3.3) und geben zudem vor, dass die Anfangstemperaturverteilung konstant sei: $T(r,0) = T_0$.

1. Im ersten Fall wird am Rand eine Wandtemperatur T_W angesetzt und beibehalten, die der Umgebungstemperatur T_∞ entspricht. In der Praxis muss dann die Oberflächentemperatur durch Messung bekannt sein. Insbesondere kommt dieser Fall bei der Änderung des Aggregatzustands vor, die Oberfläche hat dann z. B. Schmelz- oder Kondensationstemperatur.
2. Hier wird an der Wand ein konstanter Wärmestrom $\dot{q}$ angelegt, wie er beispielsweise beim elektrischen Heizen auftritt. Mit der Zeit bildet sich eine stationäre Temperaturverteilung im Körper. Durch die weitere Wärmezufuhr steigt die Temperatur aber weiter an.
3. Im letzten Fall wird der Körper ausgehend von einer Temperaturverteilung $T(r,0) = T_0$ ohne weitere Vorgaben der Außentemperatur T_∞ überlassen. Der Ort des eingezeichneten Temperaturpunkts T_∞ ist nicht willkürlich, sondern auf der Höhe T_∞ im Abstand $\frac{\lambda}{\alpha}$ abgetragen. Dies deshalb, weil für den Wärmestrom am Rand $[\frac{dT}{dr}]_{r=l} = -\frac{\alpha}{\lambda}(T_\infty - T_W(l))$ gilt. Da mit der Zeit die Wandtemperatur steigt, sinkt die Differenz $T_\infty - T_W$. Somit ist die Steigung $[\frac{dT}{dr}]_{r=l}$ gerade $-\frac{T_\infty - T(l)}{\lambda/\alpha}$ und entspricht dem Steigungsdreieck. Damit ist die Zeichnung auch graphisch korrekt. Sinkt die Wärmeübergangszahl α immer weiter bis auf Null ab, dann ist die Strecke $\frac{\lambda}{\alpha}$ unendlich lang, die Oberfläche wird dann adiabat und lässt keinen Wärmestrom zu. Die anfängliche Temperaturverteilung $T(r,0) = T_0$ bleibt bestehen.

   Wächst anderseits die Wärmeübergangszahl α immer weiter bis auf Unendlich an, dann ist die Strecke $\frac{\lambda}{\alpha}$ Null, Wandtemperatur und Umgebungstemperatur stimmen überein. Dieser Grenzfall erweist sich somit als Randbedingung der 1. Art. Ein allfälliger Wärmestrom an der Wand kann dann nicht über $\dot{Q}_l = \alpha A(T_\infty - T_W(l))$ berechnet werden, da der Ausdruck „$\infty \cdot 0$“ liefert, sondern muss über $\dot{Q}_l = -\lambda A[\frac{dT}{dr}]_{r=l}$ bestimmt werden.

Bemerkung. Das Modell ist äquivalent zu einem in der Mitte vollständig isolierten Körper.

Es soll die Lösung der DGL

$$\frac{\partial T}{\partial t} = \beta^2 \left(\frac{n}{r} \cdot \frac{\partial T}{\partial r} + \frac{\partial^2 T}{\partial r^2} \right) \quad \text{mit} \quad \beta^2 = \frac{\lambda}{c\rho}$$

bestimmt werden.

An dieser Stelle führen wir dimensionslose Größen ein. Im ersten Fall wäre $\vartheta(r,t) := \frac{T(r,t)-T_W}{T_0-T_W}$ die Temperaturdifferenz zur Zeit t verglichen mit der treibenden, der stets gleich großen Temperaturdifferenz $T_0 - T_W$. Die dimensionslose Starttemperatur ist $\vartheta(r,0) = 1$. Die dimensionslose Endtemperatur beträgt $\vartheta(r,\infty) = 0$.

Daraus wird dann $T(r,t) = \vartheta(r,t)(T_0 - T_W) + T_W$, unabhängig davon, ob es sich um eine Abkühlung oder eine Erwärmung handelt.

$\xi := \frac{r}{l}$ bezeichnet die dimensionslose Länge. Da $0 \le r \le l$, folgt $0 \le \xi \le 1$.

$$Fo := \frac{\beta^2 t}{l^2} = \frac{\lambda t}{c\rho l^2}$$

heißt Fourierzahl und ist die dimensionslose Zeit

$$\left(\frac{\frac{\mathrm{W}}{\mathrm{m \cdot K}} \cdot \mathrm{s}}{\frac{\mathrm{J}}{\mathrm{kg \cdot K}} \cdot \frac{\mathrm{kg}}{\mathrm{m}^3} \cdot \mathrm{m}^2} = \frac{\frac{\mathrm{kg \cdot m^2}}{\mathrm{s}^3} \cdot \frac{1}{\mathrm{m \cdot K}} \cdot \mathrm{s}}{\frac{\mathrm{kg \cdot m^2}}{\mathrm{s}^2} \cdot \frac{1}{\mathrm{kg \cdot K}} \cdot \frac{\mathrm{kg}}{\mathrm{m}^3} \cdot \mathrm{m}^2} \right) .$$

$Bi := \frac{\alpha l}{\lambda}$ ist die schon weiter oben eingeführte Biotzahl.

Es gilt dann

$$\frac{\partial \vartheta}{\partial Fo} = \frac{\partial \vartheta}{\partial t} \cdot \frac{\partial t}{\partial Fo} = \frac{\partial T}{\partial t} \cdot \frac{1}{T_0 - T_W} \cdot \frac{l^2}{\beta^2}$$

und

$$\frac{\partial \vartheta}{\partial \xi} = \frac{\partial \vartheta}{\partial r} \cdot \frac{\partial r}{\partial \xi} = \frac{\partial T}{\partial r} \cdot \frac{1}{T_0 - T_W} \cdot l \,, \quad \frac{\partial^2 \vartheta}{\partial \xi^2} = \frac{\partial^2 \vartheta}{\partial r^2} \cdot \left(\frac{\partial r}{\partial \xi} \right)^2 = \frac{\partial^2 T}{\partial r^2} \cdot \frac{1}{T_0 - T_W} \cdot l^2 \,.$$

Eingesetzt folgt

$$\beta^2 \frac{(T_0 - T_W)}{l^2} \cdot \frac{\partial \vartheta}{\partial Fo} = \beta^2 \left(\frac{n}{l \cdot \xi} \cdot \frac{(T_0 - T_W)}{l} \cdot \frac{\partial \vartheta}{\partial \xi} + \frac{(T_0 - T_W)}{l^2} \cdot \frac{\partial^2 \vartheta}{\partial \xi^2} \right) .$$

Schließlich ist

$$\frac{\partial \vartheta}{\partial Fo} = \frac{n}{\xi} \cdot \frac{\partial \vartheta}{\partial \xi} + \frac{\partial^2 \vartheta}{\partial \xi^2}$$

die zugehörige DGL mit den dimensionslosen Größen. Die Randbedingungen ändern sich entsprechend. Aus $[\frac{dT}{dr}]_{r=0} = 0$ wird $[\frac{\partial \vartheta}{\partial \xi}]_{\xi=0} = 0$.

Randbedingung 1. Art. Die Temperatur am Rand ist konstant. $T(l,t) = T(l) = T_W$. Aus $T(l,t) = 0$ wird

$$\vartheta(\xi = 1, Fo) = \frac{T(l,t) - T_W}{T_0 - T_W} = \frac{T_W - T_W}{T_0 - T_W} = 0\,.$$

Randbedingung 2. Art. Diesen Fall betrachten wir eingehend am Schluss, nach der 3. Art.

Randbedingung 3. Art. Aus $-\lambda \cdot [\frac{dT}{dr}]_{r=l} = \alpha \cdot (T(l,t) - T_\infty)$ wird

$$-\lambda \cdot \left[\frac{\partial\vartheta}{\partial\xi}\right]_{\xi=1} \cdot \left(\frac{T_0 - T_\infty}{l}\right) = \alpha \cdot (\vartheta(\xi = 1, Fo)(T_0 - T_\infty) + T_\infty - T_\infty)\,,$$

$$\left[\frac{\partial\vartheta}{\partial\xi}\right]_{\xi=1} = -\frac{\alpha l}{\lambda} \cdot \vartheta(\xi = 1, Fo) \quad\Longrightarrow\quad \left[\frac{\partial\vartheta}{\partial\xi}\right]_{\xi=1} = -Bi \cdot \vartheta(\xi = 1, Fo)\,.$$

Das heißt, der Wärmestrom ist proportional zur zeitlich sich ändernden Wandtemperatur $\vartheta_W(t) = \vartheta(\xi = 1, Fo)$. Dass die Steigungen der Tangenten oder die Werte von $[\frac{\partial\vartheta}{\partial\xi}]_{\xi=1}$ negativ sind, liegt daran, dass es sich bei $\vartheta(\xi, Fo)$ um eine Abkühlung handelt.

Da die Temperaturfunktion $\vartheta(\xi, Fo)$ zweimal nach dem Ort und einmal nach der Zeit abgeleitet wird, braucht es für eine eindeutige Lösung zwei Randbedingungen und eine Anfangsbedingung. Die drei oben skizzierten Arten sollen nun im Einzelnen durchgerechnet werden.

3.3 Instationäre Lösung für die Platte

Randbedingung 1. Art

$$\left[\frac{\partial\vartheta}{\partial\xi}\right]_{\xi=0} = 0\,, \quad \vartheta(\xi = 1, Fo) = 0\,.$$

Anfangsbedingung. $\vartheta(\xi, 0) = 1$ für $0 \le \xi \le 1$.

Separationsansatz $\vartheta(\xi, Fo) = v(\xi) \cdot w(Fo) \implies v(\xi) \cdot \dot{w}(Fo) = v''(\xi) \cdot w(Fo)$.

Die Ableitung nach dem Ort meint immer nach ξ, diejenige nach der Zeit immer nach Fo.

Es folgt

$$\frac{\dot{w}(Fo)}{w(Fo)} = \frac{v''(\xi)}{v(\xi)} := -\mu^2$$

(negativ, weil die Temperatur mit der Zeit abnimmt). Es folgt das DGL-System $v'' + \mu^2 v = 0$ und $\dot{w} + \mu^2 w = 0$. Dann erhält man $v(\xi) = C_1\cos(\mu\xi) + C_2\sin(\mu\xi)$. Mit der ersten Randbedingung ist auch $[\frac{\partial v}{\partial\xi}]_{\xi=0} = 0$.

Somit hat man $C_2 = 0$. Aus $\vartheta(\xi = 1, Fo) = 0$ folgt $v(\xi = 1) = 0$. Das bedeutet aber, dass

$$C_1 \cos(\mu) = 0 \quad \Longleftrightarrow \quad \mu_n = \frac{(2n-1)\pi}{2} .$$

Die Eigenfunktionen sind damit

$$v_n(\xi) = \cos\left(\frac{(2n-1)\pi}{2}\xi\right) .$$

Die Lösung der zeitlichen DGL ist

$$w(Fo) = C \cdot e^{-\mu^2 Fo} \quad \Longrightarrow \quad w_n(Fo) = c_n \cdot e^{-\left(\frac{(2n-1)\pi}{2}\right)^2 Fo} .$$

Zusammen erhält man

$$\vartheta(\xi, Fo) = \sum_{n=1}^{\infty} c_n \cdot e^{-\left(\frac{(2n-1)\pi}{2}\right)^2 Fo} \cdot \cos\left(\frac{(2n-1)\pi}{2}\xi\right) .$$

Aus der Anfangsbedingung $\vartheta(\xi, Fo = 0) = 1$ schließlich ist $1 = \sum_{n=1}^{\infty} c_n \cdot \cos(\frac{(2n-1)\pi}{2}\xi)$.

Die Koeffizienten c_n sind die Fourierkoeffizienten der Funktion $\vartheta = 1$ entwickelt nach Eigenfunktionen. Wie schon bei der Saitenschwingung erklärt, erhält man diese mittels

$$c_n = 2\int_0^1 1 \cdot \cos\left(\frac{(2n-1)\pi}{2}\xi\right) d\xi = 4\left[\frac{\sin\left(\frac{(2n-1)\pi}{2}\xi\right)}{(2n-1)\pi}\right]_0^1 = \frac{4(-1)^{n+1}}{(2n-1)\pi} .$$

Somit folgt

$$\vartheta(\xi, Fo) = \sum_{n=1}^{\infty} \frac{4(-1)^{n+1}}{(2n-1)\pi} \cdot e^{-\frac{(2n-1)^2}{4}\pi^2 \cdot Fo} \cdot \cos\left(\frac{(2n-1)\pi}{2}\xi\right) .$$

Das Endergebnis mit $T(r, t) = \vartheta(r, t)(T_0 - T_W) + T_W$ lautet

$$T(r, t) = \left(\sum_{n=1}^{\infty} \frac{4(-1)^{n+1}}{(2n-1)\pi} \cdot e^{-\frac{(2n-1)^2}{4l^2}\beta^2\pi^2 \cdot t} \cdot \cos\left(\frac{(2n-1)\pi}{2l}r\right)\right) \cdot (T_0 - T_W) + T_W . \quad (3.2)$$

Für eine Darstellung sei $r = 1$, $T_0 = 1$, $T_W = 3$ und $\beta^2 = 1$. Abb. 3.4 zeigt den Temperaturverlauf zu den elf Zeiten $t = 0, 0{,}001, 0{,}01, 0{,}03, 0{,}1, 0{,}2, 0{,}3, 0{,}45, 0{,}7, 1, 2$.

Die Temperatur im Kern ist

$$T(0, t) = \left(\sum_{n=1}^{\infty} \frac{4(-1)^{n+1}}{(2n-1)\pi} \cdot e^{-\frac{(2n-1)^2}{4l^2}\beta^2\pi^2 \cdot t}\right) \cdot (T_0 - T_W) + T_W .$$

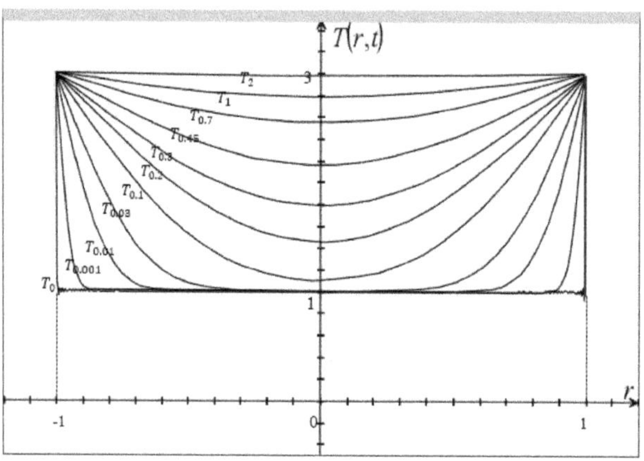

Abb. 3.4: Graphen von (3.2)

Will man eine mittlere Temperatur zur Zeit t bestimmen, so muss man über das Intervall von $-l$ bis l integrieren und mit $\frac{1}{2l}$ normieren, oder gleichwertig

$$2\int_0^1 \cos\left(\frac{(2n-1)\pi}{2}\xi\right) d\xi$$

bestimmen. Man erhält nacheinender

$$\overline{T}(t) = \left(\sum_{n=1}^{\infty} \frac{4(-1)^{n+1}}{(2n-1)\pi} \cdot e^{-\frac{(2n-1)^2}{4l^2}\beta^2\pi^2\cdot t} \cdot \frac{2}{2l}\int_0^l \cos\left(\frac{(2n-1)\pi}{2l}r\right) dr\right) \cdot (T_0 - T_W) + T_W\,,$$

$$\overline{T}(t) = \left(\sum_{n=1}^{\infty} \frac{4(-1)^{n+1}}{(2n-1)\pi} \cdot e^{-\frac{(2n-1)^2}{4l^2}\beta^2\pi^2\cdot t} \cdot \frac{1}{l} \cdot \frac{2l(-1)^{n+1}}{(2n-1)\pi}\right) \cdot (T_0 - T_W) + T_W$$

und

$$\overline{T}(t) = \left(\sum_{n=1}^{\infty} \frac{8}{(2n-1)^2\pi^2} \cdot e^{-\frac{(2n-1)^2}{4l^2}\beta^2\pi^2\cdot t}\right) \cdot (T_0 - T_W) + T_W\,.$$

Weiter kann man die zur Zeit t fließende Wärmestromdichte $\dot{q}_W = -\lambda \cdot [\frac{\partial T}{\partial r}]_{r=l}$ an der Wand bestimmen:

$$\dot{q}_W = -\lambda \cdot \left(\sum_{n=1}^{\infty} \frac{4(-1)^{n+1}}{(2n-1)\pi} \cdot e^{-\frac{(2n-1)^2}{4l^2}\beta^2\pi^2\cdot t} \cdot \frac{(2n-1)\pi}{2l} \sin\left(\frac{(2n-1)\pi}{2l}l\right)\right) \cdot (T_0 - T_W)$$

$$\dot{q}_W = -\lambda \cdot \left(\sum_{n=1}^{\infty} \frac{4(-1)^{n+1}}{(2n-1)\pi} \cdot e^{-\frac{(2n-1)^2}{4l^2}\beta^2\pi^2\cdot t} \cdot \frac{(2n-1)\pi}{2l}(-1)^{n+1}\right) \cdot (T_0 - T_W)$$

$$\dot{q}_W(t) = -\lambda \cdot \frac{2}{l} \cdot (T_0 - T_W) \sum_{n=1}^{\infty} e^{-\frac{(2n-1)^2}{4l^2}\beta^2\pi^2\cdot t}\,.$$

Eine mittlere Wärmestromdichte in der Zeit von 0 bis t kann man natürlich auch noch berechnen. Da $\dot{q}_l(t)$ sich in immer längeren Zeitabschnitten um gleich viel ändert, werden die Mittelwerte mit der Zeit immer kleiner und streben für eine unendlich lange Zeit gegen Null.

$$\overline{\dot{q}_W(t)} = \frac{1}{t}\int_0^t \dot{q}_l(\tau)\,d\tau = -\lambda\cdot\frac{2}{l}\cdot(T_0 - T_W)\sum_{n=1}^{\infty}\frac{1}{t}\int_0^t e^{-\frac{(2n-1)^2}{4l^2}\beta^2\pi^2\cdot\tau}\,d\tau$$

$$\overline{\dot{q}_W(t)} = -\lambda\cdot\frac{2}{l}\cdot(T_0 - T_W)\sum_{n=1}^{\infty} -\frac{4l^2}{(2n-1)^2\beta^2\pi^2}\cdot\frac{1}{t}\left[e^{-\frac{(2n-1)^2}{4l^2}\beta^2\pi^2\cdot\tau}\right]_0^t$$

$$\overline{\dot{q}_W(t)} = \frac{2\lambda}{l}\cdot(T_0 - T_W)\sum_{n=1}^{\infty}\frac{4l^2}{(2n-1)^2\beta^2\pi^2}\cdot\frac{1}{t}\left(e^{-\frac{(2n-1)^2}{4l^2}\beta^2\pi^2\cdot t} - 1\right), \quad \lim_{t\to\infty}\overline{\dot{q}_l(t)} = 0\,.$$

Aufgabe
Bearbeiten Sie die Übung 7.

Schließlich geben wir noch die bis zur Zeit t über die Fläche A ins Innere abgegebene Wärmemenge $Q(t)$ an. Sie berechnet sich als Integral der Wärmestromdichte $\dot{q}_l(r = l, t)$ an der Körperfläche. Man erhält

$$Q(t) = A\cdot\int_0^t \dot{q}_l(\tau)\,d\tau = -\lambda\cdot A\frac{2}{l}(T_0 - T_W)\sum_{n=1}^{\infty}\int_0^t e^{-\frac{(2n-1)^2}{4l^2}\beta^2\pi^2\cdot\tau}\,d\tau$$

und daraus

$$Q(t) = \lambda\cdot A\frac{2}{l}(T_0 - T_W)\sum_{n=1}^{\infty}\frac{4l^2}{(2n-1)^2\beta^2\pi^2}\left(e^{-\frac{(2n-1)^2}{4l^2}\beta^2\pi^2\cdot t} - 1\right).$$

Randbedingung 3. Art

$$\left[\frac{\partial\vartheta}{\partial\xi}\right]_{\xi=0} = 0\,,\quad \left[\frac{\partial\vartheta}{\partial\xi}\right]_{\xi=1} = -Bi\cdot\vartheta(\xi = 1, Fo)\,.$$

Anfangsbedingung. $\vartheta(\xi, 0) = 1$ für $0 \le \xi \le 1$.

Mit der ersten Randbedingung reduziert sich die Ortsfunktion zu $v(\xi) = C_1\cos(\mu\xi)$.

Die zweite Randbedingung liefert $-C_1\mu\sin(\mu)\cdot w(Fo) = -Bi\cdot C_1\cos(\mu)\cdot w(Fo)$.

Daraus entsteht die charakteristische Gleichung für die Eigenwerte

$$\tan(\mu) = \frac{Bi}{\mu}\,. \tag{3.3}$$

Diese Gleichung lässt sich nur numerisch lösen. Es existieren unendlich viele streng monoton wachsende positive Eigenwerte $\mu_1, \mu_2, \mu_3, \ldots$ (Abb. 3.5). Die Eigenfunktionen sind dann $v_n(\xi) = \cos(\mu_n\xi)$. Die Lösung der zeitlichen DGL ist

$$w(t) = C\cdot e^{-\mu^2 t}\,.$$

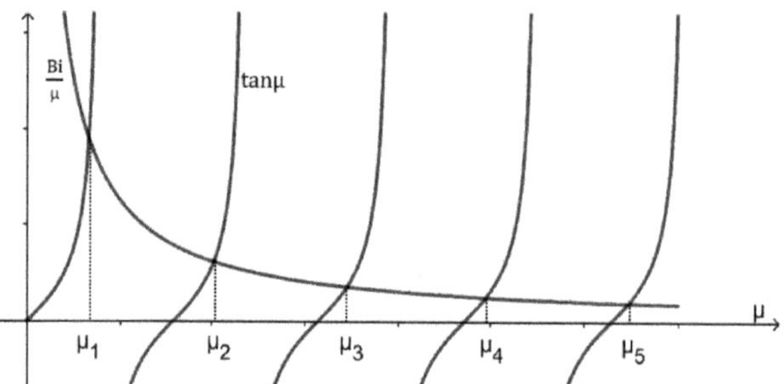

Abb. 3.5: Graphen der Gleichung (3.3)

Zusammen erhält man

$$T(\xi, Fo) = \sum_{n=1}^{\infty} c_n \cdot e^{-\mu_n^2 Fo} \cdot \cos(\mu_n \xi)\,.$$

Aus der Anfangsbedingung $\vartheta(\xi, 0) = 1$ wird

$$1 = \sum_{n=1}^{\infty} c_n \cdot \cos(\mu_n \xi)\,. \tag{3.4}$$

Es gilt

$$\int_0^1 \cos(\mu_n \xi)\cos(\mu_m \xi)\, d\xi = \begin{cases} 0 & \text{für } n \neq m \\ A_n & \text{für } n = m \end{cases}\,.$$

Das sieht man so:

Sowohl $\cos(\mu_n \xi)$ als auch $\cos(\mu_m \xi)$ entwickelt man nun in eine Fourierreihe:

$$\cos(\mu_n \xi) = \sum_{r=1}^{\infty} a_r \cos\left(\frac{(2r-1)\pi}{2}\xi\right), \quad \cos(\mu_m \xi) = \sum_{s=1}^{\infty} b_s \cos\left(\frac{(2s-1)\pi}{2}\xi\right).$$

Dann ist

$$\begin{aligned} \int_0^1 \cos(\mu_n \xi)\cos(\mu_m \xi)\, d\xi &= \int_0^1 \sum_{r=1}^{\infty} a_r \cos\left(\frac{(2r-1)\pi}{2}\xi\right) \sum_{s=1}^{\infty} b_s \cos\left(\frac{(2s-1)\pi}{2}\xi\right) d\xi \\ &= \sum_{r=1}^{\infty}\sum_{s=1}^{\infty} \int_0^1 a_r b_s \cos\left(\frac{(2r-1)\pi}{2}\xi\right)\cos\left(\frac{(2s-1)\pi}{2}\xi\right) d\xi \end{aligned}$$

und folglich

$$\int_0^1 \cos(\mu_n \xi)\cos(\mu_m \xi)\, d\xi = \begin{cases} 0 & \text{für } r \neq s \\ \frac{1}{2} a_r b_r =: A_r & \text{für } r = s \end{cases},$$

oder mit dem Index n: $A_n \neq 0$.

Multiplikation von (3.4) mit $\cos(\mu_m\xi)$ ergibt

$$\cos(\mu_m\xi) = \sum_{n=1}^{\infty} c_n \cdot \cos(\mu_n\xi)\cos(\mu_m\xi)\,.$$

Integriert über die Periode führt zu

$$\int_0^1 \cos(\mu_m\xi)\,d\xi = \sum_{n=1}^{\infty} c_n \cdot \int_0^1 \cos(\mu_n\xi)\cos(\mu_m\xi)\,d\xi\,.$$

Übrig bleibt

$$\int_0^1 \cos(\mu_n\xi)\,d\xi = c_n \cdot \int_0^1 \cos^2(\mu_n\xi)\,d\xi\,.$$

Die Bestimmungsgleichung für c_n ergibt sich zu

$$\underline{\underline{c_n}} = \frac{\int_0^1 \cos(\mu_n\xi)\,d\xi}{\int_0^1 \cos^2(\mu_n\xi)\,d\xi} = \frac{\frac{1}{\mu_n}[\sin(\mu_n\xi)]_0^1}{\frac{1}{2\mu_n}[\mu_n\xi + \sin(\mu_n\xi)\cos(\mu_n\xi)]_0^1} = \frac{2\sin(\mu_n)}{\mu_n + \sin(\mu_n)\cos(\mu_n)}\,.$$

Das Endergebnis lautet

$$T(r,t) = \left(\sum_{n=1}^{\infty} \frac{2\sin(\mu_n)}{\mu_n + \sin(\mu_n)\cos(\mu_n)} \cdot e^{-\mu_n^2\cdot\frac{\beta^2}{l^2}\cdot t} \cdot \cos\left(\frac{\mu_n}{l}r\right)\right) \cdot (T_0 - T_\infty) + T_\infty \quad (3.5)$$

mit der charakteristischen Gleichung $\tan(\mu) = \frac{Bi}{\mu}$.

Für die mittlere Temperatur zur Zeit t erhält man nacheinander

$$\overline{T}(t) = \left(\sum_{n=1}^{\infty} \frac{2\sin(\mu_n)}{\mu_n + \sin(\mu_n)\cos(\mu_n)} \cdot e^{-\mu_n^2\cdot\frac{\beta^2}{l^2}\cdot t} \cdot \frac{2}{2l}\int_0^l \cos\left(\frac{\mu_n}{l}r\right)dr\right) \cdot (T_0 - T_\infty) + T_\infty\,,$$

$$\overline{T}(t) = \left(\sum_{n=1}^{\infty} \frac{2\sin(\mu_n)}{\mu_n + \sin(\mu_n)\cos(\mu_n)} \cdot e^{-\mu_n^2\cdot\frac{\beta^2}{l^2}\cdot t} \cdot \frac{1}{l}\frac{l}{\mu_n} \cdot \sin(\mu_n)\right) \cdot (T_0 - T_\infty) + T_\infty$$

und

$$\overline{T}(t) = \left(\sum_{n=1}^{\infty} \frac{2\sin^2(\mu_n)}{\mu_n(\mu_n + \sin(\mu_n)\cos(\mu_n))} \cdot e^{-\mu_n^2\cdot\frac{\beta^2}{l^2}\cdot t}\right) \cdot (T_0 - T_\infty) + T_\infty\,. \quad (3.6)$$

Beispiel. $\frac{\partial T}{\partial t} = \beta^2 \cdot \frac{\partial^2 T}{\partial x^2}$. Wir nehmen den Aluminiumstab aus Übung 7 mit $l = 0{,}1$ m und $c_p = 900 \frac{\text{J}}{\text{kg}\cdot\text{K}}$, $\rho = 2700 \frac{\text{kg}}{\text{m}^3}$, $\lambda = 240 \frac{\text{W}}{\text{m}\cdot\text{K}}$. Dann ergibt sich $\beta^2 = \frac{\lambda}{c\rho} = \frac{1}{10.125}$. Als Fluid nehmen wir stark bewegte Luft mit einer Wärmeübergangszahl von $\alpha = 240 \frac{\text{W}}{\text{m}^2\cdot\text{K}}$. Die Temperatur der Luft soll $T_\infty = 50\,°\text{C}$ betragen, wohingegen das Aluminium eine Anfangstemperatur von $T_0 = 20\,°\text{C}$ besitzt.

Die charakteristische Gleichung ist

$$\tan(\mu) = \frac{Bi}{\mu} = \frac{\alpha l}{\lambda\mu} = \frac{240 \cdot 0{,}1}{240\mu} = \frac{1}{10\mu} .$$

Die ersten zehn Eigenwerte sind

n	1	2	3	4	5	6	7	8	9	10
μ_n	0,31	3,17	6,30	9,44	12,57	15,71	18,85	22,00	25,14	28,28

Die ersten zehn Werte für c_n betragen

n	1	2	3	4	5	6	7	8	9	10
c_n	1,0161	−0,0197	0,0050	−0,0022	0,0013	−0,0008	0,0006	−0,0004	0,0003	−0,0003

Damit erhält man

$$T(r,t) = \left(\sum_{n=1}^{\infty} c_n \cdot e^{-\mu_n^2 \cdot \frac{100}{10.125} \cdot t} \cdot \cos(10\mu_n r) \right) \cdot (-30) + 50 . \tag{3.7}$$

Abbildung 3.6 zeigt den Temperaturverlauf für die acht Zeiten $t = 0$, 10 s, 2 min, 5 min, 10 min, 15 min, 30 min, 1 h.

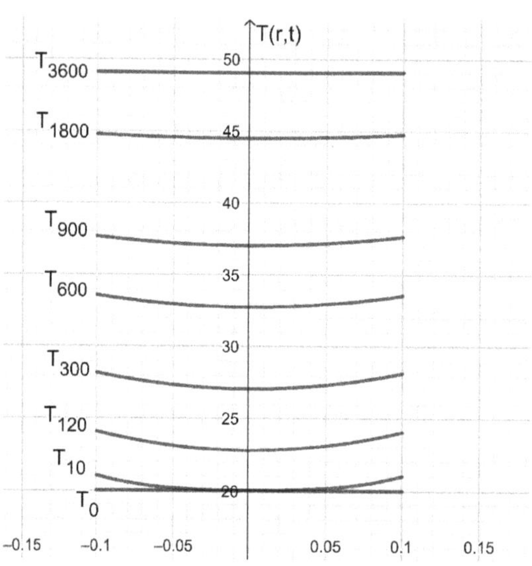

Abb. 3.6: Graphen der Gleichung (3.7)

An den Koeffizienten c_n erkennt man, dass die Temperaturfunktion für große Zeiten im Wesentlichen nur vom ersten Glied geprägt ist. Für kleine Zeiten müssen mehr Terme addiert werden. Auf Näherungsformeln kommen wir später zurück.

Aufgabe
Bearbeiten Sie die Übung 8.

3.4 Instationäre Lösung für die Kugel

Gesucht ist die Lösung der DGL $\frac{\partial\vartheta}{\partial Fo} = \frac{n}{\xi}\cdot\frac{\partial\vartheta}{\partial\xi} + \frac{\partial^2\vartheta}{\partial\xi^2}$.

Der Separationsansatz $T(\xi, Fo) = v(\xi)\cdot w(Fo)$ führt zu

$$v(\xi)\dot{w}(Fo) = v''(\xi)w(Fo) + \frac{2}{r}v'(\xi)w(Fo) \quad\Longrightarrow\quad \frac{\dot{w}(Fo)}{w(Fo)} = \frac{v''(\xi)}{v(\xi)} + \frac{2}{\xi}\cdot\frac{v'(\xi)}{v(\xi)} := -\mu^2 .$$

Das ergibt das DGL-System $v''(\xi) + 2\cdot\frac{v'(\xi)}{\xi} + \mu^2\cdot v(\xi) = 0$ und $\dot{w}(Fo) + \mu^2 w(Fo) = 0$.

Für die ortsabhängige DGL substituieren wir $x = \mu\cdot\xi$. Dann ist $\frac{\partial v}{\partial\xi} = \frac{\partial v}{\partial x}\cdot\frac{\partial x}{\partial\xi}$ und folglich

$$\frac{\partial^2 v}{\partial\xi^2} = \frac{\partial}{\partial\xi}\left(\frac{\partial v}{\partial\xi}\right) = \frac{\partial}{\partial\xi}\left(\frac{\partial v}{\partial x}\cdot\frac{\partial x}{\partial\xi}\right) = \frac{\partial}{\partial x}\left(\frac{\partial v}{\partial x}\cdot\frac{\partial x}{\partial\xi}\right)\cdot\frac{\partial x}{\partial\xi}$$

$$\overset{\frac{\partial x}{\partial\xi}=konst.,\ \text{sonst Produktregel}}{=} \frac{\partial x}{\partial\xi}\cdot\frac{\partial}{\partial x}\left(\frac{\partial v}{\partial x}\right)\cdot\frac{\partial x}{\partial\xi} = \frac{\partial^2 v}{\partial x^2}\cdot\left(\frac{\partial x}{\partial\xi}\right)^2 .$$

Dann ist

$$\frac{\partial^2 v}{\partial x^2}\cdot\left(\frac{\partial x}{\partial\xi}\right)^2 + \frac{2}{\xi}\cdot\frac{\partial v}{\partial x}\cdot\frac{\partial x}{\partial\xi} + \mu^2\cdot v = 0$$

$$\Longrightarrow\quad \frac{\partial^2 v}{\partial x^2}\cdot\mu^2 + \mu\cdot\frac{2}{x}\cdot\frac{\partial v}{\partial x}\cdot\mu + \mu^2\cdot v = 0 \quad\Longrightarrow\quad \frac{\partial^2 v}{\partial x^2} + \frac{2}{x}\cdot\frac{\partial v}{\partial x} + v = 0$$

$$\Longrightarrow\quad v''(x) + \frac{2v'(x)}{x} + v(x) = 0 \quad\text{oder}\quad xv'' + 2v' + xv = 0 .$$

Wir substituieren $z(x) = x\cdot v(x)$ und erhalten $z' = v + xv'$, $z'' = v' + v' + xv''$.

Weiter hat man $z'' + z = v' + v' + xv'' + xv = 0$, also $z'' + z = 0$, woraus die Lösung $z(x) = C_1\cos(x) + C_2\sin(x)$ entsteht. Schließlich ist $v(x) = C_1\frac{\cos(x)}{x} + C_2\frac{\sin(x)}{x}$.

Man schreibt auch kurz $v(x) = C_1\operatorname{co}(x) + C_2\operatorname{si}(x)$ (Sinus Kardinalis und Kosinus Kardinalis).

Zum Vergleich setzen wir die DGL der Kugel der harmonischen DGL gegenüber.

Die Harmonische DGL (HDGL) lautet $v'' + v = 0$ und besitzt die Basislösungen $v_1(x) = \cos(x)$ und $v_2(x) = \sin(x)$ (Abb. 3.7).

Die DGL der Kugel (KDGL) $v'' + \frac{2v'}{x} + v = 0$ mit den Basislösungen $v_1(x) = \frac{\cos(x)}{x}$ und $v_2(x) = \frac{\sin(x)}{x}$ (Abb. 3.8).

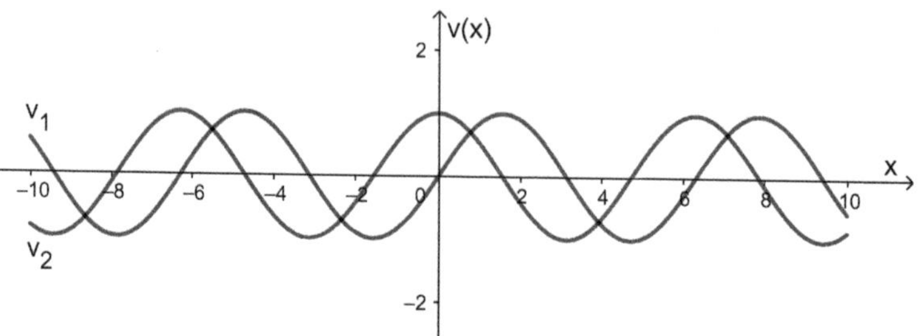

Abb. 3.7: Basislösungen der harmonischen Differenzialgleichung

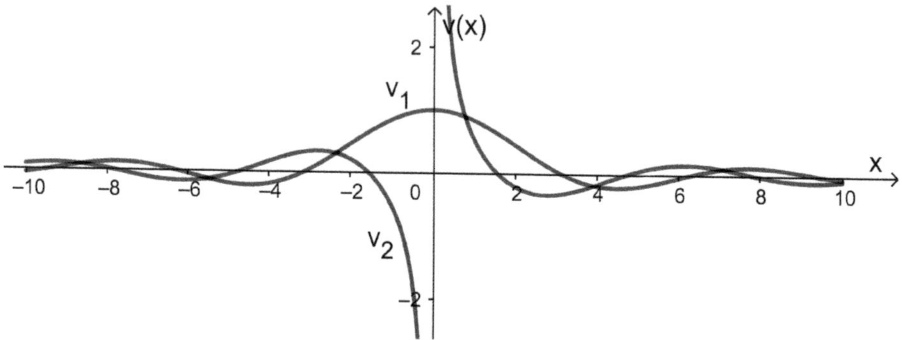

Abb. 3.8: Basislösungen für die Differenzialgleichung der Kugel

Der Unterschied in der DGL besteht darin, dass die KDGL bei $x = 0$ eine Singularität besitzt. Für große x werden die Lösungen der KDGL wenig von denjenigen der HDGL abweichen. Man sieht das auch an den Graphen: sowohl $\mathrm{si}(x)$ als auch $\mathrm{co}(x)$ oszillieren, wenngleich abklingend. Für kleine x entscheidet vor allem das Verhalten von $\mathrm{co}(x)$.

Machen wir noch unsere anfängliche Substitution $x = \mu r$ rückgängig, dann können wir die Eigenfunktionen angeben, falls wir mit μ_n, bzw. $\mu_n = \frac{n\pi}{l}$ die Eigenwerte bezeichnen.

Die Eigenfunktionen sind $\cos(\frac{n\pi}{l}x)$ und $\sin(\frac{n\pi}{l}x)$ für die HDGL sowie $\frac{\cos(\mu_n\xi)}{\mu_n\xi}$ und $\frac{\sin(\mu_n\xi)}{\mu_n\xi}$ im Fall der KDGL.

Die Anzahl Nullstellen nimmt für wachsendes n bei den trigonometrischen Funktionen zu.

Dasselbe gilt auch für die kardinalen Funktionen.

Da $f(x) = \cos(x)$ achsensymmetrisch, $g(x) = x$ hingegen punktsymmetrisch ist, wird $v_1(x) = \frac{\cos(x)}{x}$ selber punktsymmetrisch mit

$$\lim_{x\to 0} \frac{\cos(x)}{x} = \lim_{x\to 0} \frac{\sin(x)}{1} = 0 \, .$$

$v_2(x) = \frac{\sin(x)}{x}$ hingegen ist punktsymmetrisch mit

$$\lim_{x \to 0} \frac{\sin(x)}{x} = \lim_{x \to 0} \frac{\cos(x)}{1} = 1 \,.$$

Geben wir noch die bekannte Lösung der zeitlichen DGL $\dot{w}(Fo) + \mu^2 w(Fo) = 0$ als $w_n(Fo) = e^{-\mu_n^2 Fo}$ an, dann können wir schließlich das allgemeine Ergebnis formulieren:

Die Lösung der DGL $\frac{\partial T}{\partial t} = \beta^2 \cdot (\frac{\partial^2 T}{\partial r^2} + \frac{2}{r} \cdot \frac{\partial T}{\partial r})$ lautet

$$T(r,t) = \left(\sum_{n=1}^{\infty} \left(C_1 \frac{\cos\left(\frac{\mu_n}{l} r\right)}{\frac{\mu_n}{l} r} + C_2 \frac{\sin\left(\frac{\mu_n}{l} r\right)}{\frac{\mu_n}{l} r} \right) e^{-\mu_n^2 \frac{\beta^2}{l^2} \cdot t} \right) \cdot (T_0 - T_W) + T_W$$

mit zu bestimmenden Eigenwerten μ_n und Konstanten C_1 und C_2, die durch Anfangs- und Randbedingungen festgelegt sind.

Randbedingung 1. Art

$$\left[\frac{\partial \vartheta}{\partial \xi} \right]_{\xi=0} = 0 \,, \quad \vartheta(\xi = 1, Fo) = 0 \,.$$

Anfangsbedingung. $\vartheta(\xi, 0) = 1$ für $0 \le \xi \le 1$.

Es ist $v(\xi) = C_1 \frac{\cos(\mu\xi)}{\mu\xi} + C_2 \frac{\sin(\mu\xi)}{\mu\xi}$. Aus der ersten Randbedingung (Achsensymmetrie) folgt $C_1 = 0$. Mit $\vartheta(\xi = 1, Fo) = 0$ ist auch $v(\xi = 1) = 0$, was $\sin(\mu) = 0$ ergibt.

Somit betragen die Eigenwerte $\mu_n = n\pi$ mit den Eigenfunktionen $v_n(\xi) = \frac{\sin(n\pi\xi)}{n\pi\xi}$. Die Lösung der zeitlichen DGL ist

$$w_n(Fo) = C \cdot e^{-n^2\pi^2 Fo} \,.$$

Zusammen erhält man

$$T(r,t) = \left(\sum_{n=1}^{\infty} c_n \cdot e^{-n^2\pi^2 \frac{\beta^2}{l^2} \cdot t} \cdot \frac{\sin\left(\frac{n\pi}{l} r\right)}{\frac{n\pi}{l} r} \right) \cdot (T_0 - T_W) + T_W \,.$$

Die Anfangsbedingung ergibt $1 = \sum_{n=1}^{\infty} c_n \cdot \frac{\sin(n\pi\xi)}{n\pi\xi}$. Multiplikation mit ξ und $\sin(m\pi\xi)$ liefert

$$\xi \cdot \sin(m\pi\xi) = \sum_{n=1}^{\infty} c_n \cdot \frac{\sin(n\pi\xi)}{n\pi} \cdot \sin(m\pi\xi) \,.$$

Aus der Integration über das Periodenintervall resultiert die Gleichung

$$\int_0^1 \xi \cdot \sin(m\pi\xi)\, d\xi = \sum_{n=1}^{\infty} c_n \cdot \int_0^1 \frac{\sin(n\pi\xi)}{n\pi} \cdot \sin(m\pi\xi)\, d\xi \,.$$

Wieder gilt

$$\int_0^1 \sin(n\pi\xi) \cdot \sin(m\pi\xi)\, d\xi = \begin{cases} 0 & \text{für } n \neq m \\ \frac{1}{2} & \text{für } n = m \end{cases} \,. \tag{3.8}$$

Übrig bleibt rechts nur der Term mit $n = m$, also

$$\int_0^1 \xi \cdot \sin(n\pi\xi)\, d\xi = c_n \cdot \int_0^1 \frac{\sin^2(n\pi\xi)}{n\pi}\, d\xi \,.$$

Die Bestimmungsgleichung für c_n lautet dann

$$c_n = n\pi \cdot \frac{\int_0^1 \xi \cdot \sin(n\pi\xi)\, d\xi}{\int_0^1 \sin^2(n\pi\xi)\, d\xi}$$

oder

$$c_n = n\pi \cdot \frac{\frac{1}{n^2\pi^2}\left[\sin(n\pi\xi) - n\pi\xi\cos(n\pi\xi)\right]_0^1}{\frac{1}{2n\pi}\left[n\pi\xi - \sin(n\pi\xi)\cos(n\pi\xi)\right]_0^1} = \frac{2(\sin(n\pi) - n\pi\cos(n\pi))}{n\pi - \sin(n\pi)\cos(n\pi)} = 2(-1)^{n+1} \,.$$

Das Endergebnis schreibt sich als

$$T(r,t) = \left(\sum_{n=1}^{\infty} 2(-1)^{n+1} \cdot e^{-n^2\pi^2 \frac{\beta^2}{l^2} \cdot t} \cdot \frac{\sin\left(\frac{n\pi}{l} r\right)}{\frac{n\pi}{l} r} \right) \cdot (T_0 - T_W) + T_W \,.$$

Randbedingung 3. Art

$$\left[\frac{\partial\vartheta}{\partial\xi}\right]_{\xi=0} = 0\,, \quad \left[\frac{\partial\vartheta}{\partial\xi}\right]_{\xi=1} = -Bi \cdot \vartheta(\xi = 1, Fo)\,.$$

Anfangsbedingung. $\vartheta(\xi, 0) = 1$ für $0 \leq \xi \leq 1$.

Mit der ersten Randbedingung ist wieder $v(\xi) = C_2 \frac{\sin(\mu\xi)}{\mu\xi}$.

Die zweite Randbedingung liefert

$$\frac{C_2 \cdot}{\mu} \frac{\mu \cdot 1 \cdot \cos(\mu \cdot 1) - \sin(\mu \cdot 1)}{1^2} \cdot w(Fo) = -Bi \cdot C_2 \frac{\sin(\mu \cdot 1)}{\mu \cdot 1} \cdot w(Fo)\,,$$

$$\mu \cdot \cos(\mu) - \sin(\mu) = -Bi \cdot \sin(\mu)\,.$$

Die charakteristische Gleichung lautet $\cot(\mu) = \frac{1-Bi}{\mu}$.

Die Eigenfunktionen haben die Form $v_n(\xi) = \frac{\sin(\mu_n \xi)}{\mu_n \xi}$ und die Lösung der zeitlichen DGL $\dot{w}(Fo) + \mu^2 w(Fo) = 0$ ist wieder

$$w_n(Fo) = e^{-\mu_n^2 Fo} .$$

Aus der Anfangsbedingung $1 = \sum_{n=1}^{\infty} c_n \cdot \frac{\sin(\mu_n \xi)}{\mu_n \xi}$ ergeben sich die Koeffizienten zu

$$\begin{aligned} c_n = \mu_n \cdot \frac{\int_0^1 \xi \cdot \sin(\mu_n \xi)\, d\xi}{\int_0^1 \sin^2(\mu_n \xi)\, d\xi} &= \mu_n \cdot \frac{\frac{1}{\mu_n^2}[\sin(\mu_n \xi) - \mu_n \xi \cos(\mu_n \xi)]_0^1}{\frac{1}{2\mu_n}[\mu_n \xi - \sin(\mu_n \xi)\cos(\mu_n \xi)]_0^1} \\ &= \frac{2(\sin(\mu_n) - \mu_n \cos(\mu_n))}{\mu_n - \sin(\mu_n)\cos(\mu_n)} . \end{aligned}$$

Das Endergebnis lautet

$$T(r,t) = \left(\sum_{n=1}^{\infty} \frac{2(\sin(\mu_n) - \mu_n \cos(\mu_n))}{\mu_n - \sin(\mu_n)\cos(\mu_n)} \cdot e^{-\mu_n^2 \frac{\beta^2}{l^2} \cdot t} \cdot \frac{\sin\left(\frac{\mu_n}{l} r\right)}{\frac{\mu_n}{l} r} \right) \cdot (T_0 - T_\infty) + T_\infty$$

mit der charakteristischen Gleichung $\cot(\mu) = \frac{1-Bi}{\mu}$

Aufgabe

Bearbeiten Sie die Übung 9.

3.5 Instationäre Lösung für den Zylinder

Gesucht ist die Lösung der DGL $\frac{\partial \vartheta}{\partial Fo} = \frac{1}{\xi} \cdot \frac{\partial \vartheta}{\partial \xi} + \frac{\partial^2 \vartheta}{\partial \xi^2}$.

Analog zur Kugel erhält man das DGL-System $v''(\xi) + \frac{v'(\xi)}{\xi} + \mu^2 \cdot v(\xi) = 0$ und $\dot{w}(Fo) + \mu^2 w(Fo) = 0$. Mit der Substitution $x = \mu \cdot \xi$ folgt

$$v''(x) + \frac{v'(x)}{x} + v(x) = 0 \quad \text{oder} \quad x^2 v'' + x v' + x^2 v = 0 .$$

Dies ist eine Bessel'sche DGL der „Ordnung" Null. Verglichen mit der Kugel ist diese Gleichung nicht so einfach zu lösen. (Die Bessel'sche DGL p-ter Ordnung lautet $x^2 v'' + x v' + (x^2 - p^2) v = 0$, $p \in \mathbb{R}$.)

Die DGL hat bei $x = 0$ eine Singularität. Der Ansatz $z(x) = x \cdot v(x)$ führt hier nirgends hin.

Stattdessen entwickeln wir $v(x)$ in eine Potenzreihe um $x = 0$ und erhalten $v(x) = \sum_{k=0}^{\infty} c_k x^k$. Damit gehen wir in die DGL $x^2 v'' + x v' + x^2 v = 0$. Dies führt zu

$$\sum_{k=0}^{\infty} c_k k(k-1) x^k + \sum_{k=0}^{\infty} c_k k x^k + \sum_{k=2}^{\infty} c_{k-2} x^k = 0 ,$$

wobei $c_{-2} := 0$ und $c_{-1} := 0$ ist.

Damit schreibt sich die DGL als $\sum_{k=0}^{\infty}[c_k k(k-1) + c_k k + c_{k-2}]x^k = 0$.

$$
\begin{array}{lll}
k=0: & 0=0\,. & \text{Damit ist } c_0 \text{ ist beliebig wählbar, z. B. } c_0 = 1\,. \\
k=1: & c_1 = 0\,. & \\
k=2: & c_2\cdot 2\cdot 1 + c_2\cdot 2 + c_0 = 0 \quad \Longrightarrow & c_2 = -\dfrac{1}{2^2}\cdot c_0\,. \\
k: & c_k\cdot k(k-1) + c_k\cdot k + c_{k-2} = 0 \quad \Longrightarrow & c_k = -\dfrac{1}{k^2}c_{k-2}\,.
\end{array}
$$

Folglich ist $c_1 = c_3 = c_5 = \cdots = 0$ für ungerade k.

Für gerade k ergibt sich

$$c_k = -\frac{1}{k^2}\cdot\left(-\frac{1}{(k-2)^2}\right)\left(-\frac{1}{(k-4)^2}\right)\cdots\left(-\frac{1}{4^2}\right)\left(-\frac{1}{2^2}\right) = \frac{(-1)^k}{(2^k k!)^2}\,.$$

Somit lautet die gesuchte Funktion

$$J_0(x) = \sum_{k=0}^{\infty}\frac{(-1)^k}{4^k(k!)^2}x^{2k} \quad \text{(Bessel'sche Funktion nullter Ordnung).}$$

Diese konvergiert für alle positiven x nach dem Quotientenkriterium, denn es ist

$$\left|\frac{c_{k+2}}{c_k}\right| = \left|\frac{(-1)^{k+2}4^k(k!)^2}{(-1)^k 4^{k+2}((k+2)!)^2}\right| = \left|\frac{1}{4^2(k+2)^2(k+1)^2}\right| \to 0 \quad \text{für} \quad k\to\infty\,.$$

Folglich hat man

$$J_0(x) = 1 - \frac{1}{4}x^2 + \frac{1}{64}x^4 - \frac{1}{2304}x^6 + \frac{1}{147.456}x^8 - \frac{1}{14.745.600}x^{10} + \frac{1}{2.123.366.400}x^{12} \mp \ldots\,.$$

Je kürzer das Intervall ist, umso weniger Terme muss man hinzunehmen (Darstellung folgt).

Da nun die Bessel'sche DGL vom Grad zwei ist, muss es eine von $J_0(x)$ unabhängige Lösung geben. Um diese zu finden, müssen wir etwas ausholen.

Betrachtet man die Bessel'sche DGL p-ter Ordnung $x^2v'' + xv' + (x^2 - p^2)v = 0$, dann gibt es zwei voneinander unabhängige Lösungen. Diese findet man mit dem Ansatz $v(x) = \sum_{k=0}^{\infty} c_k x^{k+s}$. Es folgt

$$\sum_{k=0}^{\infty} c_k s(s-1)x^{k+s} + \sum_{k=0}^{\infty} c_k s x^{k+s} + \sum_{k=0}^{\infty} c_k x^{k+s+2} - p^2\sum_{k=0}^{\infty} c_k x^{k+s} = 0$$

und daraus

$$x^s(c_k s(s-1) + c_k s - p^2 c_k) = 0 \quad \Longrightarrow \quad s(s-1) + s - p^2 = 0 \quad \Longrightarrow \quad s = \pm p\,.$$

Somit lauten die beiden Lösungen

$$J_{-p}(x) = \sum_{k=0}^{\infty} c_k x^{k-p} \quad \text{und} \quad J_p(x) = \sum_{k=0}^{\infty} d_k x^{k+p} \,.$$

Die Frage ist, ob sie in jedem Fall linear unabhängig sind.

Die genaue Form von $J_p(x)$ wurde schon im 3. Band ebenfalls durch Koeffizientenvergleich gefunden:

$$J_p(x) = \sum_{k=0}^{\infty} \frac{(-1)^k}{k!(p+k)!} \left(\frac{x}{2}\right)^{2k+p} \,.$$

Nun ersetzen wir p durch $-p$ und erhalten mit $l := k - p$, dass

$$\begin{aligned} J_{-p}(x) &= \sum_{k=0}^{\infty} \frac{(-1)^k}{k!(-p+k)!} \left(\frac{x}{2}\right)^{2k-p} = \sum_{k=p}^{\infty} \frac{(-1)^k}{k!(-p+k)!} \left(\frac{x}{2}\right)^{2k-p} \\ &= \sum_{l=0}^{\infty} \frac{(-1)^{p+l}}{l!(p+l)!} \left(\frac{x}{2}\right)^{2l+p} = (-1)^p \cdot J_p(x) \,. \end{aligned}$$

Dies bedeutet, dass für alle $p \in \mathbb{Z}$ die beiden Lösungen $J_p(x)$ und $J_{-p}(x)$ linear abhängig sind. Man kann zeigen (für uns nicht wichtig), dass $J_p(x)$ und $J_{-p}(x)$ für $p \in \mathbb{R} \setminus \mathbb{Z}$ linear unabhängig sind.

In unserem Fall müssen wir einen Weg finden, die zweite von $J_0(x)$ linear unabhängige Lösung zu finden.

Vergleichen wir zuerst die DGL $v'' + \frac{v'}{x} + v = 0$ mit der homogenen DGL zweiter Ordnung mit konstanten Koeffizienten $z'' + az' + bz = 0$.

Damals machten wir den Ansatz $z(x) = e^{sx}$, woraus die Indexgleichung $s^2 + as + b = 0$ resultierte und wir erhielten

$$s_{1,2} = \frac{-a \pm \sqrt{a^2 - 4b}}{2} \,.$$

Für $s_1 = s_2 = -\frac{a}{2}$ hat man somit nur eine Lösung $z_1(x) = e^{-\frac{a}{2}x}$. Das Fundamentalsystem wurde vervollständigt durch die zweite Lösung $z_2(x) = x \cdot e^{-\frac{a}{2}x}$.

Damit ist es nicht abwegig, für die zweite Lösung der DGL $xv'' + v' + xv = 0$ folgenden Ansatz zu verwenden: $v_2(x) = c(x) \cdot J_0(x)$.

Dann ist

$$v_2' = c'J_0 + cJ_0' \quad \text{und} \quad v_2'' = c''J_0 + c'J_0' + c'J_0' + cJ_0'' = c''J_0 + 2c'J_0' + cJ_0'' \,.$$

Eingesetzt in unsere DGL folgt $xc''J_0 + 2xc'J_0' + xcJ_0'' + c'J_0 + cJ_0' + xcJ_0 = 0$ oder

$$c\left(xJ_0'' + xc''J_0 + xJ_0\right) + xc''J_0 + 2xc'J_0' + c'J_0 = 0 \quad \Longrightarrow \quad xc''J_0 + 2xc'J_0' + c'J_0 = 0 \,,$$

denn J_0 erfüllt die DGL. Außerdem fällt auf, dass in der neuen DGL nur die Ableitungen der Funktion $c(x)$ auftauchen. Weiter folgt $xc''J_0 + 2xc'J_0' + c'J_0 = 0$ und daraus

$$(xc')'J_0 + xc'J_0' + xc'J_0' = 0 \quad \Longrightarrow \quad (xc'J_0)' = -xc'J_0' \,.$$

Nähme man nun $xc' = konst. = C_1$, dann würde die DGL bis auf ein Vorzeichen gelöst. Es wäre dann $c' = \frac{C_1}{x}$ und $c(x) = C_1 \ln x + C_2$. Zumindest motiviert es, des Weiteren mit dem Ansatz $v_2(x) = J_0(x) \cdot \ln x$ zu rechnen. Damit wird die DGL $xv'' + v' + xv = 0$ aber nicht gelöst, wie wir gerade gesehen haben. Deswegen erweitern wir den Ansatz zu $v_2(x) = J_0(x) \cdot \ln x + f(x)$ und fragen nach der Gestalt von $f(x)$. Wir erhalten zuerst

$$v_2' = J_0' \cdot \ln x + \frac{J_0}{x} + f' \quad \text{und} \quad v_2'' = J_0'' \cdot \ln x + \frac{J_0'}{x} + \frac{xJ_0' - J_0}{x^2} + f'' .$$

Eingesetzt folgt

$$xJ_0'' \cdot \ln x + J_0' + J_0' - \frac{J_0}{x} + xf'' + J_0' \cdot \ln x + \frac{J_0}{x} + f' + xJ_0 \cdot \ln x + xf = 0$$

oder

$$\ln x \cdot \left(xJ_0'' + J_0' + xJ_0\right) + 2J_0' + xf'' + f' + xf = 0 \quad \Longrightarrow \quad 2J_0' + xf'' + f' + xf = 0 .$$

Unsere gesuchte Funktion $f(x)$ ist Lösung dieser DGL. Da $J_0'(x)$ eine Potenzreihe ist, ist es $f(x)$ ebenfalls. Also setzen wir $f(x) = \sum_{k=0}^{\infty} d_k x^k$. Eingesetzt in $2J_0' + xf'' + f' + xf = 0$ ist

$$\sum_{k=0}^{\infty} \frac{4k(-1)^k}{4^k(k!)^2} x^{2k-1} + \sum_{k=0}^{\infty} d_k k(k-1)x^{k-1} + \sum_{k=0}^{\infty} d_k k x^{k-1} + \sum_{k=0}^{\infty} d_k x^{k+1} = 0 .$$

x^0: $\quad d_1 = 0 .$

x^1: $\quad d_2 \cdot 2 \cdot 1 + d_2 \cdot 2 + d_0 = 0 \quad \Longrightarrow \quad d_2 = -\frac{1}{2^2} \cdot d_0 ,$

d_0 ist beliebig wählbar: $d_0 = 1 .$

x^{2k-1}: $\quad \frac{4k(-1)^k}{4^k(k!)^2} + d_{2k} \cdot 2k(2k-1) + d_{2k} \cdot 2k + d_{2k-2} = 0$

$$\Longrightarrow \quad d_{2k} = \frac{1}{(2k)^2} \left(\frac{4k(-1)^{k+1}}{4^k(k!)^2} - d_{2k-2} \right) ,$$

$$d_4 = \frac{1}{16} \left(-\frac{1}{8} - \frac{1}{4} \right) = -\frac{1}{64} \left(1 + \frac{1}{2} \right) ,$$

$$d_6 = \frac{1}{36} \left(\frac{1}{192} + \frac{1}{64} \left(1 + \frac{1}{2} \right) \right) = \frac{1}{2304} \left(1 + \frac{1}{2} + \frac{1}{3} \right) .$$

Vermutung: $\quad d_{2k} = \frac{(-1)^{k+1}}{4^k(k!)^2} \cdot \left(1 + \frac{1}{2} + \frac{1}{3} + \cdots \frac{1}{k} \right) .$

(Den Induktionsbeweis schenken wir uns.)

x^{2k}: $\quad d_{2k+1} \cdot (2k+1)2k + d_{2k+1} \cdot (2k+1) + d_{2k-1} = 0$

$$\Longrightarrow \quad d_{2k+1} = -\frac{1}{(2k+1)^2} d_{2k-1} .$$

Folglich ist $d_1 = d_3 = d_5 = \cdots = 0.$

Damit lautet die Funktion

$$f(x) = \sum_{k=0}^{\infty} \frac{(-1)^{k+1}}{4^k (k!)^2} \left(1 + \frac{1}{2} + \frac{1}{3} + \cdots \frac{1}{k+1}\right) \cdot x^{2k} .$$

Die gesuchte zweite Lösung ist

$$N_0(x) = J_0(x) \cdot \ln x + \sum_{k=0}^{\infty} \frac{(-1)^{k+1}}{4^k (k!)^2} \left(1 + \frac{1}{2} + \frac{1}{3} + \cdots \frac{1}{k+1}\right) \cdot x^{2k}$$

und heißt Neumann'sche Funktion nullter Ordnung.

Die allgemeine Lösung der DGL $v'' + \frac{v'}{x} + v = 0$ lautet $v(x) = C_1 \cdot J_0(x) + C_2 \cdot N_0(x)$ mit

$$J_0(x) = \sum_{k=0}^{\infty} \frac{(-1)^k}{4^k (k!)^2} x^{2k} ,$$

$$N_0(x) = \ln x \sum_{k=0}^{\infty} \frac{(-1)^k}{4^k (k!)^2} x^{2k} + \sum_{k=0}^{\infty} \frac{(-1)^{k+1}}{4^k (k!)^2} \left(1 + \frac{1}{2} + \frac{1}{3} + \cdots \frac{1}{k+1}\right) x^{2k} .$$

Ausgeschrieben sieht das so aus:

$$\begin{aligned} f(x) = &-1 + \frac{3}{8}x^2 - \frac{11}{384}x^4 + \frac{25}{27.648}x^6 - \frac{137}{8.847.360}x^8 + \frac{49}{294.912.000}x^{10} \\ &- \frac{121}{1.075.200.000}x^{12} \pm \ldots \end{aligned}$$

$$\begin{aligned} N_0(x) = \ln x \Big(1 &- \frac{1}{4}x^2 + \frac{1}{64}x^4 - \frac{1}{2304}x^6 + \frac{1}{147.456}x^8 - \frac{1}{14.745.600}x^{10} \\ &+ \frac{1}{2.123.366.400}x^{12} \mp \ldots\Big) \\ &- 1 + \frac{3}{8}x^2 - \frac{11}{384}x^4 + \frac{25}{27.648}x^6 - \frac{137}{8.847.360}x^8 + \frac{49}{294.912.000}x^{10} \\ &- \frac{121}{1.075.200.000}x^{12} \pm \ldots \end{aligned}$$

Die Bessel'sche DGL lautet $v'' + \frac{v'}{x} + v = 0$ und besitzt die Basislösungen $v_1(x) = J_0(x)$ und $v_2(x) = N_0(x)$ (Abb. 3.9).

Die Graphen von $J_0(x)$ als auch $N_0(x)$ oszillieren ebenfalls, wenngleich in unregelmäßigen Abständen und abklingend. Für kleine x entscheidet vor allem das Verhalten von $N_0(x)$.

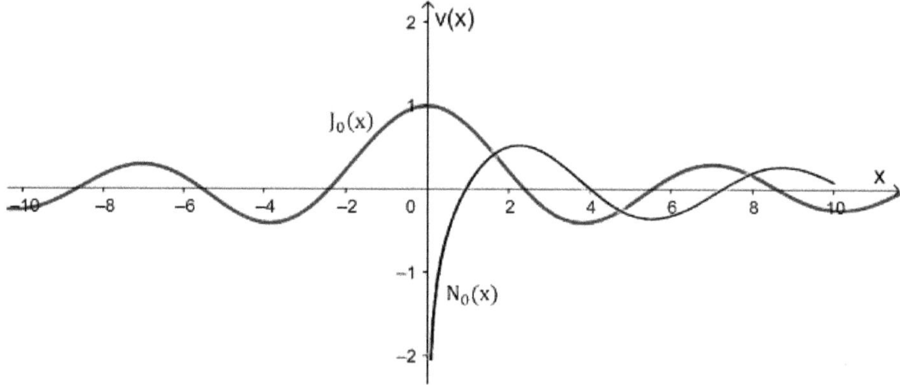

Abb. 3.9: Basislösungen für die Differenzialgleichung des Zylinders

Die Eigenfunktionen der zeitlichen DGL $\dot{w}(t) + \mu^2 w(t) = 0$ lauten $w_n(t) = e^{-\mu_n^2 t}$ mit den zugehörigen Eigenwerten μ_n. Setzt man $x = \frac{\mu}{\beta} r$, so sind $J_0(\frac{\mu_n}{l} r)$ und $N_0(\frac{\mu_n}{l} r)$ die zugehörigen Eigenfunktionen der örtlichen DGL. Die Anzahl Nullstellen nehmen sowohl bei J_0 als auch bei N_0 mit wachsendem n zu. Insgesamt erhält man

Die Lösung der DGL $\frac{\partial T}{\partial t} = \beta^2 \cdot (\frac{\partial^2 T}{\partial r^2} + \frac{1}{r} \cdot \frac{\partial T}{\partial r})$ lautet

$$T(r,t) = \sum_{n=1}^{\infty} \left(C_1 J_0\left(\frac{\mu_n}{l} r\right) + C_2 N_0\left(\frac{\mu_n}{l} r\right)\right) e^{-\mu_n^2 \cdot \frac{\beta^2}{l^2} \cdot t}$$

mit zu bestimmenden Eigenwerten μ_n und Konstanten C_1 und C_2, die durch Anfangs- und Randbedingungen festgelegt sind.

Randbedingung 1. Art

$$\left[\frac{\partial \vartheta}{\partial \xi}\right]_{\xi=0} = 0\,, \qquad \vartheta(\xi = 1, Fo) = 0\,.$$

Anfangsbedingung. $\vartheta(\xi, 0) = 1$ für $0 \le \xi \le 1$.

$v(\xi) = C_1 J_0(\mu\xi) + C_2 N_0(\mu\xi)$. Aus der ersten Randbedingung (Achsensymmetrie) folgt $C_2 = 0$. Mit $\vartheta(\xi = 1, Fo) = 0$ ist auch $v(\xi = 1) = 0$, was $J_0(\mu) = 0$ ergibt.

Die ersten zehn Nullstellen der Besselfunktion $J_0(x)$ sind

n	1	2	3	4	5	6	7	8	9	10
μ_n	2,405	5,520	8,654	11,792	14,931	18,071	21,212	24,352	27,493	30,634

Die Eigenfunktionen lauten $v_n(\xi) = J_0(\mu_n \xi)$.

Die Lösung der zeitlichen DGL ist

$$w_n(Fo) = C \cdot e^{-\mu_n^2 Fo} .$$

Zusammen erhält man

$$T(r,t) = \left(\sum_{n=1}^{\infty} c_n \cdot e^{-\mu_n^2 \cdot \frac{\beta^2}{l^2} \cdot t} \cdot J_0\left(\frac{\mu_n}{l} r\right)\right) \cdot (T_0 - T_W) + T_W .$$

Bevor wir die Koeffizienten c_n bestimmen, müssen wir zuerst die Orthogonalität der Besselfunktionen zeigen. $J_0(x)$ ist Lösung der DGL $x^2 v'' + xv' + x^2 v = 0$. Nun suchen wir diejenige DGL, für die $Q(z) := J_0(\mu x)$ eine Lösung darstellt.

Setzen wir $Q(z) = J_0(\mu x)$ in die Bessel'sche DGL ein, dann erhält man

$$x^2 Q''(z) + xQ'(z) + x^2 Q(z) = 0 \quad \text{oder}$$
$$\mu^2 x^2 J_0''(\mu x) + \mu x J_0'(\mu x) + x^2 J_0(\mu x) = 0 .$$

Damit nun $J_0(\mu x)$ Lösung dieser DGL ist, muss im letzten Term noch der Faktor μ^2 auftauchen. Somit erfüllt $J_0(\mu x)$ die DGL $x^2 v'' + xv' + \mu^2 x^2 v = 0$ oder $xv'' + v' + \mu^2 xv = 0$.

Dies kann man auch schreiben als $(xv')' + \mu^2 xv = 0$.

Wählen wir nun zwei Lösungen der Form $v_n(x) = J_0(\mu_n x)$ und $v_m(x) = J_0(\mu_m x)$, so erhalten wir das System $(xv_n')' + \mu_n^2 xv_n = 0$, $(xv_m')' + \mu_m^2 xv_m = 0$.

Nun multiplizieren wir die erste Gleichung mit $v_m(x)$ und die zweite mit $v_n(x)$ und erhalten

$$v_m(xv_n')' + \mu_n^2 xv_n v_m = 0 , \quad v_n(xv_m')' + \mu_m^2 xv_n v_m = 0 .$$

Subtraktion der beiden Gleichungen ergibt

$$v_m(xv_n')' - v_n(xv_m')' + \left(\mu_n^2 - \mu_m^2\right) xv_n v_m = 0 .$$

Aufgelöst nach $xv_n v_m$ ist

$$x \cdot v_n v_m = \frac{v_n(xv_m')' - v_m(xv_n')'}{\mu_n^2 - \mu_m^2} .$$

Integration von 0 bis 1 liefert mit Hilfe der Produktintegration

$$\begin{aligned}\int_0^1 x \cdot v_n v_m \, dx &= \int_0^1 \frac{v_n(xv_m')' - v_m(xv_n')'}{\mu_n^2 - \mu_m^2} dx = \left[\frac{v_n v_m' x - v_m v_n' x}{\mu_n^2 - \mu_m^2}\right]_0^1 - \int_0^1 \frac{v_n' v_m' x - v_n' v_m' x}{\mu_n^2 - \mu_m^2} dx \\ &= \left[\frac{v_n Q'(z_m) x - v_m Q'(z_n) x}{\mu_n^2 - \mu_m^2}\right]_0^1 - 0 = \left[\frac{\mu_m J_0(\mu_n x) J_0'(\mu_m x)\, x - \mu_n J_0(\mu_m x) J_0'(\mu_n x)\, x}{\mu_n^2 - \mu_m^2}\right]_0^1 \\ &= \frac{\mu_m J_0(\mu_n) J_0'(\mu_m) - \mu_n J_0(\mu_m) J_0'(\mu_n)}{\mu_n^2 - \mu_m^2} , \quad \text{mit} \quad z_m = \mu_m x \text{ und } z_n = \mu_n x .\end{aligned}$$

Da nun μ_n, μ_m Nullstellen von $J_0(x)$ sind, ergibt der Term für zwei verschiedene Nullstellen Null. Im Fall der Gleichheit hat man

$$\int_0^1 x \cdot J_0^2(\mu_n x)\, dx = \lim_{\mu_m \to \mu_n} \int_0^1 x \cdot J_0(\mu_n x) J_0(\mu_m x)\, dx$$
$$= \lim_{\mu_m \to \mu_n} \frac{\mu_m J_0(\mu_n) J_0'(\mu_m) - \mu_n J_0(\mu_m) J_0'(\mu_n)}{\mu_n^2 - \mu_m^2} .$$

Um die Regel von de L'Hôspital anzuwenden, erklären wir μ_m als Variable und leiten Zähler und Nenner ab:

$$\int_0^1 x \cdot J_0^2(\mu_n x)\, dx = \lim_{\mu_m \to \mu_n} \frac{J_0(\mu_n)\,(\mu_m J_0'(\mu_m))' - \mu_n J_0'(\mu_m) J_0'(\mu_n)}{-2\mu_m} .$$

Obwohl μ_n Nullstelle von $J_0(x)$ und somit $J_0(\mu_n) = 0$, wollen wir den Term noch nicht vereinfachen, sondern zur Übung die Differenziation ausführen:

$$\int_0^1 \xi J_0^2(\mu_n \xi)\, d\xi = \lim_{\mu_m \to \mu_n} \frac{J_0(\mu_n)\,(J_0'(\mu_m) + \mu_m J_0''(\mu_n)) - \mu_n J_0'(\mu_m) J_0'(\mu_n)}{-2\mu_m}$$
$$= \frac{J_0(\mu_n)\,(J_0'(\mu_n) + \mu_n J_0''(\mu_n)) - \mu_n (J_0')^2(\mu_n)}{-2\mu_n} .$$

Da nun $J_0(x)$ die DGL $xv''(x) + v'(x) + xv(x) = 0$ erfüllt, ist speziell

$$\mu_n \cdot J_0''(\mu_n) + J_0'(\mu_n) + \mu_n \cdot J_0(\mu_n) = 0 \quad \Longrightarrow \quad \mu_n \cdot J_0''(\mu_n) = -J_0'(\mu_n) - \mu_n \cdot J_0(\mu_n) .$$

Eingesetzt ergibt sich

$$\int_0^1 \xi J_0^2(\mu_n \xi)\, d\xi = \frac{J_0(\mu_n)\,(J_0'(\mu_n) - J_0'(\mu_n) - \mu_n \cdot J_0(\mu_n)) - \mu_n (J_0')^2(\mu_n)}{-2\mu_n} .$$

Wenn μ_n Nullstelle von J_0 ist, erhält man weiter

$$\int_0^1 \xi J_0^2(\mu_n \xi)\, d\xi = \frac{J_0^2(\mu_n) + {J_0'}^2(\mu_n)}{2} = \frac{{J_0'}^2(\mu_n)}{2} \tag{3.9}$$

Aus der Anfangsbedingung hat man $1 = \sum_{n=1}^{\infty} c_n \cdot J_0(\mu_n \xi)$.

Die Multiplikation mit $\xi \cdot J_0(\mu_m \xi)$ liefert

$$\xi \cdot J_0(\mu_m \xi) = \sum_{n=1}^{\infty} c_n \cdot \xi \cdot J_0(\mu_n \xi) \cdot J_0(\mu_m \xi) .$$

Wieder integriert man von 0 bis 1:

$$\int_0^1 \xi \cdot J_0(\mu_m \xi)\, d\xi = \sum_{n=1}^{\infty} c_n \cdot \int_0^1 \xi \cdot J_0(\mu_n \xi) \cdot J_0(\mu_m \xi)\, d\xi\,.$$

Nach der Orthogonalitätsbedingung bleibt

$$\int_0^1 \xi \cdot J_0(\mu_n \xi)\, d\xi = c_n \cdot \frac{J_0^2(\mu_n) + J_0'^{\,2}(\mu_n)}{2}$$

übrig (die Orthogonalitätsbedingung wurde im 3. Band allgemein für $J_p(x)$ bewiesen).

Dann lautet der Koeffizient vorerst

$$c_n = \frac{2\int_0^1 \xi \cdot J_0(\mu_n \xi)\, d\xi}{J_0^2(\mu_n) + J_0'^{\,2}(\mu_n)} = \frac{2\int_0^1 \xi \cdot J_0(\mu_n \xi)\, d\xi}{J_0'^{\,2}(\mu_n)}\,.$$

Jetzt muss noch das Integral des Zählers ausgewertet werden.

Da $J_0(\mu_n \xi)$ die DGL $\mu^2\xi^2 v'' + \mu\xi v' + \mu^2\xi^2 v = 0$ bzw. $\mu\xi v'' + v' + \mu\xi v = 0$ löst, ersetzen wir den Term ξv durch $-(\xi v'' + \frac{1}{\mu} v')$ und erhalten

$$\int_0^1 \xi \cdot J_0(\mu_n \xi) d\xi = -\int_0^1 \left(\xi \cdot J_0'' + \frac{1}{\mu_n} J_0'\right) d\xi = -\frac{1}{\mu_n}\int_0^1 \left(\xi \cdot J_0'\right)' d\xi = -\frac{1}{\mu_n}\left[\xi \cdot J_0'(\mu_n \xi)\right]_0^1$$
$$= -\frac{J_0'(\mu_n)}{\mu_n}\,.$$

Insgesamt können wir nun für den Koeffizienten c_n schreiben

$$c_n = -\frac{2J_0'(\mu_n)}{\mu_n\left(J_0^2(\mu_n) + J_0'^{\,2}(\mu_n)\right)} = -\frac{2}{\mu_n J_0'(\mu_n)}$$

(wenn μ_n Nullstelle von J_0 und damit auch von J_0^2 ist).

Das Endergebnis lautet

$$T(r,t) = \left(\sum_{n=1}^{\infty} -\frac{2}{\mu_n J_0'(\mu_n)} \cdot e^{-\mu_n^2 \cdot \frac{\beta^2}{l^2} \cdot t} \cdot J_0\left(\frac{\mu_n}{l} r\right)\right) \cdot (T_0 - T_W) + T_W$$

mit μ_n als Nullstellen von $J_0(x)$.

Für eine Darstellung wählt man z. B. wieder $l = 0{,}1$ m, $\beta^2 = \frac{1}{10.125}$ und $T_0 = 20\,°\mathrm{C}$, $T_\infty = 50\,°\mathrm{C}$. Damit der Graph für kleine Zeiten nicht stark oszilliert, muss man die ersten zehn Nullstellen von $J_0(x)$ und sowohl $J_0(x)$ als auch $J_0'(x)$ bis zum 40-ten Glied miteinbeziehen. Nach 1 s genügen schon viel weniger Terme und Nullstellen.

Randbedingung 3. Art

$$\left[\frac{\partial \vartheta}{\partial \xi}\right]_{\xi=0} = 0\,, \quad \left[\frac{\partial \vartheta}{\partial \xi}\right]_{\xi=1} = -Bi \cdot \vartheta(\xi = 1, Fo)\,.$$

Anfangsbedingung. $\vartheta(\xi, 0) = 1$ für $0 \leq \xi \leq 1$.

Mit der ersten Randbedingung ist wieder $v(x) = J_0(\mu\xi)$.

Die zweite Randbedingung führt zu

$$C_1 \cdot \mu \cdot J_0^{(1)}(\mu) \cdot w(Fo) = -Bi \cdot C_1 \cdot J_0(\mu) \cdot w(Fo)\,.$$

Für die charakteristische Gleichung gilt somit $\frac{J_0'(\mu)}{J_0(\mu)} = -\frac{Bi}{\mu}$.

Die Eigenfunktionen haben die Form $v_n(\xi) = J_0(\mu_n\xi)$ und die Lösung der zeitlichen DGL $\dot{w}(Fo) + \mu^2 w(Fo) = 0$ ist wieder

$$w_n(t) = e^{-\mu_n^2 Fo}\,.$$

Aus der Anfangsbedingung $1 = \sum_{n=1}^{\infty} c_n \cdot \frac{\sin(\mu_n\xi)}{\mu_n\xi}$ ergeben sich die Koeffizienten wie oben.

Das Endergebnis lautet

$$T(r,t) = \left(\sum_{n=1}^{\infty} -\frac{2J_0'(\mu_n)}{\mu_n\left(J_0^2(\mu_n) + J_0'^{\,2}(\mu_n)\right)} \cdot e^{-\mu_n^2 \cdot \frac{\beta^2}{l^2} \cdot t} \cdot J_0\left(\frac{\mu_n}{l} r\right)\right) \cdot (T_0 - T_\infty) + T_\infty$$

mit der charakteristischen Gleichung $\frac{J_0'(\mu)}{J_0(\mu)} = -\frac{Bi}{\mu}$.

Beispiel. Würstchen in Form eines (unendlich langen) Zylinders mit 2 cm Durchmesser sollen innerhalb von 10 Sekunden mit Hilfe von kaltem Wasser von der Anfangstemperatur $T_0 = 100\,°\text{C}$ auf eine Endtemperatur am Rand von $T(0{,}01/10) = 35\,°\text{C}$ abgekühlt werden, damit man sie mit bloßer Hand anfassen kann.

Dazu werden die Würstchen im kalten Wasser der Temperatur T_∞ mit einem Wärmeübergangskoeffizienten von $\alpha = 650\,\frac{\text{W}}{\text{m}^2\cdot\text{K}}$ geschwenkt. Für das Würstchen gilt $c_p = 2875\,\frac{\text{J}}{\text{kg}\cdot\text{K}}$. Welche Temperatur darf das Kühlwasser höchstens besitzen, um die zeitliche Vorgabe einzuhalten? Für die Wärmeleitfähigkeit ergibt sich $\beta^2 = \frac{\lambda}{c\rho} = 1{,}215 \cdot 10^{-7}\,\frac{\text{m}^2}{\text{s}}$. Die Biotzahl errechnet sich zu $Bi = \frac{\alpha l}{\lambda} = 17{,}808$.

Die Nullstellen müssen genau berechnet werden.

Deswegen sind

$$J_0(x) = \sum_{k=0}^{40} \frac{(-1)^k}{4^k(k!)^2} x^{2k} \quad \text{und} \quad J_0'(x) = \sum_{k=1}^{40} \frac{(-1)^k 2k}{4^k(k!)^2} x^{2k-1}$$

zu verwenden.

Die ersten fünf Lösungen von $J_0'(\mu) = -\frac{17{,}808}{\mu} \cdot J_0(\mu)$ lauten zusammen mit den entsprechenden Werten für c_n und $J_0(\mu_n)$

n	1	2	3	4	5
μ_n	2,274	5,227	8,211	11,217	14,242
c_n	1,590	−1,023	0,776	−0,621	0,509
$J_0(\mu_n)$	0,070	−0,101	0,119	−0,130	0,134

$$T(0{,}01,t) = \left(\sum_{n=1}^{5} -\frac{2J_0'(\mu_n)}{\mu_n \left(J_0^2(\mu_n) + {J_0'}^2(\mu_n)\right)} \cdot e^{-\mu_n^2 \cdot \frac{1{,}215 \cdot 10^{-7}}{0{,}01^2} \cdot 10} \cdot J_0(\mu_n) \right) \cdot (100 - T_\infty) + T_\infty = 35\,.$$

$$\begin{aligned} T(0{,}01/10) = \big(&1{,}616 \cdot e^{-0{,}063} \cdot 0{,}070 - 1{,}111 \cdot e^{-0{,}332} \cdot (-0{,}101) \\ &+0{,}941 \cdot e^{-0{,}819} \cdot 0{,}119 - 0{,}866 \cdot e^{-1{,}529} \cdot (-0{,}130) \\ &+0{,}836 \cdot e^{-2{,}464} \cdot 0{,}134\big) \cdot (100 - T_\infty) + T_\infty = 35\,. \end{aligned}$$

Man erhält $T_\infty \approx 10{,}95\,°\mathrm{C}$.

3.6 Randbedingung 2. Art

Der Temperaturverlauf bei dieser Randbedingung unterscheidet sich von den beiden bisherigen insofern, dass kein stationärer Zustand existiert. Es gibt wohl einen stationären Temperaturunterschied im Körper, aber der anhaltende Wärmestrom treibt die Temperatur immer weiter hoch. Praktisch lässt sich eine solche Apparatur zwar realisieren, aber je wärmer der Körper wird, umso mehr wird er auch wieder Wärme an die Umgebung abgeben. So gesehen muss man den zugeführten Wärmestrom immer wieder anpassen, so dass dieser an der Wand konstant bleibt. Wir beachten weiterhin, dass die bisherigen dimensionslosen Temperaturen $\vartheta(\xi, Fo)$ für $Fo \to \infty$ immer verschwanden. Das wird auch im jetzigen Fall so sein, aber man wird diese Lösung um eine zusätzliche, quasistationäre Lösung ergänzen müssen. „Quasistationär" deshalb, weil noch ein temperaturtreibender Zeitterm verbleibt. Wir führen wieder dimensionslose Größen ein:

$$\vartheta(r,t) := \frac{T(r,t) - T_0}{T_{\mathrm{bez}}} \quad \text{mit} \quad T_{\mathrm{bez}} = -\frac{\dot{q}l}{\lambda}\,. \tag{3.10}$$

Daraus wird $T(r,t) = -\vartheta(r,t)\frac{\dot{q}l}{\lambda} + T_0$ und $\xi := \frac{r}{l}$, $Fo := \frac{\beta^2 t}{l^2}$ wie bisher.

Es gilt dann

$$\frac{\partial \vartheta}{\partial Fo} = \frac{\partial \vartheta}{\partial t} \cdot \frac{\partial t}{\partial Fo} = \frac{\partial T}{\partial t} \cdot \frac{1}{T_{\mathrm{bez}}} \cdot \frac{l^2}{\beta^2}$$

und

$$\frac{\partial \vartheta}{\partial \xi} = \frac{\partial \vartheta}{\partial r} \cdot \frac{\partial r}{\partial \xi} = \frac{\partial T}{\partial r} \cdot \frac{1}{T_{\mathrm{bez}}} \cdot l\,, \quad \frac{\partial^2 \vartheta}{\partial \xi^2} = \frac{\partial^2 \vartheta}{\partial r^2} \cdot \left(\frac{\partial r}{\partial \xi}\right)^2 = \frac{\partial^2 T}{\partial r^2} \cdot \frac{1}{T_{\mathrm{bez}}} \cdot l^2\,.$$

Eingesetzt folgt

$$\beta^2 \frac{T_{\mathrm{bez}}}{l^2} \cdot \frac{\partial \vartheta}{\partial Fo} = \beta^2 \left(\frac{n}{l \cdot \xi} \cdot \frac{T_{\mathrm{bez}}}{l} \cdot \frac{\partial \vartheta}{\partial \xi} + \frac{T_{\mathrm{bez}}}{l^2} \cdot \frac{\partial^2 \vartheta}{\partial \xi^2} \right) .$$

Schließlich ist

$$\frac{\partial \vartheta}{\partial Fo} = \frac{n}{\xi} \cdot \frac{\partial \vartheta}{\partial \xi} + \frac{\partial^2 \vartheta}{\partial \xi^2}$$

die zugehörige DGL wie bekannt.

Die Randbedingungen ändern sich wieder entsprechend: Aus $[\frac{dT}{dr}]_{r=0} = 0$ wird $[\frac{\partial \vartheta}{\partial \xi}]_{\xi=0} = 0$.

Aus $-\lambda \cdot [\frac{dT}{dr}]_{r=l} = \dot{q}$ oder $-\lambda \cdot [\frac{\partial \vartheta}{\partial \xi}]_{\xi=1} \cdot \frac{T_{\mathrm{bez}}}{l} = \dot{q}$ entsteht $[\frac{\partial \vartheta}{\partial \xi}]_{\xi=1} = 1$, womit auch klar ist, warum die Bezugstemperatur entsprechend gewählt wurde.

3.7 Instationäre Lösung für die Platte

Randbedingungen. $[\frac{\partial \vartheta}{\partial \xi}]_{\xi=0} = 0$, $[\frac{\partial \vartheta}{\partial \xi}]_{\xi=1} = 1$.

Anfangsbedingung. $\vartheta(\xi, 0) = 0$ für $0 \leq \xi \leq 1$.

Wir suchen jetzt noch die quasistationäre Lösung, die $\frac{\partial^2 \vartheta}{\partial \xi^2} = 0$ und den Randbedingungen genügt. Diese ist schlicht $\vartheta_{\mathrm{p}}(\xi, Fo) = \frac{1}{2}\xi^2 + Fo$. Ort und Zeit sind entkoppelt. Dies leuchtet auch ein, denn nach einer „Aufwärmphase" bildet sich ein stationärer Temperaturunterschied aus, der dann linear mit der Zeit anwächst.

Zusammen setzen wir somit die Lösung als $\vartheta(\xi, Fo) = \frac{1}{2}\xi^2 + Fo + v(\xi)w(Fo)$ an.

Eingesetzt in die DGL ergibt das $1 + v(\xi) \cdot \dot{w}(Fo) = 1 + v''(\xi) \cdot w(Fo)$, was wiederum auf

$$\frac{\dot{w}(Fo)}{w(Fo)} = \frac{v''(\xi)}{v(\xi)} := -\mu^2$$

und das DGL-System $v'' + \mu^2 v = 0$ und $\dot{w} + \mu^2 w = 0$ führt

$$\Longrightarrow \quad v(\xi) = C_1 \cos(\mu\xi) + C_2 \sin(\mu\xi) .$$

Mit der ersten Randbedingung ist auch $[\frac{\partial v}{\partial \xi}]_{\xi=0} = 0$.

Somit hat man $C_2 = 0$. Aus $[\frac{\partial \vartheta}{\partial \xi}]_{\xi=1} = 1$ folgt $1 - \mu \cdot C_1 \cdot \sin(\mu) w(Fo) = 1$. Das bedeutet aber, dass $\sin(\mu) = 0 \iff \mu_n = n\pi$.

Für die Eigenfunktionen gilt damit $v_n(\xi) = \cos(n\pi\xi)$.

Die Lösung der zeitlichen DGL ist

$$w(Fo) = C \cdot e^{-\mu^2 Fo} \quad \Longrightarrow \quad w_n(Fo) = c_n \cdot e^{-n^2\pi^2 Fo} .$$

Zusammen erhält man

$$\vartheta(\xi, Fo) = \frac{1}{2}\xi^2 + Fo + \sum_{n=0}^{\infty} c_n \cdot e^{-n^2\pi^2 Fo} \cdot \cos(n\pi\xi) .$$

Aus der Anfangsbedingung $\vartheta(\xi, 0) = 0$ ist

$$0 = \frac{1}{2}\xi^2 + \sum_{n=0}^{\infty} c_n \cdot \cos(n\pi\xi) . \tag{3.11}$$

Daraus entsteht

$$-\frac{1}{2}\int_0^1 \xi^2 \cdot \cos(n\pi\xi)\, d\xi = c_n \cdot \int_0^1 \cos^2(n\pi\xi) \quad \Longrightarrow \quad c_n = -\frac{\int_0^1 \xi^2 \cdot \cos(n\pi\xi)\, d\xi}{2\int_0^1 \cos^2(n\pi\xi)\, d\xi} .$$

$$n = 0: \quad c_0 = -\frac{\int_0^1 \xi^2\, d\xi}{2\int_0^1 1\, d\xi} = -\frac{1}{6} .$$

$$n \neq 0: \quad c_n = -\frac{\int_0^1 \xi^2 \cdot \cos(n\pi\xi)\, d\xi}{2\int_0^1 \cos^2(n\pi\xi)\, d\xi} = -\frac{\frac{1}{n^3\pi^3}[2n\pi\xi\cos(n\pi\xi) + (n^2\pi^2\xi^2 - 2)\sin(n\pi\xi)]_0^1}{\frac{1}{n\pi}[n\pi\xi + \sin(n\pi\xi)\cos(n\pi\xi)]_0^1}$$

$$= -\frac{\frac{1}{n^3\pi^3}[2n\pi(-1)^n]}{\frac{n\pi}{n\pi}} = -\frac{2(-1)^n}{n^2\pi^2} .$$

Das Endergebnis lautet (Abb. 3.10)

$$T(r,t) = \left(\frac{1}{2l^2}r^2 + \frac{\beta^2}{l^2}t - \frac{1}{6} - \sum_{n=1}^{\infty}\frac{2(-1)^n}{n^2\pi^2} \cdot e^{-n^2\pi^2\frac{\beta^2}{l^2}\cdot t} \cdot \cos\left(\frac{n\pi}{l}r\right)\right) \cdot \left(\frac{\dot{q}l}{\lambda}\right) + T_0 . \tag{3.12}$$

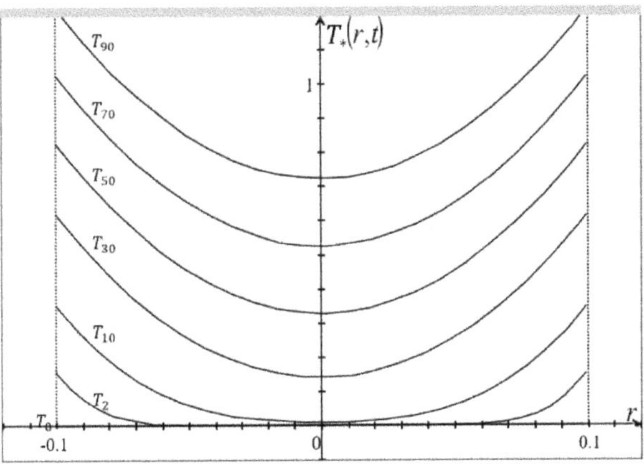

Abb. 3.10: Graphen von (3.12)

Für größere t verläuft die Kurve annähernd wie

$$T(r,t) = \left(\frac{1}{2l^2}r^2 + \frac{\beta^2}{l^2}t - \frac{1}{6}\right)\cdot\left(\frac{\dot{q}l}{\lambda}\right) + T_0$$ (bei Erwärmung muss $\dot{q}$ positiv sein).

Zur Vereinfachung tragen wir $T_*(r,t) = \frac{T(r,t)-T_0}{\frac{\dot{q}l}{\lambda}}$ gegenüber t für $t = 0, 2, 10, 30, 50, 70, 90$ auf. Die Zahlenwerte seien diejenigen des Aluminiumstabs am Ende von Kapitel 3.3: $l = 0{,}1$ m und $\beta^2 = \frac{1}{10.125}$.

Aufgabe
Bearbeiten Sie die Übung 10.

3.8 Instationäre Lösung für den Zylinder

Randbedingungen. $[\frac{\partial\vartheta}{\partial\xi}]_{\xi=0} = 0$, $[\frac{\partial\vartheta}{\partial\xi}]_{\xi=1} = 1$.

Anfangsbedingung. $\vartheta(\xi,0) = 0$ für $0 \le \xi \le 1$.

Die quasistationäre Lösung lautet $\vartheta_{\text{p}}(\xi, Fo) = \frac{1}{2}\xi^2 + 2Fo$.

Zusammen setzen wir somit die Lösung an als $\vartheta(\xi, Fo) = \frac{1}{2}\xi^2 + 2Fo + v(\xi)w(Fo)$.

Eingesetzt in die DGL ergibt sich

$$2 + v(\xi)\dot{w}(Fo) = \frac{1}{\xi}(\xi + v'(\xi)w(Fo)) + 1 + v''(\xi)w(Fo)\,.$$

Es folgt

$$2 + v\dot{w} = 1 + \frac{v'w}{\xi} + 1 + v''w \quad\Longrightarrow\quad \frac{\dot{w}}{w} = \frac{v'}{\xi v} + \frac{v''}{v} := -\mu^2$$

und daraus das DGL-System

$$v'' + \frac{v'}{\xi} + \mu^2 v = 0 \quad\text{und}\quad \dot{w} + \mu^2 w = 0$$
$$\Longrightarrow\quad v(\xi) = C_1 J_0(\mu\xi) + C_2 N_0(\mu\xi)\,.$$

Aus der ersten Randbedingung folgt $C_2 = 0$.

Mit $[\frac{\partial\vartheta}{\partial\xi}]_{\xi=1} = 1$ hat man

$$1 + \mu\cdot C_1\cdot J_0'(\mu)w(Fo) = 1 \quad\text{oder}\quad J_0'(\mu) = 0\,.$$

Die Eigenfunktionen lauten $v_n(\xi) = J_0(\mu_n\xi)$.

Für die ersten zehn Nullstellen von $J_0'(x)$ gilt

n	1	2	3	4	5	6	7	8	9	10
μ_n	0	3,832	7,016	10,173	13,324	16,471	19,616	22,760	25,904	29,048

Die Lösung der zeitlichen DGL ist

$$w(Fo) = C \cdot e^{-\mu^2 Fo} \quad \Longrightarrow \quad w_n(Fo) = c_n \cdot e^{-n^2\pi^2 Fo} .$$

Zusammen erhält man

$$\vartheta(\xi, Fo) = \frac{1}{2}\xi^2 + 2Fo + \sum_{n=0}^{\infty} c_n \cdot e^{-\mu_n^2 Fo} \cdot J_0(\mu_n \xi) .$$

Aus der Anfangsbedingung $\vartheta(\xi, 0) = 0$ schließlich ist $0 = \frac{1}{2}\xi^2 + \sum_{n=0}^{\infty} c_n \cdot J_0(\mu_n \xi)$.

Multiplikation mit $\xi \cdot J_0(\mu_m \xi)$ liefert

$$-\frac{1}{2}\int_0^1 \xi^3 \cdot J_0(\mu_n\xi)\, d\xi = c_n \cdot \int_0^1 \xi \cdot J_0^2(\mu_n\xi)\, d\xi \quad \Longrightarrow \quad c_n = -\frac{\int_0^1 \xi^3 \cdot J_0(\mu_n\xi)\, d\xi}{2\int_0^1 \xi \cdot J_0^2(\mu_n\xi)\, d\xi} .$$

$n = 0$:

$$c_0 = -\frac{\int_0^1 \xi^3\, d\xi}{2\int_0^1 \xi\, d\xi} = -\frac{\frac{1}{4}}{2 \cdot \frac{1}{2}} = -\frac{1}{4} .$$

$n \neq 0$: Zuerst berechnen wir den Zähler.

Da $J_0(\mu_n\xi)$ die Gleichung

$$\mu^2\xi^2 v'' + \mu\xi v' + \mu^2\xi^2 v = 0 \quad \text{bzw.} \quad \mu^2\xi^3 v'' + \mu\xi^2 v' + \mu^2\xi^3 v = 0$$

löst, ersetzen wir den Term $\xi^3 v$ durch $-(\xi^3 v'' + \frac{1}{\mu}\xi^2 v')$ und erhalten

$$\int_0^1 \xi^3 \cdot J_0(\mu_n\xi) d\xi = -\int_0^1 \left(\xi^3 \cdot J_0'' + \frac{1}{\mu_n}\xi^2 \cdot J_0'\right) d\xi = -\frac{1}{\mu_n}\int_0^1 \xi^2 \left(\xi \cdot J_0'\right)' d\xi .$$

$$= -\frac{1}{\mu_n}\left\{\left[\xi^2 \cdot \xi \cdot J_0'(\mu_n\xi)\right]_0^1 - 2\int_0^1 \xi \cdot \xi \cdot J_0'(\mu_n\xi) d\xi\right\}$$

$$= -\frac{1}{\mu_n}\left\{J_0'(\mu_n) - 2\int_0^1 \xi^2 \cdot J_0'(\mu_n\xi) d\xi\right\} .$$

$$= -\frac{1}{\mu_n}\left\{J_0'(\mu_n) - 2\left(\left[\xi^2 \cdot \frac{1}{\mu_n} J_0(\mu_n\xi)\right]_0^1 - \frac{2}{\mu_n}\int_0^1 \xi \cdot J_0(\mu_n\xi) \cdot d\xi\right)\right\} .$$

Dieses letzte Integral wurde schon weiter oben zu $\int_0^1 \xi \cdot J_0(\mu_n\xi) d\xi = -\frac{J_0'(\mu_n)}{\mu_n}$ bestimmt.

Insgesamt erhalten wir

$$\int_0^1 \xi^3 \cdot J_0(\mu_n\xi) d\xi = -\frac{1}{\mu_n}\left\{J_0'(\mu_n) - 2\left(\frac{J_0(\mu_n)}{\mu_n} + \frac{2J_0'(\mu_n)}{\mu_n^2}\right)\right\} .$$

In unserem Fall ist $J_0'(\mu_n) = 0$, woraus $\int_0^1 \xi^3 \cdot J_0(\mu_n\xi) d\xi = \frac{2J_0(\mu_n)}{\mu_n^2}$ folgt.

Der gesuchte Koeffizient ist somit

$$c_n = -\frac{2J_0(\mu_n)}{\mu_n^2\left(J_0^2(\mu_n) + {J_0'}^2(\mu_n)\right)} = -\frac{2}{\mu_n^2 J_0(\mu_n)} \quad \text{für} \quad {J_0'}^2(\mu_n) = 0\,.$$

Das Endergebnis lautet

$$T(r,t) = \left(\frac{1}{2l^2}r^2 + 2\frac{\beta^2}{l^2}t - \frac{1}{4} - \sum_{n=1}^{\infty}\frac{2}{\mu_n^2 J_0(\mu_n)}\cdot e^{-\mu_n^2\frac{\beta^2}{l^2}\cdot t}\cdot J_0\left(\frac{\mu_n}{l}r\right)\right)\cdot\left(\frac{\dot{q}l}{\lambda}\right) + T_0$$

mit μ_n als Nullstellen von $J_0'(x)$.

Für größere t verläuft die Kurve annähernd wie

$$T(r,t) = \left(\frac{1}{2l^2}r^2 + 2\frac{\beta^2}{l^2}t - \frac{1}{4}\right)\cdot\left(\frac{\dot{q}l}{\lambda}\right) + T_0\,.$$

Aufgabe
Bearbeiten Sie die Übung 11.

3.9 Instationäre Lösung für die Kugel

Randbedingungen. $[\frac{\partial\vartheta}{\partial\xi}]_{\xi=0} = 0$, $[\frac{\partial\vartheta}{\partial\xi}]_{\xi=1} = 1$.

Anfangsbedingung. $\vartheta(\xi, 0) = 0$ für $0 \le \xi \le 1$.

Die quasistationäre Lösung lautet $\vartheta_p(\xi, Fo) = \frac{1}{2}\xi^2 + 3Fo$.

Zusammen setzen wir somit die Lösung an als $\vartheta(\xi, Fo) = \frac{1}{2}\xi^2 + 3Fo + v(\xi)w(Fo)$. Eingesetzt in die DGL ergibt sich

$$3 + v(\xi)\dot{w}(Fo) = \frac{2}{\xi}(\xi + v'(\xi)w(Fo)) + 1 + v''(\xi)w(Fo)\,.$$

Es folgt

$$3 + v\dot{w} = 2 + \frac{2v'w}{\xi} + 1 + v''w \quad\Longrightarrow\quad \frac{\dot{w}}{w} = 2\frac{v'}{\xi v} + \frac{v''}{v} := -\mu^2$$

und daraus das DGL-System

$$v'' + 2\frac{v'}{\xi} + \mu^2 v = 0 \quad \text{und} \quad \dot{w} + \mu^2 w = 0$$

$$\Longrightarrow\quad v(\xi) = C_1\frac{\cos(\mu\xi)}{\mu\xi} + C_2\frac{\sin(\mu\xi)}{\mu\xi}\,.$$

Aus der ersten Randbedingung folgt $C_1 = 0$.

Mit $[\frac{\partial\vartheta}{\partial\xi}]_{\xi=1} = 1$ hat man

$$1 + \frac{C_2 \cdot}{\mu} \frac{\mu \cdot \cos(\mu \cdot 1) - \sin(\mu)}{1^2} \cdot w(Fo) = 1 \quad \Longrightarrow \quad \tan(\mu) = \mu\,.$$

Die ersten fünf Eigenwerte sind

n	1	2	3	4	5
μ_n	0	4,49	7,73	10,90	14,07

Die Eigenfunktionen lauten $v_n(\xi) = \frac{\sin(\mu_n\xi)}{\mu_n\xi}$.

Die Lösung der zeitlichen DGL ist

$$w(Fo) = C \cdot e^{-\mu^2 Fo} \quad \Longrightarrow \quad w_n(Fo) = c_n \cdot e^{-n^2\pi^2 Fo}\,.$$

Zusammen erhält man

$$\vartheta(\xi, Fo) = \frac{1}{2}\xi^2 + 3Fo + \sum_{n=0}^{\infty} c_n \cdot e^{-\mu_n^2 Fo} \cdot \frac{\sin(\mu_n\xi)}{\mu_n\xi}\,.$$

Aus der Anfangsbedingung $\vartheta(\xi, 0) = 0$ schließlich ist $0 = \frac{1}{2}\xi^2 + \sum_{n=0}^{\infty} c_n \cdot \frac{\sin(\mu_n\xi)}{\mu_n\xi}$.

Multiplikation mit ξ und $\sin(m\pi\xi)$ liefert

$$-\frac{1}{2}\int_0^1 \xi^3 \sin(\mu_n\xi)\,d\xi = c_n \int_0^1 \frac{\sin^2(\mu_n\xi)}{\mu_n}\,d\xi \quad \Longrightarrow \quad c_n = -\frac{\mu_n \int_0^1 \xi^3 \sin(\mu_n\xi)\,d\xi}{2\int_0^1 \sin^2(\mu_n\xi)\,d\xi}$$

$$\Longrightarrow \quad c_n = -\frac{\mu_n \int_0^1 \xi^3 \sin(\mu_n\xi)\,d\xi}{2\int_0^1 \sin^2(\mu_n\xi)\,d\xi} = -\frac{\mu_n\left[-\frac{1}{\mu_n}\left[\xi^3\cos(\mu_n\xi)\right]_0^1 + \frac{3}{\mu_n}\int_0^1 \xi^2\cos(\mu_n\xi)\,d\xi\right]}{2\int_0^1 \sin^2(\mu_n\xi)\,d\xi}$$

$$= -\frac{-\left[\xi^3\cos(\mu_n\xi)\right]_0^1 + 3\int_0^1 \xi^2\cos(\mu_n\xi)\,d\xi}{2\int_0^1 \sin^2(\mu_n\xi)\,d\xi}$$

$$= -\frac{-\cos(\mu_n) + 3\frac{1}{\mu_n^3}\left[2\mu_n\xi\cos(\mu_n\xi)\,(\mu_n^2\xi^2 - 2)\sin(\mu_n\xi)\right]_0^1}{2\frac{1}{2\mu_n}\left[\mu_n\xi - \sin(\mu_n\xi)\cos(\mu_n\xi)\right]_0^1}$$

$$= -\frac{-\cos(\mu_n) + \frac{3}{\mu_n^3}\left(2\mu_n\cos(\mu_n) + (\mu_n^2 - 2)\sin(\mu_n)\right)}{\frac{1}{\mu_n}(\mu_n - \sin(\mu_n)\cos(\mu_n))}$$

$$= -\frac{-\mu_n^3\cos(\mu_n) + 3\left(2\mu_n\cos(\mu_n) + (\mu_n^2 - 2)\sin(\mu_n)\right)}{\mu_n^2(\mu_n - \sin(\mu_n)\cos(\mu_n))}$$

$$= -\frac{\mu_n\cos(\mu_n)\,(6 - \mu_n^2) + 3\sin(\mu_n)\,(\mu_n^2 - 2)}{\mu_n^2(\mu_n - \sin(\mu_n)\cos(\mu_n))}\,.$$

$n = 0$:

$$
\begin{aligned}
c_0 &= \lim_{\mu_n \to 0} \frac{\cos(\mu_n)\,(6\mu_n - \mu_n^3) + 3\sin(\mu_n)\,(\mu_n^2 - 2)}{\mu_n^3 - \mu_n^2 \sin(\mu_n)\cos(\mu_n)} \\
&\overset{\text{de L'Hôspital}}{=} \lim_{\mu_n \to 0} \frac{-\sin(\mu_n)\,(6\mu_n - \mu_n^3) + \cos(\mu_n)\,(6 - 3\mu_n^2) + 3\cos(\mu_n)\,(\mu_n^2 - 2) + 6\mu_n \sin(\mu_n)}{3\mu_n^2 - \big(2\mu_n \sin(\mu_n)\cos(\mu_n) + \mu_n^2 \cos(2\mu_n)\big)} \\
&= \lim_{\mu_n \to 0} \frac{\mu_n^3 \sin(\mu_n)}{3\mu_n^2 - \big(2\mu_n \sin(\mu_n)\cos(\mu_n) + \mu_n^2 \cos(2\mu_n)\big)} \\
&= \lim_{\mu_n \to 0} \frac{\mu_n^2 \sin(\mu_n)}{3\mu_n - \sin(2\mu_n) - \mu_n \cos(2\mu_n)} \\
&\overset{\text{de L'Hôspital}}{=} \lim_{\mu_n \to 0} \frac{2\mu_n \sin(\mu_n) + \mu_n^2 \cos(\mu_n)}{3 - 2\cos(2\mu_n) - \cos(2\mu_n) + 2\mu_n \sin(2\mu_n)} \\
&= \lim_{\mu_n \to 0} \frac{2\mu_n \sin(\mu_n) + \mu_n^2 \cos(\mu_n)}{3 - 3\cos(2\mu_n) + 2\mu_n \sin(2\mu_n)} \\
&\overset{\text{de L'Hôspital}}{=} \lim_{\mu_n \to 0} \frac{2\sin(\mu_n) + 2\mu_n \cos(\mu_n) + 2\mu_n \cos(\mu_n) - \mu_n^2 \sin(\mu_n)}{6\sin(2\mu_n) + 2\sin(2\mu_n) + 4\mu_n \cos(2\mu_n)} \\
&= \lim_{\mu_n \to 0} \frac{\sin(\mu_n)\,(2 - \mu_n^2) + 4\mu_n \cos(\mu_n)}{8\sin(2\mu_n) + 4\mu_n \cos(2\mu_n)} \\
&\overset{\text{de L'Hôspital}}{=} \lim_{\mu_n \to 0} \frac{\cos(\mu_n)\,(2 - \mu_n^2) - 2\mu_n \sin(\mu_n) + 4\cos(\mu_n) - 4\mu_n \sin(\mu_n)}{16\cos(2\mu_n) + 4\cos(2\mu_n) - 8\mu_n \sin(2\mu_n)} \\
&= \frac{2+4}{16+4} = \frac{3}{10}\,.
\end{aligned}
$$

Das Endergebnis lautet

$$
\begin{aligned}
T(r,t) = \Bigg(\frac{1}{2l^2} r^2 + 3\frac{\beta^2}{l^2} t - \frac{3}{10} - \sum_{n=1}^{\infty} & \frac{\mu_n \cos(\mu_n)\,(6 - \mu_n^2) + 3\sin(\mu_n)\,(\mu_n^2 - 2)}{\mu_n^2(\mu_n - \sin(\mu_n)\cos(\mu_n))} \\
& \cdot e^{-\mu_n^2 \frac{\beta^2}{l^2} \cdot t} \cdot \frac{\sin\left(\frac{\mu_n}{l} r\right)}{\frac{\mu_n}{l} r} \Bigg) \cdot \left(\frac{\dot{q} l}{\lambda} \right) + T_0
\end{aligned}
$$

mit der charakteristischen Gleichung $\tan(\mu) = \mu$.

Für größere t verläuft die Kurve annähernd wie

$$
T(r,t) = \left(\frac{1}{2l^2} r^2 + 3\frac{\beta^2}{l^2} t - \frac{3}{10} \right) \cdot \left(\frac{\dot{q} l}{\lambda} \right) + T_0\,.
$$

Zum Schluss tragen wir alle Reihenlösungen der instationären Wärmeleitung in einer Übersicht zusammen (Tab. 3.1).

Tab. 3.1: Übersicht sämtlicher Reihenlösungen der instationären Wärmeleitung

	Eigenwert-gleichung-RB	**Temperaturfunktion**
Platte $\frac{\partial T}{\partial t} = \frac{\partial^2 T}{\partial r^2}$	$\cos(\mu) = 0$ Rb 1. Art	$T(r,t) = \left(\sum_{n=1}^{\infty} \frac{4(-1)^{n+1}}{(2n-1)\pi} \cdot e^{-\frac{(2n-1)^2}{4l^2}\beta^2\pi^2 \cdot t} \cdot \cos\left(\frac{(2n-1)\pi}{2l} r\right)\right) \cdot (T_0 - T_W) + T_W$
	$\sin(\mu) = 0$ Rb 2. Art	$T(r,t) = \left(\frac{1}{2l^2} r^2 + \frac{\beta^2}{l^2} t - \frac{1}{6} - \sum_{n=1}^{\infty} \frac{2(-1)^n}{n^2\pi^2} \cdot e^{-n^2\pi^2 \frac{\beta^2}{l^2} \cdot t} \cdot \cos\left(\frac{n\pi}{l} r\right)\right) \cdot \left(-\frac{\dot{q} l}{\lambda}\right) + T_0$
	$\tan(\mu) = \frac{Bi}{\mu}$ Rb 3. Art	$T(r,t) = \left(\sum_{n=1}^{\infty} \frac{2\sin(\mu_n)}{\mu_n + \sin(\mu_n)\cos(\mu_n)} \cdot e^{-\mu_n^2 \cdot \frac{\beta^2}{l^2} \cdot t} \cdot \cos\left(\frac{\mu_n}{l} r\right)\right) \cdot (T_0 - T_\infty) + T_\infty$
Zylinder $\frac{\partial T}{\partial t} = \frac{1}{r}\frac{\partial T}{\partial r} + \frac{\partial^2 T}{\partial T^2}$	$J_0(\mu) = 0$ Rb 1. Art	$T(r,t) = \left(\sum_{n=1}^{\infty} -\frac{2}{\mu_n \cdot J_0'(\mu_n)} \cdot e^{-\mu_n^2 \cdot \frac{\beta^2}{l^2} \cdot t} \cdot J_0\left(\frac{\mu_n}{l} r\right)\right) \cdot (T_0 - T_W) + T_W$
	$J_0'(\mu) = 0$ Rb 2. Art	$T(r,t) = \left(\frac{1}{2l^2} r^2 + 2\frac{\beta^2}{l^2} t - \frac{1}{4} - \sum_{n=1}^{\infty} \frac{2}{\mu_n^2 \cdot J_0(\mu_n)} \cdot e^{-\mu_n^2 \frac{\beta^2}{l^2} \cdot t} \cdot J_0\left(\frac{\mu_n}{l} r\right)\right) \cdot \left(-\frac{\dot{q} l}{\lambda}\right) + T_0$
	$\frac{J_0'(\mu)}{J_0(\mu)} = -\frac{Bi}{\mu}$ Rb 3. Art	$T(r,t) = \left(\sum_{n=1}^{\infty} -\frac{2}{\mu_n \left(J_0^2(\mu_n) + {J_0'}^2(\mu_n)\right)} \cdot e^{-\mu_n^2 \cdot \frac{\beta^2}{l^2} \cdot t} \cdot J_0\left(\frac{\mu_n}{l} r\right)\right) \cdot (T_0 - T_\infty) + T_\infty$
Kugel $\frac{\partial T}{\partial t} = \frac{2}{r}\frac{\partial T}{\partial r} + \frac{\partial^2 T}{\partial T^2}$	$\sin(\mu) = 0$ Rb 1. Art	$T(r,t) = \left(\sum_{n=1}^{\infty} 2(-1)^{n+1} \cdot e^{-n^2\pi^2 \frac{\beta^2}{l^2} \cdot t} \cdot \frac{\sin\left(\frac{n\pi}{l} r\right)}{\frac{n\pi}{l} r}\right) \cdot (T_0 - T_W) + T_W$
	$\tan(\mu) = \mu$ Rb 2. Art	$T(r,t) = \left(\frac{1}{2l^2} r^2 + 3\frac{\beta^2}{l^2} t - \frac{3}{10} - \sum_{n=1}^{\infty} \frac{\mu_n \cos(\mu_n)(6 - \mu_n^2) + 3\sin(\mu_n)(\mu_n^2 - 2)}{\mu_n^2(\mu_n - \sin(\mu_n)\cos(\mu_n))} \cdot e^{-\mu_n^2 \frac{\beta^2}{l^2} \cdot t} \frac{\sin\left(\frac{\mu_n}{l} r\right)}{\frac{\mu_n}{l} r}\right)\left(\frac{\dot{q} l}{\lambda}\right) + T_0$
	$\cot(\mu) = \frac{1-Bi}{\mu}$ Rb 3. Art	$T(r,t) = \left(\sum_{n=1}^{\infty} \frac{2(\sin(\mu_n) - \mu_n\cos(\mu_n))}{\mu_n - \sin(\mu_n)\cos(\mu_n)} \cdot e^{-\mu_n^2 \frac{\beta^2}{l^2} \cdot t} \cdot \frac{\sin\left(\frac{\mu_n}{l} r\right)}{\frac{\mu_n}{l} r}\right) \cdot (T_0 - T_\infty) + T_\infty$

Dabei ist Dicke $2l$, Wärmeleitfähigkeit λ, Übergangskoeffizient α, Biotzahl $Bi = \frac{\alpha l}{\lambda}$, Dichte ρ, spezifische Wärmekapazität c_p, Temperaturleitfähigkeit $\beta^2 = \frac{\lambda}{c_p \rho}$, Anfangstemperatur T_0, Wandtemperatur T_W, Umgebungstemperatur T_∞, Wärmestrom $\dot{q}$, Eigenwert μ_n, Besselfunktion $J_0(x)$, symmetrische Temperaturfunktion $T(r,t)$.

Randbedingung 1. Art. $T(l,t) = T_W$,

Randbedingung 2. Art. $-\lambda \cdot [\frac{dT}{dr}]_{r=l} = \dot{q}$ und

Randbedingung 3. Art. $-\lambda \cdot [\frac{dT}{dr}]_{r=l} = \alpha \cdot (T(l,t) - T_\infty)$.

Bemerkung. Eine analytische Reihenlösung für asymmetrische Randbedingungen existiert nicht. Nehmen wir z. B. eine Platte, die links und rechts auf den Temperaturen T_1 bzw. T_2 gehalten wird. Das Temperaturprofil muss mit der Zeit der stationären Lösung $T(r) = C_1 r + C_2$ zustreben. Für die dimensionslose Temperatur lässt sich z. B.

mit

$$\vartheta(r,t) = \frac{T(r,t) - \left(\frac{T_2 - T_1}{l}\right) r - T_1}{T_0 - \left(\frac{T_2 - T_1}{l}\right) r - T_1}$$

eine Funktion angeben, die für $r = 0$ und $r = l$ die Temperatur auf Null setzt und mit $T(r,0) = T_0$ die Starttemperatur bei Eins beginnen lässt, aber $\vartheta(r,t)$ erfüllt die DGL $\frac{\partial T}{\partial t} = \frac{\partial^2 T}{\partial r^2}$ nicht. Umgekehrt findet sich mit $\vartheta(r,t) = \frac{T(r,t) - T_1}{T_0 - T_1}$ zwar eine Funktion, die für $r = 0$ die Temperatur auf Null setzt, mit $T(r,0) = T_0$ die Starttemperatur bei Eins beginnen lässt und die DGL erfüllt, aber für $r = l$ hat man eine dimensionslose Temperatur von $\frac{T_2 - T_1}{T_0 - T_1} \neq 0$. Dies verunmöglicht es, wie bisher Eigenwerte und zugehörige Eigenfunktionen zu bestimmen.

3.10 Instationäre Lösungen bei einem nichtkonstanten Anfangstemperaturverlauf

In unseren bisherigen Fällen war der Temperaturverlauf zu Beginn einer Erwärmung oder Abkühlung immer konstant T_0. Ist $T_0 = T_0(r)$, dann existiert eine analytische Lösung, falls sich die später entstehenden Integrale zur Berechnung der Fourierkoeffizienten geschlossen lösen lassen. Dies ist beispielsweise dann möglich, wenn $T_0(r)$ eine Potenzfunktion darstellt. Für diesen Fall sollen die Reihenlösungen bestimmt werden. Wir beschränken uns dabei zusätzlich auf die Platte. Bei einem achsensymmetrischen Temperaturanfangsverlauf wird die Platte beidseitig erwärmt. Ist der anfängliche Temperaturverlauf durch eine punktsymmetrische Potenzfunktion gegeben, so kann man die Erwärmung als einseitig auffassen.

O. B. d. A. setzen wir die minimale Temperatur auf die Nullachse. Dann ist $T_0(r) = T_{\max}(\frac{r}{l})^k$ mit $k \in \mathbb{R}_0^+$ oder $T_0(\xi) = T_{\max}\xi^k$, wenn $\xi = \frac{r}{l}$ die dimensionslose Dicke bezeichnet.

Randbedingung 1. Art. Mit der am Rand konstanten Wandtemperatur T_W bietet sich die dimensionslose Temperatur $\vartheta(r,t) = \frac{T(r,t) - T_W}{T_{\max}}$ an. Damit sind die Randbedingungen $[\frac{\partial\vartheta}{\partial\xi}]_{\xi=0} = 0$ und $\vartheta(\xi = 1, Fo) = 0$ erfüllt. Bis auf die Anfangsbedingung lautet die Lösung gemäß Kapitel 3.3

$$\vartheta(\xi, Fo) = \sum_{n=1}^{\infty} c_n \cdot e^{-\left(\frac{(2n-1)\pi}{2}\right)^2 Fo} \cdot \cos\left(\frac{(2n-1)\pi}{2}\xi\right).$$

Für die Anfangsbedingung gilt

$$\vartheta(\xi, 0) = \frac{T_0(\xi) - T_W}{T_{\max}} = \frac{T_{\max}\xi^k - T_W}{T_{\max}} = b + \xi^k \quad \text{mit} \quad b = \frac{-T_W}{T_{\max}}.$$

Damit entsteht nun $b + \xi^k = \sum_{n=1}^{\infty} c_n \cdot \cos(\frac{(2n-1)\pi}{2}\xi)$. Multiplikation mit $\cos(\frac{(2m-1)\pi}{2}\xi)$ und Integration über das Einheitsintervall führt unter der Orthogonalitätsbedingung des Kosinus (vgl. 3. Band) zu

$$\int_0^1 (b+\xi^k)\cdot\cos\left(\frac{(2n-1)\pi}{2}\xi\right)\,d\xi = c_n\cdot\int_0^1 \cos^2\left(\frac{(2n-1)\pi}{2}\xi\right)\,d\xi\,.$$

Die Bestimmungsgleichung für c_n ergibt sich zu

$$c_n = \frac{b\int_0^1 \cos\left(\frac{(2n-1)\pi}{2}\xi\right)\,d\xi + \int_0^1 \xi^k\cos\left(\frac{(2n-1)\pi}{2}\xi\right)\,d\xi}{\int_0^1 \cos^2\left(\frac{(2n-1)\pi}{2}\xi\right)\,d\xi}\,.$$

Die Wahl von $T_0(r)$ zur Startzeit befähigt uns, das zweite Integral des Zählers geschlossen zu lösen. Es wären auch andere Funktionen denkbar, bei denen dies möglich ist. Damit die Auswertung der Integrale nicht noch komplizierter wird, zeigen wir den Rest der Lösung sinnbildlich für $k = 1$.

$$\begin{aligned} c_n &= \frac{b\int_0^1 \cos\left(\frac{(2n-1)\pi}{2}\xi\right)\,d\xi + \int_0^1 \xi\cos\left(\frac{(2n-1)\pi}{2}\xi\right)\,d\xi}{\int_0^1 \cos^2\left(\frac{(2n-1)\pi}{2}\xi\right)\,d\xi} = \frac{\frac{2b(-1)^{n+1}}{(2n-1)\pi} + \frac{2(-1)^{n+1}(2n-1)\pi-4}{(2n-1)^2\pi^2}}{\frac{1}{2}} \\ &= \frac{4b(-1)^{n+1}(2n-1)\pi + 4(-1)^{n+1}(2n-1)\pi - 8}{(2n-1)^2\pi^2} = 4\cdot\frac{(-1)^{n+1}(b+1)(2n-1)\pi-2}{(2n-1)^2\pi^2} \end{aligned}$$

Das Endergebnis ergibt sich zu

$$\vartheta(\xi, Fo) = 4\sum_{n=1}^{\infty}\frac{(-1)^{n+1}(b+1)(2n-1)\pi-2}{(2n-1)^2\pi^2}\cdot e^{-\left(\frac{(2n-1)\pi}{2}\right)^2 Fo}\cdot\cos\left(\frac{(2n-1)\pi}{2}\xi\right)\,. \quad (3.13)$$

Für eine Skizze wählen wir $T_{\max} = 20\,°C$, $T_W = 50\,°C$ und folglich $b = -2{,}5$. Damit hat der Verlauf der Anfangstemperatur die lineare Form $T_0(\xi) = 20\xi$. Weiter seien die üblichen Werte $Fo = \frac{\beta^2}{l^2}t = \frac{100}{10.125}t$, $\xi = \frac{r}{0{,}1}$ des Aluminiumstabs am Ende von Kapitel 3.3 gegeben.

Abbildung 3.11 zeigt die Verläufe zu den Zeiten $t = 0, 1, 10, 25, 50, 100$.

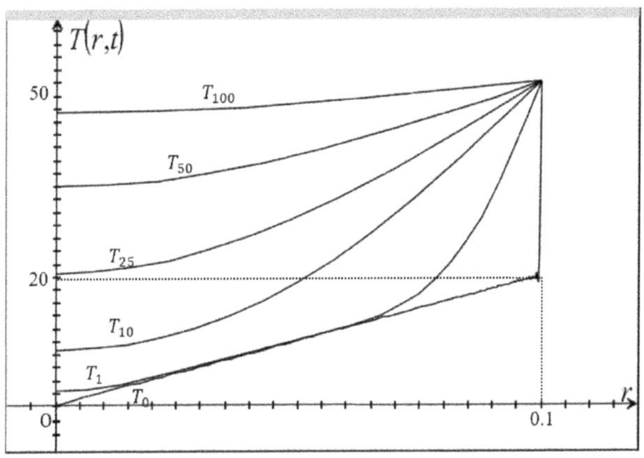

Abb. 3.11: Graphen zu (3.13)

Randbedingung 2. Art. Der angelegte konstante Wärmestrom $\dot{q}$ wird zu einer dimensionslosen Temperatur $\vartheta(r,t) = \frac{T(r,t)}{T_{\text{bez}}}$ mit $T_{\text{bez}} = -\frac{\dot{q}l}{\lambda}$ zusammengesetzt. Damit sind sowohl $[\frac{\partial \vartheta}{\partial \xi}]_{\xi=0} = 0$ als auch $[\frac{\partial \vartheta}{\partial \xi}]_{\xi=1} = 1$ erfüllt.

Bis auf die Anfangsbedingung lautet die Lösung gemäß Kapitel 3.6

$$\vartheta(\xi, Fo) = \frac{1}{2}\xi^2 + Fo + \sum_{n=1}^{\infty} c_n \cdot e^{-n^2\pi^2 \cdot Fo} \cdot \cos(n\pi\xi)\,.$$

Aus der Anfangsbedingung entsteht nun $\frac{T_{\max}}{T_{\text{bez}}}\xi^k = \frac{1}{2}\xi^2 + \sum_{n=1}^{\infty} c_n \cdot \cos(n\pi\xi)$. Die Starttemperatur sei gegeben durch das Profil $T_0(\xi) = 20\xi^2$. Damit erhalten wir

$$\left(\frac{T_{\max}}{T_{\text{bez}}} - \frac{1}{2}\right)\xi^2 = \sum_{n=1}^{\infty} c_n \cdot \cos(n\pi\xi)\,.$$

Als Beispiel sei

$$\frac{\dot{q}l}{\lambda} = \frac{24\,\frac{\text{kW}}{\text{m}^2} \cdot 0{,}1\,\text{m}}{240\,\frac{\text{W}}{\text{mK}}} = 10\,\text{K}$$

und damit $\frac{T_{\max}}{T_{\text{bez}}} = 2$.

Somit folgt $1{,}5\xi^2 = \sum_{n=1}^{\infty} c_n \cdot \cos(n\pi\xi)$ und für die Koeffizienten

$$c_n = 1{,}5\frac{\int_0^1 \xi^2 \cos(n\pi\xi)\,d\xi}{\int_0^1 \cos^2(n\pi\xi)\,d\xi}\,.$$

Man erhält (vgl. Kapitel 3.7) $c_0 = \frac{1}{2}$ und $c_n = \frac{6(-1)^n}{n^2\pi^2}$ für $n \neq 0$.

Mit den üblichen Werten $Fo = \frac{\beta^2}{l^2}t = \frac{100}{10.125}t$ und $\xi = \frac{r}{0{,}1}$ lautet das Endergebnis

$$T(r,t) = \left(50r^2 + \frac{100}{10.125}t + \frac{1}{2} + 6\sum_{n=1}^{\infty}\frac{(-1)^n}{n^2\pi^2} \cdot e^{-n^2\pi^2 \cdot \frac{100}{10.125}t} \cdot \cos(10n\pi r)\right) \cdot 10 \tag{3.14}$$

T_{bez} wird dabei für eine Erwärmung positiv genommen. Abbildung 3.12 zeigt die Temperaturentwicklung für die Zeiten $t = 0, 10, 50, 120, 200, 300, 400$.

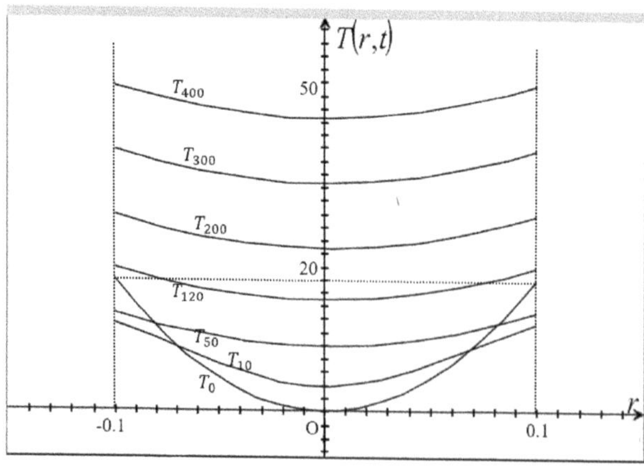

Abb. 3.12: Graphen zu (3.14)

Da die Wand mit einer konstanten, aber kleineren Ausgleichs-Temperatur als die Starttemperatur am Rand angeströmt wird, sinkt die Randtemperatur anfänglich, bevor sie dann ab etwa 100 Sekunden innerhalb des gesamten Aluminiumstabs über 20 °C liegt.

Randbedingung 3. Art. Die in der Umgebung herrschende Temperatur T_∞ kann zu einer dimensionslosen Temperatur $\vartheta(r,t) = \frac{T(r,t)-T_\infty}{T_{\max}}$ verwendet werden. Damit sind die benötigten Randbedingungen erfüllt: $[\frac{\partial\vartheta}{\partial\xi}]_{\xi=0} = 0$ und $[\frac{\partial\vartheta}{\partial\xi}]_{\xi=1} = -Bi\cdot\vartheta(\xi=1, Fo)$.

Für die Anfangsbedingungen gilt $\vartheta(\xi,0) = b + \xi^k$ mit $b = \frac{-T_\infty}{T_{\max}}$.

Die charakteristische Gleichung für die Eigenwerte ist dieselbe wie Gleichung (3.3): $\tan(\mu) = \frac{Bi}{\mu}$. Bis auf die Anfangsbedingung lautet die Lösung gemäß Kapitel 3.3

$$\vartheta(\xi, Fo) = \sum_{n=1}^{\infty} c_n \cdot e^{-\mu_n^2 Fo} \cdot \cos(\mu_n\xi)\,.$$

Aus der Anfangsbedingung erhält man $b + \xi^k = \sum_{n=1}^{\infty} c_n \cdot \cos(\mu_n\xi)$. Multiplikation mit $\cos(\mu_m\xi)$ und Integration über das Einheitsintervall führt auf

$$(b+\xi^k)\int_0^1 \cos(\mu_n\xi)\,d\xi = c_n\cdot\int_0^1 \cos^2(\mu_n\xi)\,d\xi \quad \text{(vgl. Gleichung (3.3) und folgende)}$$

Die Bestimmungsgleichung für c_n ergibt sich dann zu

$$c_n = \frac{b\int_0^1 \cos(\mu_n\xi)\,d\xi + \int_0^1 \xi^k\cos(\mu_n\xi)\,d\xi}{\int_0^1 \cos^2(\mu_n\xi)\,d\xi}\,.$$

Nehmen wir in diesem Fall wieder die achsensymmetrische Starttemperaturfunktion $T_0(\xi) = 20\xi^2$, so erhalten wir mit $k = 2$

$$\begin{aligned} c_n &= \frac{b\cdot\frac{\sin(\mu_n)}{\mu_n} + \frac{\mu_n^2\sin(\mu_n)-2\sin(\mu_n)+2\mu_n\cos(\mu_n)}{\mu_n^3}}{\frac{1}{2\mu_n}(\mu_n+\sin(\mu_n)\cos(\mu_n))} \\ &= 2\cdot\frac{b\cdot\mu_n^2\sin(\mu_n)+\mu_n^2\sin(\mu_n)-2\sin(\mu_n)+2\mu_n\cos(\mu_n)}{\mu_n^2(\mu_n+\sin(\mu_n)\cos(\mu_n))} \\ &= 2\cdot\frac{[(b+1)\mu_n^2-2]\sin(\mu_n)+2\mu_n\cos(\mu_n)}{\mu_n^2(\mu_n+\sin(\mu_n)\cos(\mu_n))}\,. \end{aligned}$$

Das Endergebnis ergibt sich dann zu

$$T(\xi, Fo) = 2\sum_{n=1}^{\infty}\frac{[(b+1)\mu_n^2-2]\sin(\mu_n)+2\mu_n\cos(\mu_n)}{\mu_n^2(\mu_n+\sin(\mu_n)\cos(\mu_n))}\cdot e^{-\mu_n^2 Fo}\cdot\cos(\mu_n\xi)\,. \tag{3.15}$$

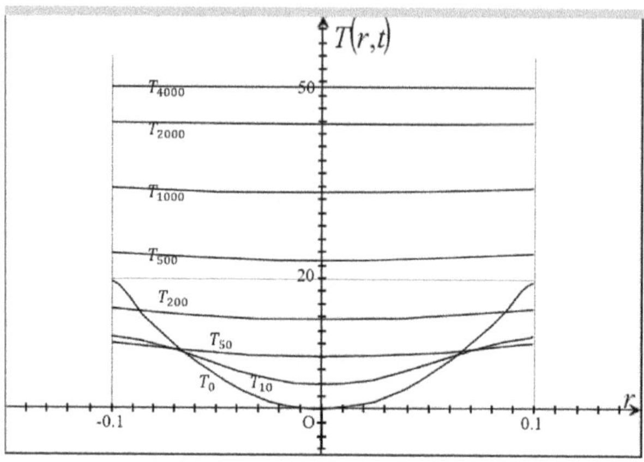

Abb. 3.13: Graphen zu (3.15)

Für eine Skizze wählen wir $T_\infty = 50\,°\mathrm{C}$ und folglich $b = -2{,}5$. Weiter seien abermals die Werte $Fo = \frac{\beta^2}{l^2}t = \frac{100}{10.125}t$, $\xi = \frac{r}{0{,}1}$ des Aluminiumstabs gegeben. Abbildung 3.13 zeigt unter Verwendung von 10 Eigenwerten die Verläufe zu den Zeiten $t = 0, 10, 50,$ $200, 500, 1000, 2000, 4000$.

Beispiel. Die Innentemperatur einer 40 cm dicken Hauswand beträgt 25 °C. Die Außenwand, die anfänglich eine Temperatur von 10 °C besitzt, erfährt während 1,5 h eine gleichbleibende Netto-Sonnenbestrahlung von $\dot{q} = 250\,\frac{\mathrm{W}}{\mathrm{m}^2}$. Damit ist derjenige Teil gemeint, der nach Reflexion und Transmission die umgebende Luft und damit die Wand erwärmt. Wir lassen wie bisher keine Strahlungsabsorption zu. Dies ist in diesem Fall zulässig, da die Wärmeübertragung durch Konvektion fünfmal so viel ausmacht wie die Übertragung durch Strahlung (vgl. Kapitel 5.2 und 9).

Folgende Werte für die Wand seien gegeben: $\rho = 2000\,\frac{\mathrm{kg}}{\mathrm{m}^3}$, $c_p = 900\,\frac{\mathrm{J}}{\mathrm{kg \cdot K}}$, $\lambda = 2\,\frac{\mathrm{W}}{\mathrm{m \cdot K}}$.

Damit ist $\frac{\beta^2}{l^2} = \frac{1}{288.000}$. Wieder sei

$$\vartheta(r,t) = \frac{T(r,t)}{T_{\mathrm{bez}}} \quad \text{mit} \quad T_{\mathrm{bez}} = \frac{\dot{q}l}{\lambda} = \frac{250 \cdot 0{,}4}{2} = 50\,°\mathrm{C}\,.$$

Der Anfangstemperaturverlauf der Wand betrage $T_0(\xi) = 30\xi^3 - 45\xi^2 + 25,\ 0 \le \xi \le 1$.

Dies entspricht bis auf das Zugeständnis $[\frac{\partial \vartheta}{\partial \xi}]_{\xi=0} = 0$ einem möglichen stationären Temperaturverlauf von der warmen Innenseite hin zur Fassade. Sobald die Sonne einwirkt, müssen wir uns eine Isolation an der Innenwand vorstellen, denn das Modell gestattet keine weitere Randbedingung der Innenwandtemperatur wie beispielsweise einen Austausch mit der im Innenraum befindlichen Umgebungsluft. Deswegen wird die Temperatur von den anfänglichen 20 °C mit forschreitender Zeit etwas absinken.

Die Anfangsbedingung lautet demnach $\frac{30\xi^3-45\xi^2+25}{50} = \frac{1}{2}\xi^2 + \sum_{n=1}^{\infty} c_n \cdot \cos(n\pi\xi)$, was zu den Koeffizienten

$$c_n = \frac{\frac{1}{2}\int_0^1 \cos(n\pi\xi)\,d\xi - \frac{7}{5}\int_0^1 \xi^2\cos(n\pi\xi)\,d\xi + \frac{3}{5}\int_0^1 \xi^3\cos(n\pi\xi)\,d\xi}{\int_0^1 \cos^2(n\pi\xi)\,d\xi}$$

führt. Man erhält $c_0 = \frac{11}{60}$, $c_n = \frac{2(5\cdot n^2\pi^2+36)}{5n^4\pi^4}$ für $n = 2k-1$ und $c_n = -\frac{2}{n^2\pi^2}$ für $n = 2k$.

Die Lösung für die Erwärmung der Wand erhält die Gestalt

$$\frac{T(r,t)}{50} = \frac{25}{8}r^2 + \frac{1}{288.000}\cdot t + \frac{11}{60} - \frac{2}{\pi^2}\left(\sum_{n=2k}^{\infty}\frac{1}{n^2}\cdot e^{-n^2\pi^2\cdot\frac{1}{288.000}\cdot t}\cdot\cos\left(\frac{5n\pi}{2}r\right)\right)$$
$$+\frac{2}{5\pi^4}\left(\sum_{n=2k-1}^{\infty}\frac{5\cdot n^2\pi^2+36}{n^4}\cdot e^{-n^2\pi^2\cdot\frac{1}{288.000}\cdot t}\cdot\cos\left(\frac{5n\pi}{2}r\right)\right). \tag{3.16}$$

Abbildung 3.14 zeigt die Verläufe zu den Zeiten $t = 0, 900, 2700, 5400$.

Die Fassade würde nach 1,5 h eine Temperatur von 19 °C besitzen.

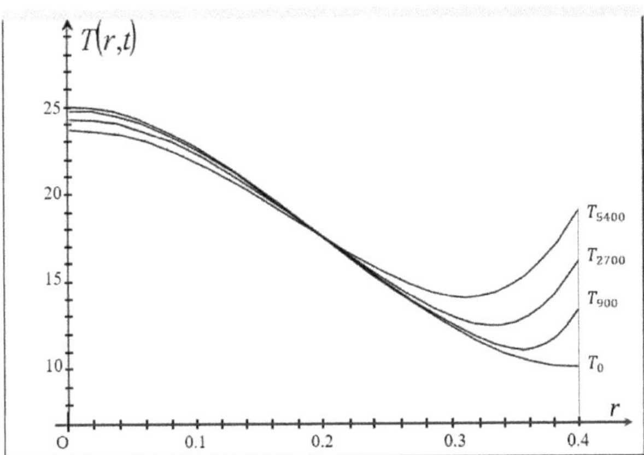

Abb. 3.14: Graphen von (3.16)

4 Näherungslösungen, zwei Ersatzmodelle

Mit Hilfe der Reihenlösung liegt die exakte Lösung für einen instationären Wärmeleitungsvorgang vor. Wir wollen untersuchen, unter welchen Bedingungen das erste Glied der Reihe als Näherung in Frage kommt, wenn man einen gewissen relativen Fehler zulässt.

Zudem wollen wir zwei Modelle entwickeln, die es uns erlauben, Temperaturen für zwei bestimmte Fälle ziemlich genau abzuschätzen.

Das Modell des ideal gerührten Behälters eignet sich für langsam ablaufende Prozesse. Hier sind also große Zeiten maßgebend. Beim Modell des halbunendlichen Körpers betrachtet man schnell ablaufende Vorgänge, kurze Zeiten sind somit von Interesse.

4.1 Grenzwerte der Reihenlösung

Zuerst wollen wir nochmals die exakte Lösung für zwei spezielle Biotzahlen untersuchen. Dies wird uns zusätzliche Einblicke in die Wärmeleitvorgänge gewähren.

Bezeichnen $T(l, t)$ und $T(0, t)$ die Temperaturen am Rand bzw. im Kern, dann ist die maximal mögliche Temperaturdifferenz, die sich im Körper während des Vorgangs einstellen kann, $T(0, t) - T(l, t)$. Die maximal mögliche Temperaturdifferenz außerhalb des Körpers während dieser Zeit beträgt dann $T_0 - T_\infty$. Für die Platte heißt das mit $\tan(\mu) = \frac{Bi}{\mu}$, dass

$$T(0, t) - T(l, t) = \left(\sum_{n=1}^{\infty} \frac{2\sin(\mu_n)}{\mu_n + \sin(\mu_n)\cos(\mu_n)} \cdot e^{-\mu_n^2 \cdot Fo} \right) \cdot (\cos(0) - \cos(\mu_n)) \cdot (T_0 - T_\infty)$$

ist. Definieren wir $\Psi(\mu_n, Fo) := \frac{T(l,t)-T(0,t)}{T_0-T_\infty}$ als dimensionslose Temperatur, dann erhält man

$$\Psi(\mu_n, Fo) = \left(\sum_{n=1}^{\infty} \frac{2\sin(\mu_n)(1-\cos(\mu_n))}{\mu_n + \sin(\mu_n)\cos(\mu_n)} \cdot e^{-\mu_n^2 \cdot Fo} \right) .$$

Zudem betrachten wir die relative mittlere Temperatur $\overline{\Psi}(\mu_n, Fo) = \frac{T(0,t)-\overline{T}(t)}{T_0-T_\infty}$ (vgl. (3.6)).

Es gilt

$$\overline{\Psi}(\mu_n, Fo) = \sum_{n=1}^{\infty} \frac{2\sin^2(\mu_n)}{\mu_n(\mu_n + \sin(\mu_n)\cos(\mu_n))} \cdot e^{-\mu_n^2 \cdot Fo} .$$

https://doi.org/10.1515/9783110684469-004

1. Spezialfall ($Bi \to 0$). In diesem Fall gilt näherungsweise $\tan(\mu) \approx 0$ und $\mu_n \approx (n-1)\pi$.

Folglich hat man $\Psi(\mu_n, Fo) \to (\sum_{n=1}^{\infty} 0 \cdot e^{-n^2\pi^2 \cdot Fo}) = 0$ und damit natürlich $T(0,t) = T(l,t)$. Hingegen sind mittlere und Kerntemperatur verschieden:

$$\overline{\Psi}(Bi \to 0, Fo) = \sum_{n=1}^{\infty} \frac{2\sin^2((n-1)\pi)}{(n-1)\pi((n-1)\pi + \sin((n-1)\pi)\cos((n-1)\pi))} \cdot e^{-(n-1)^2\pi^2 \cdot Fo} .$$

Für $n = 1$ strebt der Koeffizient gegen 1, ansonsten gegen 0. Es folgt $\overline{\Psi}(Bi \to 0, Fo) = e^{-Bi \cdot Fo}$.

Für $Bi \to 0$ ist dann $\overline{\Psi}(0, Fo) \to 1$ und somit $T(0,t) - \overline{T}(t) = T_0 - T_\infty$.

Die Differenz der mittleren Temperatur und Kerntemperatur entspricht immer mehr dem anfänglichen Temperaturgefälle.

2. Spezialfall ($Bi \to \infty$). Hier gilt $\tan(\mu) \approx \infty$ und $\mu_n \approx \frac{n\pi}{2}$. Folglich hat man

$$\Psi(Bi \to \infty, Fo) = \sum_{n=1}^{\infty} \frac{2\sin\left(\frac{n\pi}{2}\right)\left(1 - \cos\left(\frac{n\pi}{2}\right)\right)}{\frac{n\pi}{2} + \sin\left(\frac{n\pi}{2}\right)\cos\left(\frac{n\pi}{2}\right)} \cdot e^{-\frac{n^2\pi^2}{4} \cdot Fo} .$$

Ausgewertet entsteht

$$\Psi(Bi \to \infty, Fo) = \sum_{n=1}^{\infty} \frac{4(-1)^{n+1}}{(2n-1)\pi} \cdot e^{-\frac{(2n-1)^2\pi^2}{4} \cdot Fo} .$$

Für die relative mittlere Temperatur ist

$$\overline{\Psi}(Bi \to \infty, Fo) = \sum_{n=1}^{\infty} \frac{8}{(2n-1)^2\pi^2} \cdot e^{-\frac{(2n-1)^2\pi^2}{4} \cdot Fo} .$$

Beide Grenzwerte ergeben Null. Für $Bi \to \infty$ ist also $T(0,t) = T(l,t) = \overline{T}(t)$.

Nun stellen wir $\overline{\Psi}_0(Fo) := \overline{\Psi}(Bi \to 0, Fo)$ und $\overline{\Psi}_\infty(Fo) := \overline{\Psi}(Bi \to \infty, Fo)$ einander gegenüber. Das Entscheidende steht natürlich jeweils im Exponenten. Mit $Bi = \frac{\alpha l}{\lambda}$ und $Fo = \frac{\lambda}{c_p \rho l^2} t$ erhalten wir

$$\overline{\Psi}_0(t) = e^{-\frac{\alpha}{c_p \rho l} \cdot t} \quad \text{und} \quad \overline{\Psi}_\infty(t) = \sum_{n=1}^{\infty} c_n \cdot e^{-\frac{2}{c_n} \cdot \frac{\lambda}{c_p \rho l^2} \cdot t} .$$

Man erkennt, dass bei thermisch dünnen Körpern nur der Übergangskoeffizient α für den Prozess eine Rolle spielt. Entscheidend ist, was am Rand geschieht. Der Wärmeleitkoeffizient λ ist im Vergleich dazu unbedeutend. Die Dicke l fällt linear ins Gewicht: Um beispielsweise die Durchschnittstemperatur bei doppelter Dicke um gleich viel zu verändern, braucht es auch doppelt so viel Zeit.

Bei thermisch dicken Körpern ist der Wärmeleitkoeffizient λ maßgebend. Was am Rand geschieht, ist verhältnismäßig unbedeutend. Die Dicke taucht hier aber quadratisch auf. Um die Durchschnittstemperatur z. B. bei doppelter Dicke um gleich viel zu verändern, braucht es die vierfache Zeit.

Wärmeprozesse in thermisch dünnen Körpern können nur über den Übergangskoeffizient α gesteuert werden. Für die Zeit t eines bestimmten Prozesses gilt $t \sim l$.

Wärmeprozesse in thermisch dicken Körpern können nur über den Wärmeleitkoeffizient λ gesteuert werden. Für die Zeit t eines bestimmten Prozesses gilt $t \sim l^2$.

4.2 Erstes Glied der Reihenlösung für die Platte

Wir erlauben im Weiteren einen Fehler zwischen genauer Lösung und erstem Reihenglied von höchstens 1 %. Es zeigt sich, dass der Fehler ab dem 3. Glied schon im Zehntel- bzw. Hundertstelbereich liegt, so dass wir uns auf die ersten beiden Folgeglieder beschränken können.

Bezeichnen $T(l, t)$ und $T(0, t)$ die Temperaturen am Rand bzw. im Kern, dann ist die maximal mögliche Temperaturdifferenz, die sich im Körper während des Vorgangs einstellen kann, $T(l, t) - T(0, t)$. Die maximal mögliche Temperaturdifferenz außerhalb des Körpers während dieser Zeit beträgt dann $T_0 - T_W$ (im Falle einer Randbedingung 1. Art).

Abschätzung bei einer Randbedingung 1. Art
Für die (dimensionslose) Differenz erhält man

$$\frac{T(l,t) - T(0,t)}{T_0 - T_W} = \left(\sum_{n=1}^{\infty} \frac{4(-1)^{n+1}}{(2n-1)\pi} \cdot e^{-\frac{(2n-1)^2\pi^2}{4} Fo} \cdot \left(\cos\left(\frac{(2n-1)\pi}{2} \right) - 1 \right) \right) .$$

Wir bezeichnen die dimensionslose Differenz bis zum und mit dem zweiten Glied als Ψ_2, diejenige dimensionslose Differenz, bestehend aus dem ersten Glied allein, mit Ψ_1 und betrachten weiter als Maß für den maximalen Fehler bei Verwendung des ersten Reihenglieds die Größe $\Psi = \Psi_2 - \Psi_1$. Dann ergibt sich

$$\Psi = \left[\frac{4(-1)^{n+1}}{(2n-1)\pi} \cdot e^{-\frac{(2n-1)^2\pi^2}{4} Fo} \cdot \left(\cos\left(\frac{(2n-1)\pi}{2} \right) - 1 \right) \right]_{n=2} = \frac{4}{3\pi} \cdot e^{-\frac{9\pi^2}{4} \cdot Fo} .$$

Da wir einen maximalen Fehler von 1 % zulassen entspricht das einer Mindest-Fourierzahl von $Fo > 0{,}17$.

Abschätzung bei einer Randbedingung 2. Art
Die (dimensionslose) Differenz hat in diesem Fall die Gestalt

$$\frac{T(l,t) - T(0,t)}{\frac{\dot{q}l}{\lambda}} = \frac{1}{2} + \sum_{n=1}^{\infty} \frac{2(-1)^n}{n^2\pi^2} \cdot e^{-n^2\pi^2 \frac{\beta^2}{l^2} \cdot t} \cdot (\cos(n\pi) - 1) .$$

Da sich nun mit den obigen Bezeichnungen $\Psi_2 = 0$ ergibt, erweitern wir die Summe um ein Glied und betrachten Ψ_3. Damit erhalten wir

$$\Psi = \Psi_3 - \Psi_1 = \left[\sum_{n=1}^{\infty} \frac{2(-1)^n}{n^2\pi^2} \cdot e^{-n^2\pi^2 \frac{\beta^2}{l^2} \cdot t} \cdot (\cos(n\pi) - 1) \right]_{n=3} = \frac{4}{9\pi^2} \cdot e^{-9\pi^2 \cdot Fo} .$$

Bei einem maximalen Fehler von 1 % ergibt das eine Mindest-Fourierzahl von $Fo >$ 0,02.

Abschätzung bei einer Randbedingung 3. Art

Die (dimensionslose) Differenz ergibt sich zu

$$\frac{T(l,t) - T(0,t)}{T_0 - T_\infty} = \sum_{n=1}^{\infty} \frac{2\sin(\mu_n)}{\mu_n + \sin(\mu_n)\cos(\mu_n)} \cdot e^{-\mu_n^2 \cdot \frac{\beta^2}{l^2} \cdot t} \cdot \cos\left(\frac{\mu_n}{l} r\right) .$$

Der maximale relative Fehler ist dann

$$\Psi = \Psi_2 - \Psi_1 = \frac{2\sin(\mu_2)(\cos(\mu_2) - 1)}{\mu_2 + \sin(\mu_2)\cos(\mu_2)} \cdot e^{-\mu_2^2 \cdot Fo} \tag{4.1}$$

mit der charakteristischen Gleichung $\tan(\mu) = \frac{Bi}{\mu}$.

Trägt man $\tan(x)$ gegenüber $\frac{Bi}{x}$ für $Bi \in [0, \infty]$ auf, so liegt der zweite Eigenwert in einem ganz bestimmten Intervall:

Für $Bi \to 0$ gilt $\mu_2 \to \pi$ und für $Bi \to \infty$ gilt $\mu_2 \to \frac{3}{2}\pi$.

Dies bedeutet, dass die Intervalle $[\mu_2 = \pi, \mu_2 = \frac{3}{2}\pi]$ und $[Bi = 0, Bi = \infty]$ eineindeutig sind.

Somit genügt es, die Funktion im Intervall $[\pi, \frac{3}{2}\pi]$ zu untersuchen, das ganze Biotzahlenspektrum ist dann damit erfasst.

Für fünf Fourierzahlen ist der relative Fehler in Abb. 4.1 aufgetragen.

Es wird ersichtlich, dass man erst ab einer Fourierzahl von etwa $Fo > 0{,}3$ den relativen Fehler unter die verlangten 1 % drücken kann.

Wir sehen, dass der Wärmeverlauf bei einer Randbedingung 3. Art derjenige ist, der von den drei betrachteten die größte Fourierzahl hervorruft, bis die 1 %-Marke unterschritten wird.

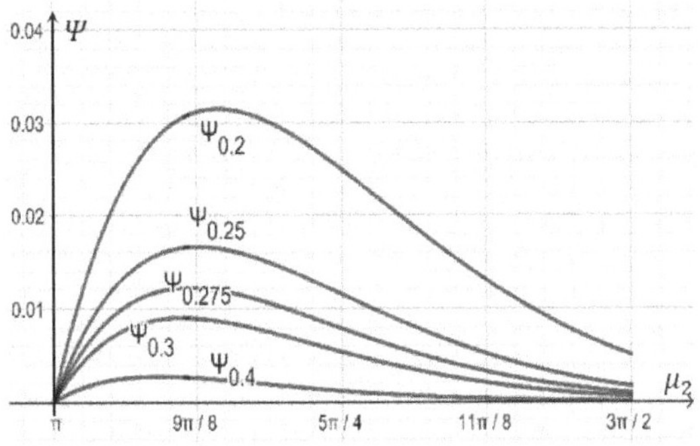

Abb. 4.1: Graphen von (4.1)

Wir unterscheiden die drei Randbedingungen nicht und geben als Fourierzahl für die Platte somit $Fo > 0{,}3$ als Gültigkeitsbereich des ersten Reihenglieds an.

Für den Zylinder und die Kugel werden wir auch nur die Randbedingung 3. Art als Referenz für die Fourierzahl heranziehen.

4.3 Erstes Glied der Reihenlösung für den Zylinder

Man erhält analog zur Platte

$$T(l,t) - T(0,t) \cong -\frac{2J_0'(\mu_n)}{\mu_n\left(J_0^2(\mu_n) + J_0'^2(\mu_n)\right)} \cdot e^{-\mu_2^2 \cdot Fo} \cdot (J_0(\mu_2) - J_0(0)) \cdot (T_0 - T_\infty)$$

und

$$\Psi(\mu_2, Fo) := \frac{T(l,t) - T(0,t)}{T_0 - T_\infty} = \frac{2J_0'(\mu_n)(1 - J_0(\mu_2))}{\mu_n\left(J_0^2(\mu_n) + J_0'^2(\mu_n)\right)} \cdot e^{-\mu_2^2 \cdot Fo} \quad \text{mit} \quad \frac{J_0'(\mu)}{J_0(\mu)} = -\frac{Bi}{\mu}\,.$$

Um die Lage des zweiten Eigenwerts zu bestimmen, tragen wir beispielsweise $x \cdot J_0'(x)$ gegenüber $-Bi \cdot J_0(x)$ auf.

Für $Bi \to 0$ gilt $\mu_2 \to 3{,}83$ (Nullstelle von $x \cdot J_0'(x)$) und für $Bi \to \infty$ gilt $\mu_2 \to 5{,}52$ (Maximum von $x \cdot J_0'(x)$).

Wir untersuchen die Funktion Ψ im Intervall $[3{,}83, 5{,}52]$. Es ergeben sich wieder ähnliche Graphen mit einem Maximum. Man erkennt dann, dass schon ab einer Fourierzahl $Fo > 0{,}23$ der Fehler unterhalb von 1 % liegt.

4.4 Erstes Glied der Reihenlösung für die Kugel

Man hat

$$T(l,t) - T(0,t) \cong \frac{2(\sin(\mu_2) - \mu_2\cos(\mu_2))}{\mu_2 - \sin(\mu_2)\cos(\mu_2)} \cdot e^{-\mu_2^2 \cdot Fo} \cdot \left(\frac{\sin(\mu_2)}{\mu_2} - 1\right) \cdot (T_0 - T_\infty)$$

und

$$\Psi(\mu_2, Fo) := \frac{T(l,t) - T(0,t)}{T_0 - T_\infty} = \frac{2(\sin(\mu_2) - \mu_2\cos(\mu_2))(\sin(\mu_2) - \mu_2)}{\mu_2^2 - \mu_2\sin(\mu_2)\cos(\mu_2)} \cdot e^{-\mu_2^2 \cdot Fo}$$

mit $\cot(\mu) = \frac{1-Bi}{\mu}$.

Für $Bi \to 0$ gilt $\mu_2 \to 4{,}49$ und für $Bi \to \infty$ gilt $\mu_2 \to 2\pi$. Die Untersuchung von Ψ im Intervall $[4{,}49, 2\pi]$ ergibt: Ab einer Fourierzahl $Fo > 0{,}18$ liegt der Fehler unterhalb von 1 %.

4.5 Der ideal gerührte Behälter

Bei diesem Modell geht man von der Annahme aus, dass nahezu keine örtlichen Temperaturunterscheide auftreten. Dies entspricht im idealen Fall einer perfekten Wärmeleitung oder, für eine Flüssigkeit, einer idealen Durchmischung, daher der Name dieses Modells. Später werden wir ein Kriterium für die Verwendung dieses Modells angeben. Somit ist $T(r,t) \to T(t)$. Eine direkte Folgerung ist, dass die Wärmebilanz nicht an einem infinitesimal kleinen Volumen, sondern am gesamten Volumen durchgeführt wird. Dies bedeutet

$$\Delta Q_1 = cm \cdot \Delta T = c_p \rho \cdot V \cdot \Delta T\,, \qquad \Delta Q_2 = \dot{Q} \cdot \Delta t = \dot{q}_{\mathrm{W}} A \cdot \Delta t\,.$$

Wir betrachten nacheinander die drei verschiedenen Randbedingungen.

Randbedingung 1. Art. $T(0,t) = T_{\mathrm{W}}$.
In diesem Fall ist schlicht $T(t) = T_{\mathrm{W}}$.

Randbedingung 2. Art. $\dot{q}_{\mathrm{W}} = konst.$
Aus dem Vergleich $c_p \rho \cdot V \cdot \Delta T = \dot{q}_{\mathrm{W}} A \cdot \Delta t$ folgt $T(t) = \frac{\dot{q}_l A}{c_p \rho \cdot V} \cdot t$. Da

$$\frac{A}{V} = \left\{ \begin{array}{l} \frac{1}{l} \text{ für die Platte} \\ \frac{2}{l} \text{ für den Zylinder} \\ \frac{3}{l} \text{ für die Kugel} \end{array} \right\}$$

ist, erhält man

$$T(t) = \frac{\dot{q}_l \cdot (n+1)}{c_p \rho \cdot l} \cdot t\,.$$

Die mittlere Temperatur $\overline{T}(t)$ in diesem Modell entspricht natürlich immer der Temperatur $T(t)$, weil diese im ganzen Körper zu jeder Zeit t konstant ist.

Die bis zur Zeit t über die Fläche A ins Innere abgegebene Wärme $Q(t)$ beträgt dann

$$Q(t) = A \cdot \int_0^t \dot{q}_{\mathrm{W}}\, d\tau = A \cdot \dot{q}_{\mathrm{W}} \cdot t\,.$$

Randbedingung 3. Art. $\dot{q}_{\mathrm{W}}(t) = \alpha(T_\infty - T(t))$
Dann ist

$$c_p \cdot \rho \cdot V \cdot \Delta T = \alpha(T_\infty - T(t))A \cdot \Delta t\,. \tag{4.2}$$

Getrennt nach Variablen folgt $\frac{dT}{T - T_\infty} = -\frac{\alpha A}{c_p \rho \cdot V} \cdot dt$.

Die Integration liefert

$$\ln(T - T_\infty) = -\frac{\alpha \cdot (n+1)}{c\rho \cdot l} \cdot t + C_1 \quad \Longrightarrow \quad T(t) = C \cdot e^{-\frac{\alpha \cdot (n+1)}{c\rho \cdot l} \cdot t} + T_\infty\,.$$

Mit der Anfangsbedingung ist $T(0) = C + T_\infty = T_0 \Longrightarrow C = T_0 - T_\infty$. Somit folgt

$$T(t) = (T_0 - T_\infty) \cdot e^{-\frac{\alpha \cdot (n+1)}{c\rho \cdot l} \cdot t} + T_\infty \quad \text{oder} \quad \frac{T(t) - T_\infty}{T_0 - T_\infty} = e^{-\frac{\alpha \cdot (n+1)}{c\rho \cdot l} \cdot t}\,.$$

Zusammen mit der dimensionslosen Temperatur $\vartheta(t) = \frac{T(t)-T_\infty}{T_0-T_\infty}$ und den bekannten Größen $Bi = \frac{\alpha l}{\lambda}$, $Fo = \frac{\beta^2 t}{l^2} = \frac{\lambda t}{c\rho l^2}$, ergibt sich

$$\vartheta(Fo) = e^{-\frac{\alpha\cdot(n+1)}{c\rho\cdot l}\cdot t} = e^{-\frac{\alpha l}{\lambda}\cdot\frac{\lambda t}{c\rho l^2}\cdot(n+1)} = e^{-Bi\cdot Fo\cdot(n+1)} \implies \boxed{\vartheta(Fo) = e^{-\widetilde{Bi}\cdot\widetilde{Fo}\cdot(n+1)}} \ .$$

Dabei gilt $\widetilde{Bi} = \frac{1}{n+1}Bi$ bzw. $\widetilde{Fo} = (n+1)^2 Fo$.

4.6 Der ideal gerührte Behälter für die Platte

Wir betrachten wieder die maximal mögliche Temperaturdifferenz im Inneren des Körpers gegenüber der maximal möglichen Temperaturdifferenz außerhalb des Körpers und definieren analog zu oben $\Psi(t) := \frac{T(0,t)-T(l,t)}{T_0-T_\infty}$. Für eine Abschätzung wählen wir das erste Glied der Reihenlösung

$$\Psi(\mu_1, Fo) = \frac{2\sin(\mu_1)(1-\cos(\mu_1))}{\mu_1 + \sin(\mu_1)\cos(\mu_1)} \cdot e^{-\mu_1^2\cdot Fo} \quad \text{mit} \quad \tan(\mu) = \frac{Bi}{\mu} \ . \tag{4.3}$$

Für vier verschiedene Biotzahlen und sechs verschiedene Fourierzahlen sind die Werte in folgender Tabelle festgehalten:

	Fo = 0				**Fo = 0,2**				**Fo = 0,4**			
Bi	0,1	1	10	100	0,1	1	10	100	0,1	1	10	100
μ₁	0,311	0,860	1,429	1,555	0,311	0,860	1,429	1,555	0,311	0,860	1,429	1,555
Ψ	0,049	0,389	1,084	1,253	0,048	0,336	0,720	0,773	0,047	0,290	0,479	0,476
	Fo = 0,6				**Fo = 0,8**				**Fo = 1**			
Bi	0,1	1	10	100	0,1	1	10	100	0,1	1	10	100
μ₁	0,311	0,860	1,429	1,555	0,311	0,860	1,429	1,555	0,311	0,860	1,429	1,555
Ψ	0,046	0,250	0,318	0,294	0,045	0,215	0,212	0,181	0,044	0,186	0,141	0,112

Die entsprechenden sechs Graphen sind in Abb. 4.2 dargestellt.

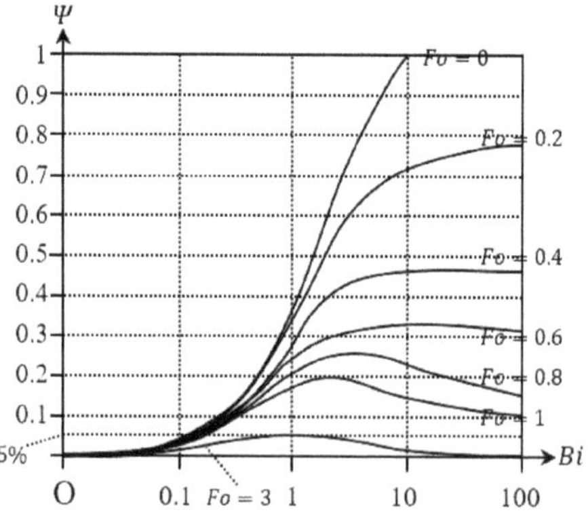

Abb. 4.2: Graphen von (4.3)

Nun stellt sich die Frage, wieviel Prozent Temperaturschwankung man im Inneren zulassen will. Wenn wir z. B. 5 % voraussetzen, dann folgt zwingend, dass wir das Modell des ideal gerührten Behälters nur dann benutzen können, wenn mindestens eines der beiden Kriterien erfüllt ist: $Bi \leq 0{,}1$ oder $Fo \geq 3$. Man bezeichnet einen Körper mit $Bi \leq 0{,}1$ als *thermisch dünn.* Mit $Fo \geq 3$ ist auch die Frage geklärt, warum das Modell nur für ganz bestimmte, „große" Zeiten anwendbar ist.

Das Modell des ideal gerührten Behälters bei einer Platte ist für beliebige Zeiten anwendbar, falls $Bi \leq 0{,}1$ gilt. Die Temperatur im Inneren schwankt dann um höchstens 5 % gegenüber dem äußeren Temperaturgefälle. Es ist $T(t) = (T_0 - T_\infty) \cdot e^{-\frac{\alpha \cdot n}{c_p \rho \cdot l} \cdot t} + T_\infty$ für $n = 0, 1, 2$.

Die zur Zeit t fließende Wärmestromdichte an der Wand kann man über $\dot{q}_W = \alpha(T_\infty - T)$ bestimmen:

$$\dot{q}_W(t) = -\alpha(T_0 - T_\infty) \cdot e^{-\frac{\alpha \cdot (n+1)}{c_p \rho \cdot l} \cdot t} .$$

Die bis zur Zeit t über die Fläche A ins Innere abgegebene Wärme $Q(t)$ berechnet sich als Integral der Wärmestromdichte $\dot{q}_W(r = l, t)$ an der Körperoberfläche:

$$Q(t) = A \cdot \int_0^t \dot{q}_W(\tau)\, d\tau = (T_0 - T_\infty) \cdot \frac{c_p \rho \cdot l}{(n+1)} \left(e^{-\frac{\alpha \cdot (n+1)}{c_p \rho \cdot l} \cdot t} - 1 \right) .$$

Natürlich kann man das Modell dann auch, unabhängig von der Biotzahl, für $Fo \geq 3$ benutzen. Es ist aber sinnvoller, direkt das erste Reihenglied als Näherungslösung heranzuziehen, und das schon für $Fo \geq 0{,}3$.

4.7 Der ideal gerührte Behälter für den Zylinder

Man erhält in diesem Fall für die relative Temperaturdifferenz

$$\Psi := \frac{T(0,t) - T(l,t)}{T_0 - T_\infty} = \frac{2J_0'(\mu_n)(J_0(\mu_2) - 1)}{\mu_n \left(J_0^2(\mu_n) + J_0'^2(\mu_n) \right)} \cdot e^{-\mu_n^2 \cdot Fo} \quad \text{mit} \quad \frac{J_0'(\mu)}{J_0(\mu)} = -\frac{Bi}{\mu} .$$

	Fo = 0				**Fo = 0,2**				**Fo = 0,4**			
Bi	0,1	1	10	100	0,1	1	10	100	0,1	1	10	100
***μ*₁**	0,442	1,256	2,179	2,381	0,442	1,256	2,179	2,381	0,442	1,256	2,179	2,381
Ψ	0,049	0,431	1,376	1,582	0,048	0,314	0,532	0,509	0,046	0,229	0,206	0,164
	Fo = 0,6				**Fo = 0,8**				**Fo = 1**			
Bi	0,1	1	10	100	0,1	1	10	100	0,1	1	10	100
***μ*₁**	0,442	1,256	2,179	2,381	0,442	1,256	2,179	2,381	0,442	1,256	2,179	2,381
Ψ	0,044	0,167	0,080	0,053	0,042	0,122	0,031	0,017	0,041	0,089	0,012	0,005

Es entstehen sechs ähnliche Graphen wie bei der Platte.

Wieder ergibt sich die Bedingung $Bi \leq 0{,}1$ für einen relativen Fehler kleiner als 5 %.

4.8 Der ideal gerührte Behälter für die Kugel

Für die Kugel ergibt sich die relative Temperaturdifferenz zu

$$\Psi := \frac{T(0,t) - T(l,t)}{T_0 - T_\infty} = \frac{2(\sin(\mu_n) - \mu_n \cos(\mu_n))(\mu_n - \sin(\mu_n))}{\mu_n^2 - \mu_n \sin(\mu_n)\cos(\mu_n)} \cdot e^{-\mu_n^2 \cdot Fo}$$

mit $\cot(\mu) = \frac{1-Bi}{\mu}$.

	***Fo* = 0**				***Fo* = 0,2**				***Fo* = 0,4**			
Bi	0,1	1	10	100	0,1	1	10	100	0,1	1	10	100
μ_1	0,542	1,571	2,836	3,110	0,542	1,571	2,836	3,110	0,542	1,571	2,836	3,110
Ψ	0,050	0,463	1,721	1,979	0,047	0,282	0,344	0,286	0,044	0,172	0,069	0,041

	***Fo* = 0,6**				***Fo* = 0,8**				***Fo* = 1**			
Bi	0,1	1	10	100	0,1	1	10	100	0,1	1	10	100
μ_1	0,542	1,571	2,836	3,110	0,542	1,571	2,836	3,110	0,542	1,571	2,836	3,110
Ψ	0,042	0,105	0,014	0,006	0,039	0,064	0,003	0,001	0,037	0,039	0,141	0,001

Die Bedingung bleibt auch hier dieselbe: $Bi \le 0{,}1$ für einen relativen Fehler kleiner als 5 %.

Aufgabe
Bearbeiten Sie die Übung 12.

4.9 Der halbunendliche Körper

Mit dem ideal gerührten Behälter lassen sich Wärmevorgänge zwar für beliebige Zeiten, aber nur mit der Einschränkung $Bi \le 0{,}1$ beschreiben. Das erste Reihenglied der exakten Lösung befähigt uns, Prozesse für größere Zeiten abzudecken. Für kurze Zeiten steht zwar die exakte Reihenlösung zur Verfügung, aber je kleiner die betrachtete Zeit ist, umso mehr Glieder der Reihe müssen dazugenommen werden, um einen verlässlichen Wert zu erhalten. Dies ist etwas unbefriedigend.

Das Modell des halbunendlichen Körpers bietet nun, auf andere Weise als mit der Reihenlösung, die Möglichkeit, kurzzeitige Temperaturveränderungen zu beschreiben. In diesem Modell ist der Körper auf der einen Seite unendlich ausgedehnt, wie beispielsweise beim Erdboden. Der Wärmevorgang findet nur nahe der Oberfläche statt, während die Temperatur im Inneren des Körpers von der Änderung am Rand beinahe unberührt bleibt.

Als Vorbereitung definieren wir zuerst die Selbstähnlichkeit von Funktionen.

Definition. Eine Funktion $y = y(x)$ heißt *selbstähnlich*, wenn es zu jeder Zahl $p \in \mathbb{R} \setminus \{1\}$ eine Zahl $q \in \mathbb{R}$ gibt, für die gilt: $y(p \cdot x) = q \cdot y(x)$.

Beispiel 1. $y' + y = 0$. Eine spezielle Lösung lautet $y(x) = e^{-x}$.

Betrachtet man nun $y(px) = e^{-px}$, so gibt es nur im Fall $p = 1$ ein zugehöriges q, nämlich $q = 1$. $y(x)$ ist nicht selbstähnlich.

Beispiel 2. $y' - 2\frac{y}{x} = 0$. Eine spezielle Lösung lautet $y(x) = x^2$.

Dann folgt $y(px) = (px)^2 = p^2x^2 = q \cdot y(x)$ mit $q = p^2$. $y(x)$ ist selbstähnlich.

Beispiel 3. $y' + y^2 = 0$. Eine spezielle Lösung lautet $y(x) = \frac{1}{x}$.

Dann folgt $y(px) = \frac{1}{p} \cdot \frac{1}{x} = q \cdot y(x)$ mit $q = \frac{1}{p}$. $y(x)$ ist selbstähnlich.

Die Verallgemeinerung zeigt, dass alle Potenzfunktionen selbstähnlich sind.

Definition. Eine Funktion in zwei Variablen $z(x, y)$ ist selbstähnlich, wenn zu jedem a und b ein q existiert, so dass $z(ax, by) = q \cdot z(x, y)$ ist. Dabei kann q eine reelle Zahl aber auch eine Funktion von x oder y sein.

Beispielsweise sind alle Potenzprodukte der Form $z(x, y) = x^n y^m$ selbstähnlich. Dies sieht man über $z(ax, by) = q \cdot a^n b^m x^n y^m$ mit $q = a^{-n} b^{-m}$.

Für die Lösung von DGLen in zwei Variablen ist es sinnvoll, wenn b eine Funktion von a ist oder umgekehrt, damit x und y zu einer Ähnlichkeitsvariablen zusammengezogen werden können. Beispielsweise entsteht aus $z(cx, c^2y)$ mit $c = \frac{1}{x}$ die Funktion $z(x, y) = z(1, \frac{y}{x^2}) = z(\xi)$ mit $\xi = \frac{y}{x^2}$ und man zerlegt z folglich zu $z(x, y) = q(x)z(\xi)$.

Es sei z. B. $z(x, y) = 3x^2y$. Die Funktion ist selbstähnlich: $z(cx, \frac{1}{c}y) = z(x, y)$. Setzt man $c = \frac{1}{x}$, dann ist $z(1, x^2y) = z(\xi)$ mit $\xi = x^2y$ und $q = 3$.

Definition 1. Eine DGL in einer Variablen heißt selbstähnlich, wenn sie selbstähnliche Lösungen erzeugt, d. h. wenn mit $y(x)$ auch $y(px)$ eine Lösung ist.

In den obigen Beispielen war nur die DGL $y' - 2\frac{y}{x} = 0$ selbstähnlich.

Definition 2. Eine DGL in zwei Variablen heißt selbstähnlich, wenn sie selbstähnliche Lösungen erzeugt, d. h., wenn mit $z(x, y)$ auch $z(ax, by)$ eine Lösung ist. Vorzugsweise ist wieder $b = f(a)$.

Man sagt auch, dass eine DGL invariant gegenüber der Transformation $x \to px$ bzw. invariant gegenüber den Transformationen $x \to ax$ und $y \to by$ ist.

Beispiel. Gesucht ist die Lösung der DGL $x\frac{\partial z}{\partial x} = y\frac{\partial z}{\partial y}$ ($z \neq konst.$).

Natürlich könnte man die Lösung erraten. Es geht aber darum, die Gleichung unter anderem mit Hilfe einer Ähnlichkeitsvariablen zu lösen.

Zuerst bearbeiten wir die Gleichung auf „traditionelle" Weise mit einem nach Variablen getrennten Produktansatz $z(x, y) = u(x)v(y)$. Eingesetzt in die DGL entsteht $x \cdot \frac{u'}{u} = y \cdot \frac{v'}{v}$.

Die beiden Seiten sind unabhängig voneinander und deshalb gleich einer Konstanten:

$$\alpha = x \cdot \frac{u'}{u} \quad \text{und} \quad \alpha = y \cdot \frac{v'}{v} \quad \Longrightarrow \quad \frac{\alpha}{x} = (\ln u)' \quad \text{und} \quad \frac{\alpha}{y} = (\ln v)'$$

$$\Longrightarrow \quad \ln x^\alpha = \ln u + C_1^* \quad \text{und} \quad \ln y^\alpha = \ln v + C_2^* \quad \Longrightarrow \quad x^\alpha = C_1 u \quad \text{und} \quad y^\alpha = C_2 v \, .$$

Zusammen ergibt sich $z(x,y) = uv = C(xy)^\alpha$.

Die Lösung ist, wie vorausgesagt, selbstähnlich: $z(ax, by) = C(ab)^\alpha (xy)^\alpha = C^* z(x,y)$.

Bei der zweiten Lösungsmethode setzen wir $c = \frac{1}{y}$ und erhalten $z(\frac{x}{y}, 1) = z(\xi)$ mit $\xi = \frac{x}{y}$ und $z(x,y) = q(y)z(\xi)$. Mit diesem Ansatz gehen wir in die DGL. Es entsteht

$$x \cdot q \cdot \frac{\partial z}{\partial \xi} \cdot \frac{1}{y} = y \left[\frac{\partial q}{\partial y} \cdot z + q \cdot \frac{\partial z}{\partial \xi} \cdot \left(-\frac{x}{y^2} \right) \right] .$$

Zusammengefasst folgt

$$\xi q z' = y q' z - \xi q z' \quad \Longrightarrow \quad 2\xi q z' = y q' z \quad \Longrightarrow \quad \xi \frac{z'}{z} = \frac{1}{2} y \frac{q'}{q} \, .$$

Beide Seiten sind wieder unabhängig voneinander.

Somit schreiben wir

$$\alpha = \xi \frac{z'}{z} \quad \text{und} \quad \alpha = \frac{1}{2} y \frac{q'}{q} \quad \Longrightarrow \quad \frac{\alpha}{\xi} = (\ln z)' \quad \text{und} \quad \frac{2\alpha}{y} = (\ln q)'$$

$$\Longrightarrow \quad \ln \xi^\alpha = \ln z + C_1^* \quad \text{und} \quad \ln y^{2\alpha} = \ln q + C_2^* \, .$$

Schließlich folgt $\xi^\alpha = C_1 z$ und $y^{2\alpha} = C_2 q$. Wir erhalten dasselbe Ergebnis wie mit der ersten Methode $z(x,y) = q(y)z(\xi) = C\xi^\alpha y^{2\alpha} = C\frac{x^\alpha}{y^\alpha} y^{2\alpha} = C(xy)^\alpha$.

Wir lösen nun eine DGL, die vom Aussehen her mit der instationären Wärmeleitung zu vergleichen ist. Auf dem Weg zur Lösung jener DGL werden weitere Prinzipien deutlich, die wir dann auf das Lösen der Wärmeleitungsgleichung übertragen können.

Wir betrachten die DGL $\frac{\partial^2 z}{\partial x^2} = \frac{2y}{x^2} \cdot \frac{\partial z}{\partial y}$ mit den Bedingungen $[\frac{\partial z}{\partial x}]_{(0,0)} = 0$ und $[\frac{\partial^2 z}{\partial y^2}]_{(x,y)} = 0$.

Diese DGL ist aufgrund von $z(\sqrt{p} \cdot x, p \cdot y) = z(x,y)$ selbstähnlich für beliebiges p.

Wählen wir speziell $p = \frac{1}{y}$, dann folgt $z(\sqrt{\frac{1}{y}} \cdot x, \frac{1}{y} \cdot y) = z(\frac{x}{\sqrt{y}}, 1) = z(\xi)$ mit $\xi = \frac{x}{\sqrt{y}}$ und $z(x,y) = q(y) \cdot v(\frac{x}{\sqrt{y}})$ mit $q(y) \neq 0$.

Weiter erhält man

$$\frac{\partial^2 z}{\partial x^2} = q \cdot \frac{\partial^2 v}{\partial \xi^2} \cdot \frac{1}{y} \quad \text{und} \quad \frac{\partial z}{\partial y} = \frac{\partial q}{\partial y} \cdot v - q \cdot \frac{\partial v}{\partial \xi} \cdot \frac{x}{2y^{1,5}} \, .$$

Zusammen ist

$$q(y) \cdot v''(\xi) \cdot \frac{1}{y} = \frac{2y}{x^2} \cdot \left(q'(y) \cdot v(\xi) - \frac{q(y)}{2y^{1,5}} \cdot v'(\xi) \cdot x \right)$$

$$\Longrightarrow \quad q(y) \cdot v''(\xi) = \frac{2y}{\xi^2} q'(y) \cdot v(\xi) - \frac{q(y)}{\xi} \cdot v'(\xi)$$

$$\Longrightarrow \quad \xi^2 v''(\xi) = 2y \frac{q'(y)}{q(y)} \cdot v(\xi) - \xi v'(\xi) \, .$$

Geordnet nach Variablen hat man

$$\frac{\xi^2 v''(\xi) + \xi v'(\xi)}{v(\xi)} = 2y\frac{q'(y)}{q(y)} .$$

Da beide Seiten unabhängig voneinander sind, müssen sie konstant sein. Daraus entsteht das Gleichungssystem $2y\frac{q'(y)}{q(y)} = \alpha$ und $\xi^2 v''(\xi) + \xi v'(\xi) = \alpha v(\xi)$.

Die erste Gleichung ergibt umgeformt $q'(y) = \frac{\alpha}{2} \cdot \frac{q(y)}{y}$ und hat als Lösung

$$q(y) = q_0 \cdot y^{\frac{\alpha}{2}} .$$

Für $v(\xi)$ versuchen wir ebenfalls einen Potenzansatz $v(\xi) = v_0 \cdot \xi^n$ (allgemeiner wäre ein Potenzreihenansatz) und schauen, ob dies mit den Nebenbedingungen verträglich ist:

$$\xi^2 v''(\xi) + \xi v'(\xi) = \alpha v(\xi) .$$

Eingesetzt folgt

$$v_0 \cdot \xi^2 n(n-1)\xi^{n-2} + v_0 \cdot \xi n \xi^{n-1} = \alpha v_0 \cdot \xi^n$$

$$\Longrightarrow \quad n(n-1)\xi^n + n\xi^n = \alpha\xi^n \quad \Longrightarrow \quad n(n-1) + n = \alpha$$

$$\Longrightarrow \quad n^2 = \alpha , \quad v(\xi) = v_0 \cdot \xi^{\sqrt{\alpha}} .$$

Zusammen wäre dann

$$z(x,y) = q_0 v_0 \cdot y^{\frac{\alpha}{2}} \cdot \left(\frac{x}{\sqrt{y}}\right)^{\sqrt{\alpha}} = q_0 v_0 \cdot y^{\frac{\alpha}{2}} \cdot \frac{x^{\sqrt{\alpha}}}{y^{\frac{1}{2}\sqrt{\alpha}}} = q_0 v_0 \cdot x^{\sqrt{\alpha}} y^{\frac{1}{2}(\alpha - \sqrt{\alpha})} .$$

Die zweite Nebenbedingung führt auf

$$q_0 v_0 \cdot \frac{1}{2}(\alpha - \sqrt{\alpha})\left(\frac{1}{2}(\alpha - \sqrt{\alpha}) - 1\right) x^{\sqrt{\alpha}} y^{\frac{1}{2}(\alpha - \sqrt{\alpha}) - 2} = 0$$

mit beliebigen x, y. Für $x \neq 0, y = 0$ und $x = 0, y \neq 0$ ist die Gleichung erfüllt.

Für $x \neq 0, y \neq 0$ muss $\frac{1}{2}(\alpha - \sqrt{\alpha})(\frac{1}{2}(\alpha - \sqrt{\alpha}) - 1) = 0$ sein. Somit ist $\alpha_1 = 1, \alpha_2 = 4$.

Mit $\alpha_1 = 1$ wäre $z(x,y) = c_0 \cdot x$. Es würde $[\frac{\partial z}{\partial x}]_{(x,y)} = 1$ folgen, im Widerspruch zur ersten Nebenbedingung. Damit ist

$$z(x,y) = Cx^{\sqrt{4}} y^{\frac{1}{2}(4 - \sqrt{4})} x^{\sqrt{4}} = Cx^2 y$$

die gesuchte Lösung.

Da der halbunendliche Körper keine endliche Ausdehnung besitzt, können wir auch nicht auf eine endliche Länge normieren. Anderseits argumentieren wir aber wie folgt: Durchlaufen wir das Temperaturprofil, so können wir aufgrund des unendlich langen Funktionsverlaufs an keiner Stelle sagen, dass wir einen bestimmten Prozentsatz des gesamten Profils erreicht haben. Die Temperaturverteilung geht unendlich weiter, wobei keine Stelle ausgezeichnet ist. Wir folgern, dass Profile zu verschiedenen Zeiten untereinander ähnlich sein müssen. Mathematisch bedeutet das, dass sie durch eine Streckung ineinander übergehen. Diese Argumentationen sind aber alles Folgerungen. Voraussetzung ist, dass die DGL $\frac{\partial T}{\partial t} = \beta^2 \frac{\partial^2 T}{\partial r^2}$ selbstähnlich ist. Sie ist es, wie man sich leicht überzeugt: $T(\sqrt{c} \cdot r, c \cdot t) = T(r, t)$.

Wir beginnen wieder damit, die DGL für die Platte $\frac{\partial T}{\partial t} = \beta^2 \frac{\partial^2 T}{\partial r^2}$ in dimensionslose Größen zu verwandeln und setzen $\vartheta(r, t) = \frac{T(r,t)-T_W}{T_0-T_W}$. Wählen wir für $c = \frac{1}{t}$, dann erhalten wir aus $\vartheta(\sqrt{c} \cdot r, c \cdot t) = \vartheta(r, t)$ die Temperaturfunktion $\vartheta(\frac{r}{\sqrt{t}}, 1) = \vartheta(\frac{r}{\sqrt{t}})$.

Um ein dimensionsloses Argument zu erhalten, müssen wir es noch geeignet erweitern.

Da der Ausdruck $\frac{r^2}{4\beta^2}$ die Einheit [s] besitzt, lautet unsere Ähnlichkeitsvariable $\xi = \frac{r}{2\sqrt{\beta^2 t}}$.

Mit dem Faktor 2 im Nenner schreibt sich nachher lediglich die Lösung einfacher. Dann ist

$$\vartheta(r, t) = q(t) \cdot v\left(\frac{r}{2\sqrt{\beta^2 t}}\right) \quad \text{mit} \quad q(t) \neq 0\,.$$

Man erhält

$$\frac{\partial^2 \vartheta}{\partial r^2} = q \cdot \frac{\partial^2 v}{\partial \xi^2} \cdot \left(\frac{\partial \xi}{\partial r}\right)^2 = q \cdot \frac{\partial^2 v}{\partial \xi^2} \cdot \frac{1}{4\beta^2 t}$$

und

$$\frac{\partial \vartheta}{\partial t} = \frac{\partial q}{\partial t} \cdot v - q \cdot \frac{\partial v}{\partial \xi} \cdot \frac{r}{4\sqrt{\beta^2} t^{1,5}}$$

$$\Longrightarrow \quad \frac{\partial q}{\partial t} \cdot v - q \cdot \frac{\partial v}{\partial \xi} \cdot \frac{r}{4\sqrt{\beta^2} t^{1,5}} = \beta^2 q \cdot \frac{\partial^2 v}{\partial \xi^2} \cdot \frac{1}{4\beta^2 t}$$

$$\Longrightarrow \quad \frac{\partial q}{\partial t} \cdot v - q \cdot \frac{\partial v}{\partial \xi} \cdot \frac{r}{4\sqrt{\beta^2} t^{1,5}} = q \cdot \frac{\partial^2 v}{\partial \xi^2} \cdot \frac{1}{4t}$$

$$\Longrightarrow \quad 4\mathrm{t} \cdot q'(t) v(\xi) - q(t) v'(\xi) \frac{r}{\sqrt{\beta^2}\sqrt{t}} = q(t) \cdot v''(\xi)\,.$$

Getrennt nach Variablen ist

$$\frac{v''(\xi) + 2\xi v'(\xi)}{v(\xi)} = 4\mathrm{t} \cdot \frac{q'(t)}{q(t)} = \alpha\,.$$

Die zweite Gleichung besitzt die Lösung $q(t) = q_0 \cdot t^{\frac{\alpha}{4}}$. Insgesamt lautet die gesamte Lösung vorerst $\vartheta(\xi, t) = q_0 \cdot t^{\frac{\alpha}{4}} \cdot v(\xi)$.

Nun wenden wir uns der Platte zu.

4.10 Der halbunendliche Körper für die Platte

Randbedingung 1. Art

$$\vartheta(\xi = 0, t) = 0 \quad \text{und} \quad \vartheta(\xi = \infty, t) = 1\,.$$

Die zweite Bedingung bedeutet, dass die Temperatur am rechten Rand für alle Zeiten gleich 1 ist.

Anfangsbedingung. $\vartheta(\xi, t = 0) = 1$. Zur Startzeit beträgt die Temperatur 1 an jedem „Ort" $\xi \sim \frac{r}{\sqrt{t}}$.

Die Bedingung $\vartheta(\xi, t = 0) = 1$ ist nur erfüllbar, falls $\alpha = 0$. Wir können zusätzlich $q_0 = 1$ setzen und einen eventuellen Faktor später bestimmen. Somit ist $\vartheta(\xi) = v(\xi)$ und die DGL $\frac{v''(\xi)+2\xi v'(\xi)}{v(\xi)} = \alpha$ reduziert sich zu $\vartheta''(\xi) + 2\xi\vartheta'(\xi) = 0$.

Durch Trennung der Variablen erhält man $\frac{\vartheta''}{\vartheta'} = -2\xi$. Integration liefert $\ln \vartheta'(\xi) = -\xi^2 + C$.

Damit ist der Faktor 2 von vorhin begründet. Daraus wird $\vartheta'(\xi) = C_1 e^{-\xi^2}$.

Eine nochmalige Integration führt zu

$$\vartheta(\xi) = C_1 \int_0^{\xi} e^{-u^2}\, du + C_2\,.$$

Mit der Randbedingung folgt $C_2 = 0$.

Die Anfangsbedingung ergibt $C_1 \int_0^{\infty} e^{-u^2}\, du = 1$. Das Integral hat den Wert $\frac{\sqrt{\pi}}{2}$, womit $C_1 = \frac{2}{\sqrt{\pi}}$ wird. Die Funktion

$$\operatorname{erf}(\xi) := \frac{2}{\sqrt{\pi}} \int_0^{\xi} e^{-u^2}\, du$$

ist die *Gauß'sche Fehlerfunktion.*

Schließlich lautet unsere Lösung in dimensionsloser Form: $\vartheta(\xi) = \operatorname{erf}(\xi)$ (error function) oder ausführlich

$$T(r, t) = \frac{2}{\sqrt{\pi}} \int_0^{\frac{r}{2\sqrt{\beta^2 t}}} e^{-u^2}\, du \cdot (T_0 - T_W) + T_W\,.$$

Die Selbstähnlichkeit schreibt sich dann als

$$T(\sqrt{p} \cdot r, pt) = \frac{2}{\sqrt{\pi}} \int_0^{\frac{\sqrt{p}r}{2\sqrt{\beta^2 pt}}} e^{-u^2}\, du \cdot (T_0 - T_W) + T_W = T(r, t)\,.$$

Wir bestimmen noch die zur Zeit t fließende Wärmestromdichte $\dot{q}(r,t)$. Sie beträgt

$$\dot{q}(r,t) = -\lambda \cdot \frac{\partial T}{\partial r} - \lambda \cdot \frac{\partial T}{\partial \xi} \cdot \frac{\partial \xi}{\partial r} = -\lambda \cdot \frac{2}{\sqrt{\pi}} e^{-\xi^2} \cdot (T_0 - T_W) \cdot \frac{1}{2\sqrt{\beta^2 t}}$$

$$= -\frac{\lambda}{\sqrt{\pi}} e^{-\xi^2} \cdot (T_0 - T_W) \cdot \frac{\sqrt{c\rho}}{\sqrt{\lambda t}} = -\sqrt{\frac{\lambda c\rho}{\pi t}} \cdot e^{-\frac{r^2}{4\beta^2 t}} \cdot (T_0 - T_W)\,.$$

Speziell an der Wand ist sie $\dot{q}_W(t) = -\sqrt{\frac{\lambda c\rho}{\pi t}} \cdot (T_0 - T_W)$.

Hier tritt ein neuer Stoffwert auf. $b := \sqrt{\lambda c\rho}$ heißt *Wärmeeindringkoeffizient* und ist ein Maß für die Geschwindigkeit des von außen eindringenden Wärmestroms.

Die bis zur Zeit t über die Fläche A ins Innere abgegebene Wärme $Q(t)$ berechnet sich zu

$$Q(t) = A \cdot \int_0^t \dot{q}_W(\tau)\, d\tau = -A\sqrt{\frac{\lambda c\rho}{\pi}} \cdot (T_0 - T_W) \int_0^t \frac{1}{\sqrt{\tau}}\, d\tau = -2A\sqrt{\frac{\lambda c\rho}{\pi}} \cdot (T_0 - T_W)\sqrt{t}\,.$$

Gültigkeit des Modells

Will man das Modell des halbunendlichen Körpers verwenden, dann muss die Dicke des Körpers nicht zwangsweise „riesengroß" sein. Vielmehr muss die Prozessdauer genügend kurz, die Wärmeleitfähigkeit genügend klein oder die Dicke des Körpers so groß sein, dass am anderen Ende die Anfangstemperatur T_0 einen gewissen Prozentsatz nicht überschreitet. Wir fordern wieder 1 % als maximale Abweichung gegenüber der Reihenlösung.

Anders gesagt, die Differenz zwischen dem Wert der Ähnlichkeitslösung an der Stelle $r = l$ und dem Wert der Reihenlösung an der Stelle $r = 0$ darf höchstens 0,01 sein.

Mit $\xi = \frac{r}{2\sqrt{\beta^2 t}}$, $Fo = \frac{\beta^2}{l^2} \cdot t$ und speziell $r = l$ erhält man $\xi = \frac{1}{2\sqrt{Fo}}$. Damit folgt

$$\left| \frac{2}{\sqrt{\pi}} \int_0^{\frac{1}{2\sqrt{Fo}}} e^{-u^2}\, du - \sum_{n=1}^{\infty} \frac{4(-1)^{n+1}}{(2n-1)\pi} \cdot e^{-\frac{(2n-1)^2}{4}\pi^2 \cdot Fo} \right| \leq 0{,}01\,.$$

Die Lösung lautet $Fo = 0{,}075$.

Wir erhalten somit als Bedingung für die Platte bei der Randbedingung 1. Art $Fo < 0{,}08$.

1. Bemerkung. Die Selbstähnlichkeit der DGL ist eine notwendige Bedingung für die Selbstähnlichkeit der Lösungen. Damit die Bedingung auch hinreichend ist, muss das zugrunde liegende Intervall zwangsweise unendlich groß sein.

Ansonsten würde nur ein Teil des Graphen bei einer Umskalierung zur Deckung gebracht. Bei einer endlichen Plattendicke würde zudem die obige Rechnung an der Randbedingung $\vartheta(\xi = l, t)$, deren Wert unbekannt ist, scheitern. Die obige Formel gilt also nur für den halbunendlichen Körper.

2. Bemerkung. Man kann auf die Idee kommen, die Selbstähnlichkeit auch bei der Wellengleichung testen zu wollen: $\frac{\partial^2 u}{\partial t^2} = c^2 \cdot \frac{\partial^2 u}{\partial x^2}$. Offensichtlich ist sie selbstähnlich:

$$u(px, pt) = u(x, t) .$$

Die Randbedingungen sind aber auf ein endliches Intervall beschränkt. Deswegen sind die Lösungen z. B. für die schwingende Seite nicht selbstähnlich. Für eine unendlich fortschreitende Welle hätte man, unter Missachtung der Dämpfung, zwar ein unendlich langes Intervall, aber die Lösungen wären nicht nur selbstähnlich, sondern sogar kongruent, weshalb der Ansatz mit einer selbstähnlichen Variablen in keinem Fall zu einem Ergebnis führt. Bei der Wellengleichung ist der Produktansatz zwingend.

Randbedingung 2. Art

Diese lauten $\dot{q}(r = 0, t) = \dot{q}_W$ und $\dot{q}(r = \infty, t) = 0$ oder dimensionslos $\dot{\kappa}(\xi = 0, t) = 1$ und $\dot{\kappa}(\xi = \infty, t) = 0$, wobei wir mit $\dot{\kappa}$ die dimensionslose Wärmestromdichte bezeichnen.

Anfangsbedingung. $\dot{q}(r, t = 0) = 0$ oder dimensionslos $\dot{\kappa}(\xi, t = 0) = 0$.

Hierzu bedarf es einer kleinen Vorbemerkung. Nehmen wir an, $f(r, t)$ sei Lösung der DGL $\frac{\partial T}{\partial t} = \beta^2 \cdot \frac{\partial^2 T}{\partial r^2}$. Dann stellt die partielle Ableitung von f nach dem Ort, $\frac{\partial f}{\partial r}$, ebenfalls eine Lösung derselben DGL dar. Die Begründung liefert der Satz von Schwarz:

$$\frac{\partial}{\partial t}\left(\frac{\partial f}{\partial r}\right) = \frac{\partial}{\partial r}\left(\frac{\partial f}{\partial t}\right) = \frac{\partial}{\partial r}\left(\beta^2 \cdot \frac{\partial^2 f}{\partial r^2}\right) = \beta^2 \cdot \frac{\partial^2}{\partial r^2}\left(\frac{\partial f}{\partial r}\right) .$$

Da nun die Wärmestromdichte die Form $\dot{q} = -\lambda \cdot \frac{\partial T}{\partial r}$ besitzt, ist sie Lösung der DGL. Wir können sie zur Lösung unseres instationären Problems machen, sofern wir die Rand- und Anfangsbedingungen von oben einbauen. Für die dimensionslose Wärmestromdichte gilt also $\dot{\kappa}(\xi = 0, t) = 1$ mit $\xi = \frac{r}{2\sqrt{\beta^2 t}}$ wie bisher, was der einen Randbedingung entspricht. Die Randbedingung $\dot{\kappa}(\xi = \infty, t) = 0$ und die Anfangsbedingung $\dot{\kappa}(\xi, t = 0) = 0$ gelten ebenfalls. Vergleichen wir dieses Problem mit demjenigen der Randbedingung 1. Art, bei dem die Bedingungen wie folgt aussahen, $\vartheta(\xi = 0, t) = 0$, $\vartheta(\xi = \infty, t) = 1$ und $\vartheta(\xi, t = 0) = 1$, dann erkennt man die Analogie.

Die Lösung für $\dot{\kappa}(\xi)$ lautet in dimensionsloser Form $\dot{\kappa}(\xi) = \frac{\dot{q}(\xi)}{\dot{q}_W} = 1 - \operatorname{erf}(\xi)$.

Die Funktion $\operatorname{erfc}(\xi) := 1 - \operatorname{erf}(\xi)$ heißt *komplementäre Fehlerfunktion*.

Aus der dimensionslosen Wärmestromdichte wollen wir nun durch partielle Integration die dimensionslose Temperatur berechnen. Man erhält

$$\dot{\kappa}(\xi) = 1 - \operatorname{erf}(\xi) \quad \Longrightarrow \quad \frac{\partial \vartheta}{\partial \xi} = 1 - \operatorname{erf}(\xi) \quad \Longrightarrow \quad \partial \vartheta = (1 - \operatorname{erf}(\xi))\partial \xi .$$

Es folgt

$$\vartheta(\xi) = \int (1 - \mathrm{erf}(\xi))\partial\xi = \xi - \int \mathrm{erf}(\xi)\, d\xi\,,$$

$$\vartheta(\xi) = \xi - \left(\xi \cdot \mathrm{erf}(\xi) - \frac{2}{\sqrt{\pi}} \int \xi \cdot e^{-\xi^2}\, d\xi\right) = \xi - \xi \cdot \mathrm{erf}(\xi) - \frac{2}{\sqrt{\pi}} \cdot \frac{1}{2} \cdot e^{-\xi^2}$$

und

$$\vartheta(\xi) = \xi(1 - \mathrm{erf}(\xi)) - \frac{1}{\sqrt{\pi}} e^{-\xi^2} = \xi \cdot \mathrm{erfc}(\xi) - \frac{1}{\sqrt{\pi}} e^{-\xi^2}\,.$$

Aus der Bedingung $-\lambda \cdot [\frac{dT}{dr}]_{r=0} = \dot{q}_W$ muss dimensionslos $[\frac{\partial\vartheta}{\partial\xi}]_{\xi=0} = 1$ entstehen und es ist

$$-\lambda \cdot \left[\frac{\partial\vartheta}{\partial\xi} \cdot \frac{\partial\xi}{\partial r}\right]_{\xi=0} = \dot{q}_W \quad\Longrightarrow\quad -\lambda \cdot \left[\frac{\partial\vartheta}{\partial\xi}\right]_{\xi=0} \cdot \frac{1}{2\sqrt{\beta^2 t}} = \dot{q}_W$$

$$\Longrightarrow\quad \left[\frac{\partial\vartheta}{\partial\xi}\right]_{\xi=0} = \frac{2\sqrt{\beta^2 t}}{\lambda} \cdot \dot{q}_W = 1\,.$$

Das bedeutet, dass die dimensionslose Temperatur die Form

$$\vartheta(r, t) = \frac{T(r, t) - T_0}{-\frac{2\sqrt{\beta^2 t}}{\lambda} \cdot \dot{q}_W}$$

haben muss.

Der Ausdruck ist identisch mit demjenigen von Gleichung (3.10). Den Platz der charakteristischen Länge l nimmt jetzt die zeitabhängige „Länge“ $2\sqrt{\beta^2 t}$ ein.

Ausführlich gilt

$$T(r, t) = \left(\frac{1}{\sqrt{\pi}} e^{-\frac{r^2}{4\beta^2 t}} - \frac{r}{2\sqrt{\beta^2 t}}\left(1 - \frac{2}{\sqrt{\pi}} \int_0^{\frac{r}{2\sqrt{\beta^2 t}}} e^{-u^2}\, du\right)\right) \frac{2\sqrt{\beta^2 t}}{\lambda} \cdot \dot{q}_W + T_0\,.$$

Wir wollen noch untersuchen, wie die Rand- und Anfangswerte für die Temperatur aussehen:

$$T(r = 0, t) = \left(\frac{1}{\sqrt{\pi}} e^{-0} - 0\left(1 - \frac{2}{\sqrt{\pi}} \int_0^0 e^{-u^2}\, du\right)\right) \frac{2\sqrt{\beta^2 t}}{\lambda} \cdot \dot{q}_W + T_0 = \frac{2\sqrt{\beta^2 t}}{\sqrt{\pi} \cdot \lambda} \cdot \dot{q}_W + T_0\,.$$

Die Wandtemperatur ändert sich mit der Zeit: $T(r = \infty, t)$.

Hierzu muss zuerst der Grenzwert $\lim_{\xi\to\infty} \xi(1 - \mathrm{erf}(\xi))$ bestimmt werden.

Wir formen um und leiten gemäß Bernoulli-L’Hôspital ab:

$$\lim_{\xi\to\infty} \frac{1 - \mathrm{erf}(\xi)}{\frac{1}{\xi}} = \lim_{\xi\to\infty} \frac{-\frac{2}{\sqrt{\pi}} e^{-\xi^2}}{-\frac{1}{\xi^2}} = \lim_{\eta\to\infty} \frac{\frac{2}{\sqrt{\pi}} \eta}{e^{\eta}} = 0\,.$$

Damit ist $T(r=\infty,t)=T_0$. Zur Bestimmung von $T(r,t=0)$ verwendet man denselben Grenzwert wie oben und findet $T(r,t=0)=T_0$.

Die bis zur Zeit t über die Fläche A ins Innere abgegebene Wärme $Q(t)$ berechnet sich zu

$$Q(t)=A\cdot\int_0^t \dot{q}_W\,d\tau=A\cdot\dot{q}_W\cdot t\,.$$

Für die Gültigkeit des Modells akzeptieren wir wieder eine Abweichung von höchstens 1 % am rechten Rand. Es gilt also $r=l$ bei der Ähnlichkeitslösung und $r=l$ bei der Reihenlösung. Dann lautet die Bedingung

$$\left|\frac{1}{\sqrt{\pi}}e^{-\frac{1}{4Fo}}-\frac{1}{2\sqrt{Fo}}\left(1-\frac{2}{\sqrt{\pi}}\int_0^{\frac{1}{2\sqrt{Fo}}}e^{-u^2}\,du\right)-\left(Fo-\frac{1}{6}-\sum_{n=1}^{\infty}\frac{2(-1)^n}{n^2\pi^2}\cdot e^{-n^2\pi^2\cdot Fo}\right)\right|$$
$$\leq 0{,}01\,.$$

Das ergibt einen Wert von $Fo=0{,}148$. Somit lautet die Bedingung $Fo<0{,}15$.

Bemerkung. $\dot{\kappa}(\xi)=1-\operatorname{erf}(\xi)$ erfüllt die DGL $\frac{\partial T}{\partial t}=\beta^2\cdot\frac{\partial^2 T}{\partial r^2}$ und $\vartheta''(\xi)+2\xi\vartheta'(\xi)$.

Hingegen erfüllt die Temperaturfunktion $\vartheta(\xi)=\xi(1-\operatorname{erf}(\xi))-\frac{1}{\sqrt{\pi}}e^{-\xi^2}$ die DGL nicht.

Randbedingung 3. Art

$$-\lambda\cdot\left[\frac{dT}{dr}\right]_{r=0}=\alpha(T(r=0,t)-T_\infty)\quad\text{und}\quad\vartheta(\xi=\infty,t)=1\,.$$

Anfangsbedingung. $\vartheta(\xi,t=0)=1$. Wir schreiben die erste Bedingung aus und erhalten

$$-\lambda\cdot\left[\frac{d\vartheta}{d\xi}\cdot\frac{d\xi}{dr}\right]_{\xi=0}=\alpha\left(\vartheta(\xi=0,t)(T_0-T_\infty)+T_\infty-T_\infty\right)$$
$$\Longrightarrow\quad -\lambda\cdot\left[\frac{d\vartheta}{d\xi}\right]_{\xi=0}\cdot\frac{1}{2\sqrt{\beta^2 t}}(T_0-T_\infty)=\alpha\left(\vartheta(\xi=0,t)(T_0-T_\infty)\right)$$
$$\Longrightarrow\quad \left[\frac{d\vartheta}{d\xi}\right]_{\xi=0}=-\frac{\alpha}{\lambda}\cdot 2\sqrt{\beta^2 t}\cdot\vartheta(\xi=0,t)\,.$$

Wir definieren eine neue zeitliche Kenngröße:

$$\tau:=\beta^2 t\left(\frac{\alpha}{\lambda}\right)^2=\frac{t}{c\rho}\cdot\frac{\alpha^2}{\lambda}\,.$$

Die Einheit ist

$$\frac{\mathrm{s}\cdot\frac{\mathrm{W}^2}{\mathrm{m}^4\mathrm{K}^2}}{\frac{\mathrm{J}}{\mathrm{kg\cdot K}}\cdot\frac{\mathrm{kg}}{\mathrm{m}^3}\cdot\frac{\mathrm{W}}{\mathrm{mK}}}=\frac{\mathrm{s}\cdot\mathrm{W}}{\mathrm{J}}=\frac{\mathrm{W}}{\mathrm{W}}$$

und somit ist τ dimensionslos.

Die erste Bedingung hat dann die Gestalt

$$\left[\frac{d\vartheta}{d\xi}\right]_{\xi=0} + 2\sqrt{\tau}\cdot\vartheta(\xi = 0, t) = 0\,. \tag{4.4}$$

Würde diese Gleichung für alle ξ gelten, dann wäre die Lösung $\vartheta(\xi) = e^{-2\sqrt{\tau}\cdot\xi}$. Die Randbedingung 1. Art beeinhaltete die Funktion ϑ und führte zur Lösung $\vartheta(\xi) = \mathrm{erf}(\xi)$.

Im zweiten Fall wurde an den Ausdruck $\frac{d\vartheta}{d\xi}$ eine Bedingung gestellt. Als Lösung ergab sich $\frac{d\vartheta}{d\xi} = 1 - \mathrm{erf}(\xi)$. Aus diesen Gründen ist es nicht ganz abwegig, aus der Bedingung (4.4) eine Verknüpfung von $\mathrm{erf}(\xi)$ und $1 - \mathrm{erf}(\xi)$ über die erwähnte Exponentialfunktion für $\vartheta(\xi)$ anzusetzen: $\vartheta(\xi) = \mathrm{erf}(\xi) + e^{-2\sqrt{\tau}\cdot\xi}\cdot(1 - \mathrm{erf}(\xi))$.

Die dimensionslose Temperaturfunktion erfüllt zwar sowohl die beiden geforderten Bedingungen $\vartheta(\xi = \infty, t) = 1$ und $\vartheta(\xi, t = 0) = 1$ als auch die Bedingung (4.4), aber als Wandtemperatur erhält man für $\xi = 0$ eine temperaturunabhängige Funktion: $\vartheta(0) = 1$. Das kann nicht sein. Deshalb erweitern wir alle Argumente um eine Zeitvariable. Die einzige dafür in Frage kommende ist die dimensionslose Zeit $\tau := \beta^2 t(\frac{\alpha}{\lambda})^2$. Diese muss aber von ξ entkoppelt bleiben, also wird das Argument nicht multiplikativ, sondern additiv erweitert. Wir setzen deswegen an:

$$\vartheta(\xi) = \mathrm{erf}(f(\tau) + \xi) + e^{g(\tau)-2\sqrt{\tau}\cdot\xi}\cdot(1 - \mathrm{erf}(h(\tau) + \xi))\,.$$

Damit gehen wir nun in die Bedingung (4.4) und erhalten

$$\begin{aligned}&\frac{2}{\sqrt{\pi}}e^{-(f(\tau)+\xi)^2} - 2\sqrt{\tau}\cdot e^{g(\tau)-2\sqrt{\tau}\cdot\xi}\,(1 - \mathrm{erf}(h(\tau) + \xi)) - e^{g(\tau)-2\sqrt{\tau}\cdot\xi}\frac{2}{\sqrt{\pi}}e^{-(h(\tau)+\xi)^2}\\ &\quad + 2\sqrt{\tau}\cdot\mathrm{erf}(f(\tau) + \xi) + 2\sqrt{\tau}e^{g(\tau)-2\sqrt{\tau}\cdot\xi}\,(1 - \mathrm{erf}(h(\tau) + \xi)) = 0\,.\end{aligned}$$

Für $\xi = 0$ wird daraus

$$\begin{aligned}&\frac{2}{\sqrt{\pi}}e^{-f^2(\tau)} - 2\sqrt{\tau}e^{g(\tau)}\,(1 - \mathrm{erf}(h(\tau))) - \frac{2}{\sqrt{\pi}}e^{g(\tau)-h^2(\tau)} + 2\sqrt{\tau}\cdot\mathrm{erf}(f(\tau))\\ &\quad + 2\sqrt{\tau}e^{g(\tau)}\,(1 - \mathrm{erf}(h(\tau))) = 0\\ \Longrightarrow\quad &\frac{2}{\sqrt{\pi}}e^{-f^2(\tau)} - \frac{2}{\sqrt{\pi}}e^{g(\tau)-h^2(\tau)} + 2\sqrt{\tau}\cdot\mathrm{erf}(f(\tau)) = 0\,.\end{aligned}$$

Die Gleichung ist nur dann erfüllt, wenn $f(\tau) = 0$ und $h(\tau) = \sqrt{g(\tau)}$.

Für $g(\tau)$ setzen wir versuchsweise eine lineare Zeitzunahme an: $g(\tau) = a\cdot\tau$. Die Funktion lautet demnach $\vartheta(\xi) = \mathrm{erf}(\xi) + e^{a\cdot\tau-2\sqrt{\tau}\cdot\xi}\cdot(1 - \mathrm{erf}(\sqrt{a\cdot\tau} + \xi))$ mit einem noch unbekannten Faktor a. Für den Temperaturverlauf an der Wand erhalten wir mit $\xi = 0$

$$\vartheta_W(\tau) = e^{a\cdot\tau}\cdot\left(1 - \mathrm{erf}(\sqrt{a\cdot\tau})\right)\,.$$

Zuerst halten wir fest, dass aus $Fo = \frac{\beta^2}{l^2} \cdot t$ und $Bi = \frac{\alpha l}{\lambda}$ die dimensionslose Zeit die Darstellung $\tau := \beta^2 t(\frac{\alpha}{\lambda})^2 = Fo \cdot Bi^2$ besitzt. Die Länge l kürzt sich also heraus.

Daraus entsteht die Gestalt $\vartheta_W(Fo, Bi) = e^{a \cdot Fo \cdot Bi^2} \cdot (1 - \operatorname{erf}(\sqrt{a \cdot Fo} \cdot Bi))$.

Diese besteht nur noch aus den bei dieser Randbedingung üblichen zwei Variablen.

Zum Vergleich ziehen wir die dimensionslose Reihenlösung heran:

$$\vartheta(\xi, Fo) = \sum_{n=1}^{\infty} \frac{2\sin(\mu_n)}{\mu_n + \sin(\mu_n)\cos(\mu_n)} \cdot e^{-\mu_n^2 \cdot Fo} \cdot \cos(\mu_n \xi) \quad \text{mit} \quad \tan(\mu) = \frac{Bi}{\mu} .$$

Ausgewertet am Rand für $\xi = 1$ wird dann

$$\vartheta_W(Fo) = \sum_{n=1}^{\infty} \frac{2\sin(\mu_n)\cos(\mu_n)}{\mu_n + \sin(\mu_n)\cos(\mu_n)} \cdot e^{-\mu_n^2 \cdot Fo} .$$

Die Darstellung für den Koeffizienten der Reihenlösung können wir auch noch vereinfachen.

Wir kürzen

$$\frac{\frac{1}{\cos^2(\mu_n)} \cdot 2\sin(\mu_n)\cos(\mu_n)}{\frac{1}{\cos^2(\mu_n)} \cdot (\mu_n + \sin(\mu_n)\cos(\mu_n))} .$$

Dann entsteht

$$\frac{2\tan(\mu_n)}{\frac{\mu_n}{\cos^2(\mu_n)} + \tan(\mu_n)} = \frac{2 \cdot \frac{Bi}{\mu_n}}{\mu_n\,(\tan^2(\mu_n) + 1) + \frac{Bi}{\mu_n}}$$

mit $\tan^2(\mu_n) + 1 = \frac{1}{\cos^2(\mu_n)}$. Schließlich wird daraus

$$\frac{2 \cdot \frac{Bi}{\mu_n}}{\mu_n \left(\frac{Bi^2}{\mu_n^2} + 1\right) + \frac{Bi}{\mu_n}} = \frac{2 \cdot Bi}{Bi^2 + Bi + \mu_n^2} .$$

Nun wählen wir eine beliebige Biotzahl, z. B. $Bi = 1$ (Jede andere Biotzahl würde zum selben Ergebnis für die zu bestimmende Zahl a führen). Unsere Reihendarstellung sieht dann so aus:

$$\vartheta_W(Fo) = \sum_{n=1}^{\infty} \frac{2}{2 + \mu_n^2} \cdot e^{-\mu_n^2 \cdot Fo} .$$

Die ersten zehn Eigenwerte von $\tan(\mu) = \frac{1}{\mu}$ lauten

n	1	2	3	4	5	6	7	8	9	10
μ_n	0,860	3,426	6,437	9,529	12,645	15,771	18,902	22,036	25,172	28,310

Die Fourierzahl wählen wir kleiner als $Fo < 0{,}08$. Dies entspricht dem Wert bei der Randbedingung 1. Art. Wir nehmen z. B. $Fo < 0{,}01$. Damit stellen wir sicher, dass wir im Gültigkeitsbereich für das Modell des halbunendlichen Körpers liegen. (Jede andere Fourierzahl in diesem Bereich würde zum gleichen Ergebnis für die zu bestimmende Zahl a führen.) Unter Verwendung der ersten zehn Terme erhalten wir für die dimensionslose Wandtemperatur $\vartheta_W(0{,}01) = 0{,}896456$.

Anderseits haben wir $\vartheta_W(0{,}01, a) = e^{a \cdot 0{,}01} \cdot (1 - \mathrm{erf}(\sqrt{a \cdot 0{,}01}))$.

Den Wert für a bestimmen wir graphisch und tragen $\vartheta_W(0{,}01, a)$ gegenüber der Konstanten $\vartheta_W(0{,}01) = 0{,}896456$ auf. Es ergibt sich ein Wert von $a = 1{,}000021$.

Dies ist Bestätigung genug, dass $a = 1$ gewählt werden muss.

Somit lautet die Lösung $\vartheta(\xi) = \mathrm{erf}(\xi) + e^{\tau - 2\sqrt{\tau}\cdot\xi} \cdot (1 - \mathrm{erf}(\sqrt{\tau} + \xi))$ oder ausführlich

$$T(r,t) = \frac{2}{\sqrt{\pi}} \int\limits_0^{\frac{r}{2\sqrt{\beta^2 t}}} e^{-u^2}\, du + e^{\beta^2 t \left(\frac{\alpha}{\lambda}\right)^2 - \frac{\alpha}{\lambda} r} \cdot \left(1 - \frac{2}{\sqrt{\pi}} \int\limits_0^{\sqrt{\beta^2 t}\cdot\frac{\alpha}{\lambda} + \frac{r}{2\sqrt{\beta^2 t}}} e^{-u^2}\, du \right) \cdot (T_0 - T_\infty) + T_\infty \,.$$

Der zeitliche Temperaturverlauf an der Wand beträgt dann

$$T_W(\tau) = e^{\tau} \cdot \left(1 - \frac{2}{\sqrt{\pi}} \int\limits_0^{\sqrt{\tau}} e^{-u^2}\, du \right) \cdot (T_0 - T_\infty) + T_\infty \,.$$

Für die Wärmestromdichte gilt

$$\begin{aligned}
\dot{q}(r,t) &= -\lambda \left[\frac{dT}{d\xi} \cdot \frac{d\xi}{dr} \right] \\
&= -\frac{\lambda}{2\sqrt{\beta^2 t}} (T_0 - T_\infty) \Bigg(\frac{2}{\sqrt{\pi}} e^{-\xi^2} - 2\sqrt{\tau} \cdot e^{\tau - 2\sqrt{\tau}\cdot\xi} \left(1 - \mathrm{erf}(\sqrt{\tau} + \xi)\right) \\
&\qquad - e^{\tau - 2\sqrt{\tau}\cdot\xi} \frac{2}{\sqrt{\pi}} e^{-(\sqrt{\tau}+\xi)^2} \Bigg) \\
&= -\frac{\lambda}{\sqrt{\beta^2 t}} (T_0 - T_\infty) \left(\frac{1}{\sqrt{\pi}} e^{-\xi^2} (1 - e^{-4\sqrt{\tau}\cdot\xi}) - \sqrt{\tau} \cdot e^{\tau - 2\sqrt{\tau}\cdot\xi} \left(1 - \mathrm{erf}(\sqrt{\tau} + \xi)\right) \right) \\
&= -\alpha (T_0 - T_\infty) \left(\frac{1}{\sqrt{\pi}} e^{-\xi^2} \left(\frac{1 - e^{-4\sqrt{\tau}\cdot\xi}}{\sqrt{\tau}} \right) - e^{\tau - 2\sqrt{\tau}\cdot\xi} \left(1 - \mathrm{erf}(\sqrt{\tau} + \xi)\right) \right) .
\end{aligned}$$

Die zur Zeit t an der Wand fließende Wärmestromdichte $\dot{q}_W(\tau)$ beträgt

$$\dot{q}_W(\tau) = \alpha (T_0 - T_\infty) \cdot e^{\tau} \cdot \left(1 - \mathrm{erf}(\sqrt{\tau})\right) .$$

Für die bis zur Zeit t über die Fläche A ins Innere abgegebene Wärmemenge $Q(t)$ benutzen wir die Kettenregel $\frac{d}{d\theta}(\int_0^{f(\theta)} g(u)\,du) = g(f(\theta)) \cdot \frac{d}{d\theta}f(\theta)$ und integrieren partiell:

$$
\begin{aligned}
Q(t) &= A \cdot \int_0^t \dot{q}_W(\theta)\,d\theta = -\alpha(T_0 - T_\infty) \cdot \int_0^t e^{\beta^2\theta(\frac{\alpha}{\lambda})^2} \left(1 - \frac{2}{\sqrt{\pi}} \int_0^{\sqrt{\beta^2\theta}\frac{\alpha}{\lambda}} e^{-u^2}\,du\right) d\theta \\
&= -\alpha(T_0 - T_\infty) \cdot \left[\frac{1}{\beta^2\left(\frac{\alpha}{\lambda}\right)^2} e^{\tau} \cdot \left(1 - \frac{2}{\sqrt{\pi}} \int_0^{\sqrt{\tau}} e^{-u^2}\,du\right) - \frac{1}{\beta^2\left(\frac{\alpha}{\lambda}\right)^2} \right. \\
&\qquad \left. + \frac{2}{\sqrt{\pi}} \int_0^t \frac{1}{\beta^2\left(\frac{\alpha}{\lambda}\right)^2} e^{\beta^2\theta(\frac{\alpha}{\lambda})^2} e^{-\beta^2\theta(\frac{\alpha}{\lambda})^2} \sqrt{\beta^2}\frac{\alpha}{\lambda} \cdot \frac{1}{2\sqrt{\theta}}\,d\theta \right] \\
&= -\alpha(T_0 - T_\infty)\frac{t}{\tau}e^{\tau} \cdot \left(1 - \frac{2}{\sqrt{\pi}} \int_0^{\sqrt{\tau}} e^{-u^2}\,du\right) - \frac{t}{\tau} + \frac{2}{\sqrt{\pi}} \cdot \frac{1}{\sqrt{\beta^2}\frac{\alpha}{\lambda}} \int_0^t \frac{1}{2\sqrt{\theta}} \cdot d\theta \\
&= -\alpha(T_0 - T_\infty)\frac{t}{\tau}e^{\tau} \cdot \left(1 - \frac{2}{\sqrt{\pi}} \int_0^{\sqrt{\tau}} e^{-u^2}\,du\right) - \frac{t}{\tau} + \frac{2}{\sqrt{\pi}}\frac{\sqrt{t}}{\sqrt{\tau}}[\sqrt{\theta}]_0^t \\
&= -\alpha(T_0 - T_\infty)\frac{t}{\tau}e^{\tau} \cdot \left(1 - \frac{2}{\sqrt{\pi}} \int_0^{\sqrt{\tau}} e^{-u^2}\,du\right) - \frac{t}{\tau} + \frac{2}{\sqrt{\pi}} \cdot \frac{t}{\sqrt{\tau}} \\
&= -\frac{\alpha(T_0 - T_\infty)}{\tau}\left(-1 + 2\sqrt{\frac{\tau}{\pi}} + e^{\tau}\left(1 - \operatorname{erf}(\sqrt{\tau})\right)\right) \cdot t\,.
\end{aligned}
$$

Zur Bestimmung des Gültigkeitsbereichs verlangen wir auch hier, dass die Differenz der jeweiligen dimensionslosen Temperaturen höchstens 0,01 beträgt. Es gilt also $r = l$ bei der Ähnlichkeitslösung und $r = l$ bei der Reihenlösung.

Dafür wechseln wir zur Darstellung von ϑ_{HUK} ausgedrückt mit Fo und Bi:

$$
\vartheta_{\text{HUK}}(Fo, Bi) = \operatorname{erf}\left(\frac{1}{2\sqrt{Fo}}\right) + e^{Fo\cdot Bi^2 - Bi} \cdot \left(1 - \operatorname{erf}\left(\sqrt{Fo} \cdot Bi + \frac{1}{2\sqrt{Fo}}\right)\right) \tag{4.5}
$$

(gilt nur für $r = l$).

Die Reihenlösung sieht so aus:

$$
\vartheta_{\text{RL}}(Fo) = \sum_{n=1}^{\infty} \frac{2\sin(\mu_n)}{\mu_n + \sin(\mu_n)\cos(\mu_n)} \cdot e^{-\mu_n^2 \cdot Fo} \quad \text{mit} \quad \tan(\mu) = \frac{Bi}{\mu}\,. \tag{4.6}
$$

Im Gegensatz zu einer endlichen Ausdehnung, wo es für die Randbedingungen 1. und 3. Art zwei verschiedene Grenz-Fourierzahlen gibt, sind es hier dieselben. Dies liegt daran, dass man bis zu einer theoretisch unendlichen Biotzahl von $Bi \to \infty$ gehen muss, was $Bi \to \alpha$ entspricht. Dies wiederum ist gleichwertig mit einer Randbedingung 1. Art.

Trotz dieser Tatsache wollen wir uns die Mühe machen, die einzelnen Fourierzahlen für die vier Biotzahlen $Bi = 0{,}1, 1, 10, \infty$ zu bestimmen. Die Zahl $Bi = 0{,}1$ stellt gerade den Übergang zwischen thermisch dünnen und thermisch dicken Körpern dar. Kleinere Biotzahlen werden somit nicht betrachtet.

In Abb. 4.3 sind die Graphen von $\vartheta_{\mathrm{HUK}}(Fo, Bi)+0{,}01$ und $\vartheta_{\mathrm{RL}}(Fo)$ für eine bestimmte Biotzahl dargestellt.

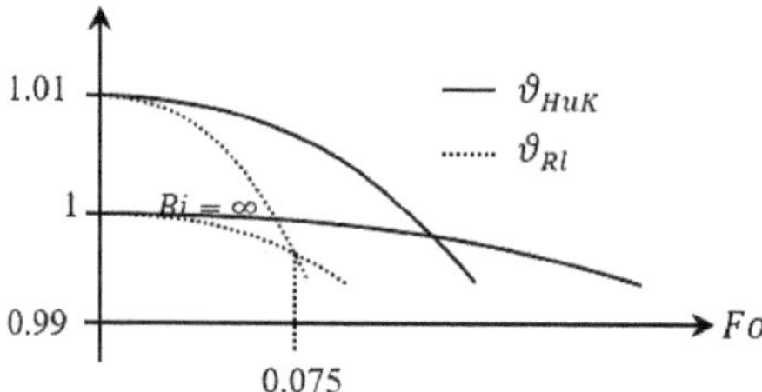

Abb. 4.3: Graphen von (4.5) und (4.6)

Die Schnittstelle rückt mit wachsender Biotzahl immer näher gegen $Fo = 0{,}075$. Für $Bi = 10$ stimmt die Fourierzahl schon bis auf mehrere Stellen mit derjenigen des Grenzwerts überein.

Die Fourierzahl für $Bi = \infty$ ergibt sich aus folgendem Grenzwert:

$$
\begin{aligned}
\lim_{Bi\to\infty} \vartheta(Fo, Bi) &= \lim_{Bi\to\infty} \operatorname{erf}\left(\frac{1}{2\sqrt{Fo}}\right) + e^{Fo\cdot Bi^2 - Bi}\cdot\left(1 - \operatorname{erf}\left(\sqrt{Fo}\cdot Bi + \frac{1}{2\sqrt{Fo}}\right)\right) \\
&= \lim_{Bi\to\infty} \operatorname{erf}\left(\frac{1}{2\sqrt{Fo}}\right) + \frac{1 - \operatorname{erf}\left(\sqrt{Fo}\cdot Bi + \frac{1}{2\sqrt{Fo}}\right)}{e^{-Fo\cdot Bi^2 + Bi}} \\
&= \lim_{Bi\to\infty} \operatorname{erf}\left(\frac{1}{2\sqrt{Fo}}\right) + \frac{-\frac{2}{\sqrt{\pi}}\cdot e^{-\left(\sqrt{Fo}\cdot Bi + \frac{1}{2\sqrt{Fo}}\right)^2}}{e^{-2Fo\cdot Bi + 1}} \\
&= \lim_{Bi\to\infty} \operatorname{erf}\left(\frac{1}{2\sqrt{Fo}}\right) + \frac{-\frac{2}{\sqrt{\pi}}\cdot e^{-\left(Fo\cdot Bi^2 + 2Bi + \frac{1}{4Fo}\right)}}{e\cdot e^{-2Fo\cdot Bi}} \\
&= \lim_{Bi\to\infty} \operatorname{erf}\left(\frac{1}{2\sqrt{Fo}}\right) - \frac{2}{\sqrt{\pi}}\cdot e^{-\frac{1}{4Fo} - 1} e^{-Fo\cdot Bi^2 - 2Bi(1-Fo)} \\
&= \operatorname{erf}\left(\frac{1}{2\sqrt{Fo}}\right) + 0 = \operatorname{erf}\left(\frac{1}{2\sqrt{Fo}}\right).
\end{aligned}
$$

Unabhängig von der Art der Randbedingung können wir insgesamt für die Gültigkeit dieses Modells für die Platte somit folgenden Wert ansetzen: $Fo < 0{,}08$.

Bemerkungen. 1. $\vartheta(\xi)$ erfüllt die DGL $\frac{\partial T}{\partial t} = \beta^2 \cdot \frac{\partial^2 T}{\partial r^2}$ nicht. Dies wird auch nicht verlangt.

2. Es gilt $\lim_{T\to\infty} \vartheta(\xi) = -\infty$. Dies verletzt die geforderten Bedingungen nicht. Vielmehr ist entscheidend, dass $\vartheta(\xi)$ innerhalb des gültigen Bereichs $Fo < 0{,}13$ monoton fallend ist.

4.11 Der halbunendliche Körper für den Zylinder und die Kugel

Die mathematische Beschreibung mit Hilfe einer Ähnlichkeitsvariablen scheitert schon an der Tatsache, dass die DGL nicht selbstähnlich ist. Es müsste wieder $T(pr, qt) = T(r, t)$ sein.

Eingesetzt in die DGL $\frac{\partial T}{\partial t} = \beta^2 \cdot (\frac{\partial^2 T}{\partial r^2} + \frac{n}{r} \cdot \frac{\partial T}{\partial r})$ mit $n = 1, 2$ erhält man

$$q\frac{\partial T}{\partial t} = \beta^2 \cdot \left(p^2 \frac{\partial^2 T}{\partial r^2} + \frac{n}{pr} \cdot p\frac{\partial T}{\partial r}\right) \implies q\frac{\partial T}{\partial t} = \beta^2 \cdot \left(p^2 \frac{\partial^2 T}{\partial r^2} + \frac{n}{r} \cdot \frac{\partial T}{\partial r}\right).$$

Dies ist aber nur für $p = q = 1$ erfüllbar. Angenommen, man ignoriert das Fehlen der Selbstähnlichkeit. Was ergäbe dann die Rechnung mit der angeblichen Ähnlichkeitsvariablen $\xi = \frac{r}{2\sqrt{\beta^2 t}}$?

$$\frac{\partial \vartheta}{\partial \xi} \cdot \frac{\partial \xi}{\partial t} = \beta^2 \left(\frac{\partial^2 \vartheta}{\partial \xi^2} \cdot \left(\frac{\partial \xi}{\partial r}\right)^2 + \frac{n}{r} \cdot \frac{\partial \vartheta}{\partial \xi} \cdot \frac{\partial \xi}{\partial r}\right)$$

$$\implies -\frac{r}{4\sqrt{\beta^2 t}} \cdot \frac{1}{t} \cdot \vartheta' = \beta^2 \left(\vartheta'' \cdot \frac{1}{4\beta^2 t} + \frac{n}{r} \cdot \vartheta' \cdot \frac{1}{2\sqrt{\beta^2 t}}\right)$$

$$\implies -\frac{\xi}{2} \cdot \frac{1}{t} \cdot \vartheta' = \beta^2 \left(\frac{1}{4\beta^2 t} \cdot \vartheta'' + \frac{1}{4\beta^2 t} \cdot \frac{n}{\xi} \cdot \vartheta'\right) \implies -2\xi \cdot \vartheta' = \vartheta'' + \frac{n}{\xi} \cdot \vartheta'$$

$$\implies \vartheta'' + \left(2\xi + \frac{n}{\xi}\right) \cdot \vartheta' = 0 \implies \frac{\vartheta''}{\vartheta'} = -2\xi - \frac{n}{\xi} \implies \ln \vartheta'(\xi) = -\xi^2 - n \cdot \ln(\xi) + C.$$

$$\implies \vartheta'(\xi) = C_1 e^{-\xi^2} \cdot \xi^{-n} = C_1 \frac{e^{-\xi^2}}{\xi^n} \implies \vartheta(\xi) = C_1 \int_0^{\xi} \frac{e^{-u^2}}{u^n}\, du + C_2.$$

Man erhält ein Integral, das für $\xi = 0$ nicht definiert ist und dessen Wert unendlich groß wäre. Die Randbedingungen können nicht erfüllt werden.

Das Modell des halbunendlichen Körpers der Platte lässt sich aber auch auf den Zylinder und die Kugel anwendbar machen, falls der Körper so dick oder die betrachtete Zeit so klein ist, dass Krümmungseffekte nur einen kleinen Einfluss auf den Wärmeprozess haben.

Wie wir gesehen haben, liefert die Randbedingung 1. Art die kleinste Fourierzahl. Für den Zylinder erhalten wir die Gleichung

$$\left| \frac{2}{\sqrt{\pi}} \int_0^{\frac{1}{2\sqrt{Fo}}} e^{-u^2}\, du - \sum_{n=1}^{\infty} -\frac{2}{\mu_n \cdot J_0'(\mu_n)} \cdot e^{-\mu_n^2 \cdot Fo} \right| \leq 0{,}01$$

mit der Lösung $Fo < 0{,}06$.

Die Kugel liefert die Bestimmungsgleichung

$$\left| \frac{2}{\sqrt{\pi}} \int_0^{\frac{1}{2\sqrt{Fo}}} e^{-u^2}\, du - \sum_{n=1}^{\infty} 2(-1)^{n+1} \cdot e^{-n^2\pi^2 \cdot Fo} \right| \leq 0{,}01$$

mit der Lösung $Fo < 0{,}04$.

Damit geben wir nun eine Übersicht über die Anwendungsbereiche der vorgestellten Modelle (Abb. 4.4).

Es bezeichnen HUK (Halbunendlicher Körper, auch einseitig anwendbar), IGB (Ideal gerührter Behälter, $\widetilde{Bi} = \frac{\alpha l}{(n+1)\lambda}$ respektive, auch einseitig anwendbar), 1RL (Erstes Glied der Reihenlösung).

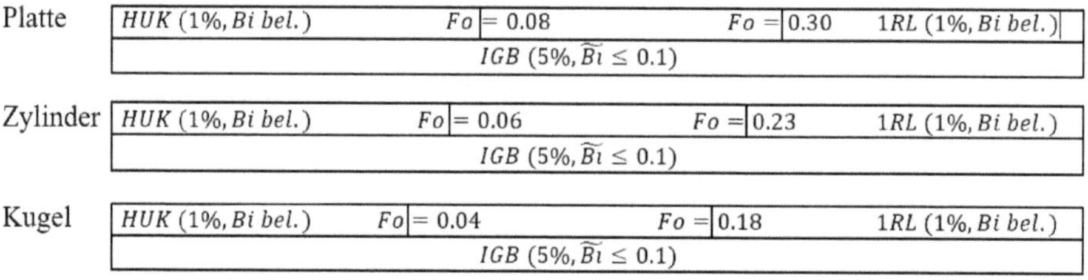

Platte	HUK (1%, Bi bel.)	$Fo = 0.08$ ... $Fo = 0.30$	$1RL$ (1%, Bi bel.)
		IGB (5%, $\widetilde{Bi} \leq 0.1$)	
Zylinder	HUK (1%, Bi bel.)	$Fo = 0.06$ ... $Fo = 0.23$	$1RL$ (1%, Bi bel.)
		IGB (5%, $\widetilde{Bi} \leq 0.1$)	
Kugel	HUK (1%, Bi bel.)	$Fo = 0.04$ ... $Fo = 0.18$	$1RL$ (1%, Bi bel.)
		IGB (5%, $\widetilde{Bi} \leq 0.1$)	

Abb. 4.4: Übersicht der Zeitkriterien für die instationäre Wärmeleitung

---

Aufgabe
Bearbeiten Sie die Übung 13.

4.12 Überlagerung zweier halbunendlicher Körper

Bringt man zwei halbunendliche Körper der Dicke l in Kontakt, so kann man den entstandenen Körper als ein Ersatzmodell für den symmetrischen Temperaturverlauf einer Platte ansehen (Abb. 4.5). Der Temperaturverlauf zu einer beliebigen Zeit ist in der rechten Skizze gestrichelt gezeichnet. Der resultierende Temperaturverlauf ist fett markiert. Bei diesem symmetrischen Körper wird die Länge r vom Zentrum aus gemessen, wogegen beim halbunendlichen Körper der Bezugspunkt am Rand liegt. Bezeichnen r einen beliebigen Ort im Intervall $[-l, l]$ und r_1, r_2 die zugehörigen Abstände der beiden Teilkörper, dann gilt $r_1 = r + l$ und $r_2 = l - r$.

Die entsprechenden Ähnlichkeitsvariablen lauten

$$\xi_1 = \frac{r+l}{2\sqrt{\beta^2 t}}\,, \quad \xi_2 = \frac{l-r}{2\sqrt{\beta^2 t}}\,.$$

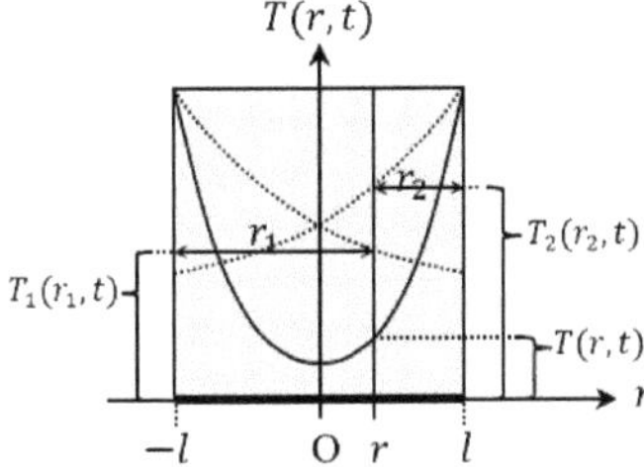

Abb. 4.5: Skizze zur Überlagerung zweier halbunendlicher Körper

Um nun die Überlagerung zu beschreiben, müssen die Randbedingungen und die Anfangsbedingung 1. Art beachtet werden. ϑ_1 und ϑ_2 seien dabei die zugehörigen dimensionslosen Temperaturen der beiden halbunendlichen Körper. ϑ ist die gesuchte dimensionslose Temperatur.

Randbedingung 1. Art

Dimensionslos lauten die Bedingungen wie folgt:

$$\vartheta_1(r_1 = 0, t) = 0\,, \quad \vartheta_1(r_1 = 2l, t) = 1 \quad \text{und} \quad \vartheta_1(r_1, t = 0) = 1$$

für den linken HUK,

$$\vartheta_2(r_2 = 0, t) = 1\,, \quad \vartheta_2(r_2 = 2l, t) = 0 \quad \text{und} \quad \vartheta_2(r_2, t = 0) = 1$$

für den rechten HUK und damit

$$\vartheta(r = -l, t) = 0\,, \quad \vartheta(r = l, t) = 0 \quad \text{und} \quad \vartheta(r, t = 0) = 1$$

für den zusammengesetzten Körper.

Daraus erkennt man, dass $\vartheta(r,t) = \vartheta_1(r,t) + \vartheta_2(r,t) - 1$ die Bedingungen erfüllt. Somit lautet die Lösung

$$T(r,t) = \left(\operatorname{erf}\left(\frac{l+r}{2\sqrt{\beta^2 t}} \right) + \operatorname{erf}\left(\frac{l-r}{2\sqrt{\beta^2 t}} \right) - 1 \right) \cdot (T_0 - T_W) + T_W\,. \tag{4.7}$$

Für eine Darstellung wählen wir $l = 0{,}1$, $\beta^2 = \frac{1}{10.125}$, $T_0 = 10\,°\mathrm{C}$, $T_W = 50\,°\mathrm{C}$.

Abbildung 4.6 zeigt den Temperaturverlauf der Graphen von (4.7) (gestrichelt) und zum Vergleich der Graphen von (3.2) (fett) zu den jeweiligen Zeiten $t = 0, 1, 10, 30, 60$.

Für $t \geq 30$ wird der Unterschied sichtbar.

Die Zusammensetzung von $\vartheta(r,t)$ aus $\vartheta_1(r,t)$ und $\vartheta_2(r,t)$ lässt sich auch ganz systematisch finden.

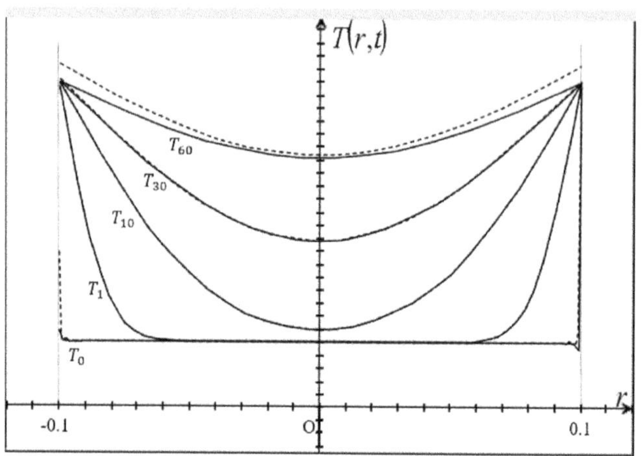

Abb. 4.6: Graphen von (4.7)

Beweis. Man addiert die beiden Temperaturverläufe $T_1(r, t)$ und $T_2(r, t)$ zu

$$T_1(r, t) + T_2(r, t) = \vartheta_1(r, t)(T_0 - T_W) + T_W + \vartheta_2(r, t)(T_0 - T_W) + T_W \,.$$

Diese Temperatur ist aber um T_0 zu hoch, weil die Starttemperatur doppelt gezählt wird:

$$T(r, t) = \vartheta_1(r, t)(T_0 - T_W) + T_W + \vartheta_2(r, t)(T_0 - T_W) + T_W - T_0 \,. \tag{4.8}$$

Dann folgt $T(r, t) = \vartheta_1(r, t)(T_0 - T_W) + T_W + \vartheta_2(r, t)(T_0 - T_W) - (T_0 - T_W)$ und schließlich $T(r, t) = (\vartheta_1(r, t) + \vartheta_2(r, t) - 1)(T_0 - T_W) + T_W$ oder

$$\frac{T(r, t) - T_W}{T_0 - T_W} = \vartheta_1(r, t) + \vartheta_2(r, t) - 1 = \vartheta(r, t) \,. \qquad \square$$

Randbedingung 2. Art

Wir können auch in diesem Fall die Einzellösungen zusammensetzen. Die Lösung ist

$$T(r, t) = \left[\frac{1}{\sqrt{\pi}} e^{-\xi_1^2} - \xi_1 \cdot \operatorname{erfc}(\xi_1) + \frac{1}{\sqrt{\pi}} e^{-\xi_2^2} - \xi_2 \cdot \operatorname{erfc}(\xi_2) \right] \cdot \frac{2\sqrt{\beta^2 t}}{\lambda} \cdot \dot{q}_W + T_0 \tag{4.9}$$

mit $\xi_1 = \frac{l+r}{2\sqrt{\beta^2 t}}$, $\xi_2 = \frac{l-r}{2\sqrt{\beta^2 t}}$.

Randbedingung 3. Art

Das Zusammensetzen der Einzellösungen erzeugt die Gesamtlösung

$$T(r,t) = \Big[\operatorname{erf}(\xi_1) + e^{\tau - 2\sqrt{\tau}\cdot\xi_1} \cdot \big(1 - \operatorname{erf}(\sqrt{\tau} + \xi_1)\big) + \operatorname{erf}(\xi_2) + e^{\tau - 2\sqrt{\tau}\cdot\xi_2} \cdot \big(1 - \operatorname{erf}(\sqrt{\tau} + \xi_2)\big) - 1\Big] \cdot (T_0 - T_\infty) + T_\infty$$

mit

$$\xi_1 = \frac{l+r}{2\sqrt{\beta^2 t}}, \quad \xi_2 = \frac{l-r}{2\sqrt{\beta^2 t}} \quad \text{und} \quad \tau = \beta^2 t \left(\frac{\alpha}{\lambda}\right)^2 . \tag{4.10}$$

Bemerkung. Die Anwendung des HUK auf Zylinder und Kugel darf nicht damit verwechselt werden, dass etwa zwei Halbzylinder oder zwei Halbkugeln miteinander überlagert werden. Bei der Platte gibt es einen linken und einen rechten Rand. Beim Zylinder und bei der Kugel sind die „Ränder" eben der Mantel, bzw. die ganze Oberfläche.

4.13 Asymmetrische Temperaturverteilung

Das Modell des halbunendlichen Körpers kann man auch benutzen, um asymmetrische Temperaturprofile zu beschreiben, sofern die Bedingung $Fo \leq 0{,}08$ eingehalten wird. Jede Wand kann dabei eine der drei Randbedingungen aufweisen. Von den neun möglichen Fällen bei je drei Randbedingungen pro Wand seien nur diejenigen mit gleichartigen Randbedingungen auf beiden Seiten genannt.

Randbedingung 1. Art auf beiden Seiten
Seien T_{W_1} und T_{W_2} die Temperaturen an den Wänden links bzw. rechts, dann folgt in Analogie zu Gleichung (4.8)

$$T(r,t) = \operatorname{erf}\left(\frac{l+r}{2\sqrt{\beta^2 t}}\right) \cdot (T_0 - T_{W_1}) + T_{W_1} + \operatorname{erf}\left(\frac{l-r}{2\sqrt{\beta^2 t}}\right) \cdot (T_0 - T_{W_2}) + T_{W_2} - T_0 . \tag{4.11}$$

Für eine Darstellung wählen wir $l = 0{,}1$, $\beta^2 = \frac{1}{10.125}$, $T_0 = 10\,°\mathrm{C}$, $T_{W_1} = 80\,°\mathrm{C}$, $T_{W_2} = 40\,°\mathrm{C}$.

Abbildung 4.7 zeigt den Temperaturverlauf der Graphen von (4.11) zu den Zeiten $t = 0, 1, 5, 20$.

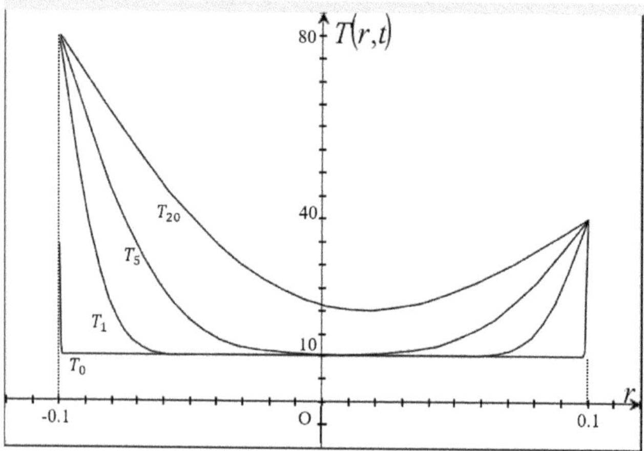

Abb. 4.7: Graphen von (4.11)

Randbedingung 2. Art auf beiden Seiten
Die Lösung ergibt sich gemäß Gleichung (4.9) zu

$$T(r,t) = \left[\frac{1}{\sqrt{\pi}}e^{-\xi_1^2} - \xi_1 \cdot \operatorname{erfc}(\xi_1)\right] \cdot \frac{2\sqrt{\beta^2 t}}{\lambda} \cdot \dot{q}_{W_1}$$

$$+ \left[\frac{1}{\sqrt{\pi}}e^{-\xi_2^2} - \xi_2 \cdot \operatorname{erfc}(\xi_2)\right] \cdot \frac{2\sqrt{\beta^2 t}}{\lambda} \cdot \dot{q}_{W_2} + T_0 .$$

mit $\xi_1 = \frac{l+r}{2\sqrt{\beta^2 t}}$, $\xi_2 = \frac{l-r}{2\sqrt{\beta^2 t}}$

Randbedingung 3. Art auf beiden Seiten
Entsprechend Gleichung (4.10) lautet die Lösung dann

$$T(r,t) = \left[\operatorname{erf}(\xi_1) + e^{\tau - 2\sqrt{\tau}\cdot\xi_1} \cdot \left(1 - \operatorname{erf}(\sqrt{\tau} + \xi_1)\right)\right] \cdot (T_0 - T_{\infty 1}) + T_{\infty 1}$$

$$+ \left[\operatorname{erf}(\xi_2) + e^{\tau - 2\sqrt{\tau}\cdot\xi_2} \cdot \left(1 - \operatorname{erf}(\sqrt{\tau} + \xi_2)\right)\right] \cdot (T_0 - T_{\infty 2}) + T_{\infty 2} - T_0 .$$

mit $\xi_1 = \frac{l+r}{2\sqrt{\beta^2 t}}$, $\xi_2 = \frac{l-r}{2\sqrt{\beta^2 t}}$ und $\tau = \beta^2 t (\frac{\alpha}{\lambda})^2$.

Bemerkung. Temperaturverläufen bei nicht konstanter Starttemperatur und verschiedenen Randbedingungen auf beiden Seiten lässt sich auch mit diesem Modell nicht beikommen.

4.14 Änderung der Umgebungstemperatur

Im Gegensatz zu allen bisherigen Ausführungen, betrachten wir nun eine zeitlich veränderliche Umgebungstemperatur. Zwei praktisch relevante Fälle sollen genauer untersucht werden:

Lineare Änderungen wie sie beim geregelten Aufheizen von Körpern stattfinden und periodische Änderungen, die bei der Isolation von Hausmauern, Kellern und Tunneln und bei Permafrostböden, Vereisung von Seen usw. eine Rolle spielen. Wir betrachten dabei nur oberflächennahe Veränderungen. Dann kann man das Modell des ideal gerührten Behälters heranziehen, sofern $Bi \leq 1$ gewährleistet ist.

4.15 Lineare Änderung der Umgebungstemperatur

Diese hat dann die Form $T_\infty(t) = T_{\infty 0} + vt$. $T_{\infty 0}$ sei die Anfangstemperatur der Umgebung und v bezeichne die Aufheizgeschwindigkeit. Unter Verwendung des IGB gilt $c_p\rho \cdot V \cdot \Delta T = \alpha(T_\infty - T(t))A \cdot \Delta t$. Daraus ergibt sich

$$\begin{aligned} c_p\rho \cdot V \cdot \Delta T &= \alpha(T_{\infty 0} + vt - T(t))A \cdot \Delta t \\ \Longrightarrow \quad b \cdot \dot{T} + T &= T_{\infty 0} + vt \quad \text{mit} \quad b = \frac{c_p\rho \cdot V}{\alpha A} . \end{aligned}$$

Die Lösung der homogenen DGL $b \cdot \dot{T} + T = 0$ lautet $T(t) = Ce^{-\frac{1}{b}t}$.

Für die inhomogene DGL $b\cdot\dot{T}+T = T_{\infty 0}+vt$ setzen wir wie üblich $T(t) = C(t)\cdot e^{-\frac{1}{b}t}$ an.

Eingesetzt erhalten wir

$$b \cdot \dot{C}(t) \cdot e^{-\frac{1}{b}t} - C(t) \cdot e^{-\frac{1}{b}t} + C(t) \cdot e^{-\frac{1}{b}t} = T_{\infty 0} + vt .$$

Daraus wird $\dot{C}(t) = \frac{T_{\infty 0}}{b} \cdot e^{\frac{1}{b}t} + \frac{v}{b}t \cdot e^{\frac{1}{b}t}$. Die Integration ergibt

$$\begin{aligned} C(t) &= T_{\infty 0} \cdot e^{\frac{1}{b}t} + \frac{v}{b} \int t \cdot e^{\frac{1}{b}t}\, dt + C_1 = T_{\infty 0} \cdot e^{\frac{1}{b}t} + \frac{v}{b} \cdot \left(bte^{\frac{1}{b}t} - b \int e^{\frac{1}{b}t}\, dt \right) + C_1 \\ &= T_{\infty 0} \cdot e^{\frac{1}{b}t} + \frac{v}{b} \cdot \left(bte^{\frac{1}{b}t} - b^2 e^{\frac{1}{b}t} \right) + C_1 \end{aligned}$$

und somit für die Temperaturfunktion

$$T(t) = \left(T_{\infty 0} \cdot e^{\frac{1}{b}t} + \frac{v}{b} \cdot \left(bte^{\frac{1}{b}t} - b^2 e^{\frac{1}{b}t} \right) + C_1 \right) \cdot e^{-\frac{1}{b}t} = T_{\infty 0} + vt - bv + C_1 e^{-\frac{1}{b}t} .$$

Bezeichnet T_0 die Anfangstemperatur des Körpers, dann erhält man für die Konstante $C_1 = T_0 - T_{\infty 0} + bv$. Insgesamt hat die Lösung die Gestalt

$$T(t) = T_{\infty 0} + vt - bv + (T_0 - T_{\infty 0} + bv)e^{-\frac{1}{b}t} .$$

Ausgeschrieben gilt

$$T(t) = T_{\infty 0} - \frac{c_p\rho \cdot V}{\alpha A} v + vt + \left(T_0 - T_{\infty 0} + \frac{c_p\rho \cdot V}{\alpha A} v \right) e^{-\frac{\alpha A}{c_p\rho \cdot V} t} . \tag{4.12}$$

In Abb. 4.8 ist die exakte Lösung fett gezeichnet, gestrichelt die asymptotische Lösung

$$T_{as} = T_{\infty 0} - \frac{c_p\rho \cdot V}{\alpha A} v + vt \quad \text{für lange Zeiten.} \tag{4.13}$$

Der Körper reagiert, nach einer gewissen Anlaufzeit, mit einer ähnlichen, linearen Änderung der Temperatur. Mit der Zeit stellt sich eine konstante Temperaturdifferenz ein.

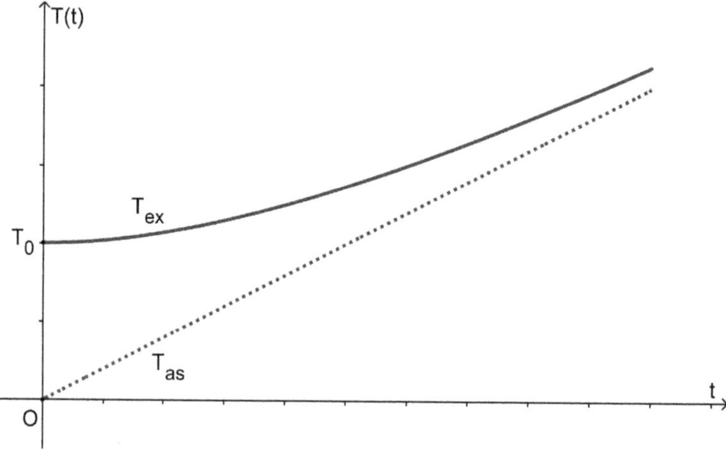

Abb. 4.8: Graph von (4.12) und (4.13)

4.16 Periodische Änderung der Umgebungstemperatur

Von allen Möglichkeiten betrachten wir nur den einfachen Fall einer harmonischen Änderung.

Der Körper wird auf diese Schwingung mit einer phasenverschobenen harmonischen Änderung reagieren. Ausgangspunkt ist also $T_\infty(t) = T_{\infty 0} + \overline{T_\infty} \cdot \sin(\omega t)$. $\overline{T_\infty}$ sei die Amplitude der Umgebungstemperatur und ω die Winkelgeschwindigkeit. $T_{\infty 0}$ bezeichnet den Mittelwert der Temperatur. Analog zu oben erhält man

$$c_p\rho \cdot V \cdot \Delta T = \alpha \left(T_{\infty 0} + \overline{T_\infty} \cdot \sin(\omega t) - T(t) \right) A \cdot \Delta t$$

$$\Longrightarrow \quad b \cdot \dot{T} + T = T_{\infty 0} + \overline{T_\infty} \cdot \sin(\omega t) \quad \text{mit} \quad b = \frac{c_p\rho \cdot V}{\alpha A} .$$

Die Lösung der homogenen DGL $b \cdot \dot{T} + T = 0$ lautet wieder $T(t) = Ce^{-\frac{1}{b}t}$.

Für die inhomogene DGL $b \cdot \dot{T} + T = T_{\infty 0} + \overline{T_\infty} \cdot \sin(\omega t)$ setzen wir $T(t) = C(t) \cdot e^{-\frac{1}{b}t}$ an.

Eingesetzt erhalten wir

$$b \cdot \dot{C}(t) \cdot e^{-\frac{1}{b}t} - C(t) \cdot e^{-\frac{1}{b}t} + C(t) \cdot e^{-\frac{1}{b}t} = T_{\infty 0} + \overline{T_\infty} \cdot \sin(\omega t) .$$

Daraus wird $\dot{C}(t) = (\frac{T_{\infty 0}}{b} + \frac{\overline{T_\infty}}{b} \cdot \sin(\omega t)) \cdot e^{\frac{1}{b}t}$. Die Integration ergibt

$$\begin{aligned}
C(t) &= T_{\infty 0} \cdot e^{\frac{1}{b}t} + \frac{\overline{T_\infty}}{b} \int \sin(\omega t) \cdot e^{\frac{1}{b}t}\, dt + C_1 \\
&= T_{\infty 0} \cdot e^{\frac{1}{b}t} + \frac{\overline{T_\infty}}{b} \left(b \sin(\omega t) \cdot e^{\frac{1}{b}t} - b\omega \int \cos(\omega t) \cdot e^{\frac{1}{b}t}\, dt \right) + C_1 \\
&= T_{\infty 0} \cdot e^{\frac{1}{b}t} \\
&\quad + \frac{\overline{T_\infty}}{b} \left(b \sin(\omega t) \cdot e^{\frac{1}{b}t} - b\omega \left[b \cos(\omega t) \cdot e^{\frac{1}{b}t} + b\omega \int \sin(\omega t) \cdot e^{\frac{1}{b}t}\, dt \right] \right) + C_1 .
\end{aligned}$$

Es folgt

$$\begin{aligned}
& \int \sin(\omega t) \cdot e^{\frac{1}{b}t}\, dt = b \sin(\omega t) \cdot e^{\frac{1}{b}t} - b^2 \omega \cos(\omega t) \cdot e^{\frac{1}{b}t} - b^2\omega^2 \int \sin(\omega t) \cdot e^{\frac{1}{b}t}\, dt \\
\Longrightarrow\quad & (b^2\omega^2 + 1) \int \sin(\omega t) \cdot e^{\frac{1}{b}t}\, dt = b \cdot e^{\frac{1}{b}t} (\sin(\omega t) - b\omega \cos(\omega t)) \\
\Longrightarrow\quad & \int \sin(\omega t) \cdot e^{\frac{1}{b}t}\, dt = \frac{b}{b^2\omega^2 + 1} \cdot e^{\frac{1}{b}t} (\sin(\omega t) - b\omega \cos(\omega t)) \\
\Longrightarrow\quad & C(t) = T_{\infty 0} \cdot e^{\frac{1}{b}t} + \overline{T_\infty} \frac{1}{b^2\omega^2 + 1} \cdot e^{\frac{1}{b}t} (\sin(\omega t) - b\omega \cos(\omega t)) + C_1 .
\end{aligned}$$

Somit gilt für die Temperaturfunktion

$$\begin{aligned}
T(t) &= \left(T_{\infty 0} \cdot e^{\frac{1}{b}t} + \overline{T_\infty} \frac{1}{b^2\omega^2 + 1} \cdot e^{\frac{1}{b}t} (\sin(\omega t) - b\omega \cos(\omega t)) + C_1 \right) \cdot e^{-\frac{1}{b}t} \\
&= T_{\infty 0} + \overline{T_\infty} \frac{1}{b^2\omega^2 + 1} (\sin(\omega t) - b\omega \cos(\omega t)) + C_1 e^{-\frac{1}{b}t} .
\end{aligned}$$

Bezeichnet T_0 die Anfangstemperatur des Körpers, dann erhält man für die Konstante $C_1 = T_0 - T_{\infty 0} + \overline{T_\infty} \frac{b\omega}{b^2\omega^2+1}$. Insgesamt hat die Lösung die Gestalt

$$T(t) = T_{\infty 0} + \overline{T_\infty} \frac{1}{b^2\omega^2 + 1} (\sin(\omega t) - b\omega \cos(\omega t)) + \left(T_0 - T_{\infty 0} + \overline{T_\infty} \frac{b\omega}{b^2\omega^2 + 1} \right) e^{-\frac{1}{b}t}.$$

Beispiel. Wir betrachten die Temperaturschwankung einer Hauswand während eines Tages.

Folgende Werte seien gegeben: $\rho = 2000\,\frac{\text{kg}}{\text{m}^3}$, $c_p = 900\,\frac{\text{J}}{\text{kg}\cdot\text{K}}$, $\lambda = 2\,\frac{\text{W}}{\text{m}\cdot\text{K}}$, $\alpha = 5\,\frac{\text{W}}{\text{m}^2\text{K}}$. Für die Verwendung unseres Modells muss $Bi \le 0{,}1$ sein.

Das bedeutet $\frac{\alpha l}{\lambda} \leq 0{,}1$. $l \leq 0{,}1 \cdot 0{,}4 = 0{,}04\,\text{m}$. Damit können wir voraussagen, wie sich die Temperatur in der Wand bis zu einer Tiefe von 4 cm verhalten wird.

Weiter sei $T_0 = 8\,°\text{C}$, $T_{\infty 0} = 10\,°\text{C}$, $\overline{T_\infty} = 10\,°\text{C}$. Für die Platte gilt

$$b = \frac{c_p\rho \cdot V}{\alpha A} = \frac{c_p\rho \cdot l}{\alpha} = \frac{2000 \cdot 900 \cdot 0{,}04}{5} = 14.400\,\frac{1}{\text{s}} = 4\,\frac{1}{\text{h}}\,.$$

Damit ist $\omega = \frac{2\pi}{24} = \frac{\pi}{12}$ und Anregung und Antwort lauten

$$T(t) = 10 + 10 \cdot \sin\left(\frac{\pi}{12}t\right) \tag{4.14}$$

und

$$T(t) = 10 + \frac{10}{4^2\left(\frac{\pi}{12}\right)^2 + 1}\left(\sin\left(\frac{\pi}{12}t\right) - 4\frac{\pi}{12}\cos\left(\frac{\pi}{12}t\right)\right) + \left(-2 + 10\frac{4 \cdot \frac{\pi}{12}}{4^2\left(\frac{\pi}{12}\right)^2 + 1}\right)e^{-\frac{1}{4}t}$$

oder (Abb. 4.9)

$$T(t) = 10 + \frac{90}{\pi^2 + 9}\left(\sin\left(\frac{\pi}{12}t\right) - \frac{\pi}{3}\cos\left(\frac{\pi}{12}t\right)\right) + \left(-2 + \frac{30\pi}{\pi^2 + 9}\right)e^{-\frac{1}{4}t}\,. \tag{4.15}$$

Zur Bestimmung der Phasenverschiebung gegenüber der Anregung beachten wir dass

$$\sin\left(\frac{\pi}{12}t\right) - \frac{\pi}{3}\cos\left(\frac{\pi}{12}t\right) = \sqrt{1 + \left(\frac{\pi}{3}\right)^2} \cdot \sin\left(\frac{\pi}{12}t - \arctan\left(\frac{\pi}{3}\right)\right)$$

gilt (siehe 2. Band) oder anders geschrieben

$$= \sqrt{1 + \left(\frac{\pi}{3}\right)^2} \cdot \sin\left(\frac{\pi}{12}\left[t - \frac{12}{\pi}\arctan\left(\frac{\pi}{3}\right)\right]\right)\,.$$

Somit beträgt die zeitliche Verzögerung 3,09 h. Die minimale und maximale Temperatur der Wand betragen 3,11 °C und 17,22 °C.

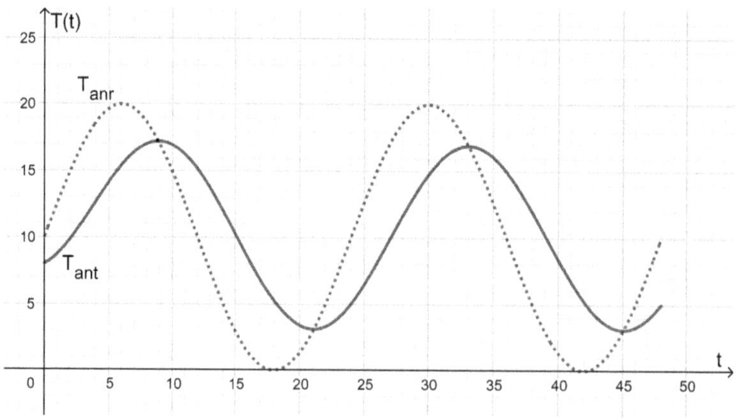

Abb. 4.9: Graph von (4.14) und (4.15)

5 Die Wärmeleitungsgleichung mit innerer Wärmequelle

Zur Herleitung der zugehörigen DGL betrachten wir Gleichung (3.1). Die Wärmebilanz für ein Volumenstück lautete $c\rho \cdot \frac{\partial T}{\partial t} = \lambda \frac{\partial^2 T}{\partial x^2}$. Fließt zusätzlich eine Wärmestrom der Größe $\dot{\omega}(r,t)$ $[\frac{\mathrm{W}}{\mathrm{m}^3}]$, dann muss die rechte Seite ergänzt werden zu $c\rho \cdot \frac{\partial T}{\partial t} = \lambda \frac{\partial^2 T}{\partial x^2} + \dot{\omega}$. Mit den obigen Bezeichnungen folgt schließlich

$$\frac{dT}{dt} = \beta^2 \left(\frac{d^2 T}{dr^2} + \frac{n}{r} \cdot \frac{dT}{dr} \right) + \frac{\dot{\omega}}{c\rho}.$$

Wir gehen dabei davon aus, dass die Wärmequelle homogen ist und die Wärme sich gleichmäßig sowie bei instationären Prozessen zusätzlich unmittelbar überall verteilt.

Bei den Diffusionsprozessen ohne Wärmequellen erhält man mit der Zeit eine im ganzen Körper konstante Temperatur. Wird der Körper hingegen mit einer konstanten Wärmemenge – wir beschränken uns auf solche Wärmequellen – gespeist, dann bildet sich mit der Zeit, wie wir sehen werden, ein parabolischer Temperaturverlauf im Körper aus.

Instationäre Prozesse sind praktisch gesehen weniger wichtig. Vielmehr interessiert der Temperaturverlauf im stationären Fall, insbesondere im Kern und am Rand.

Trotzdem wollen wir im Falle der Platte den allgemeinen Lösungsweg zeigen und für spezielle Rand- und Anfangsbedingungen die DGL lösen.

Unsere Platte habe die Dicke 2 Einheiten. Sie stehe im Wärmeaustausch mit der Umgebung. Um auf dimensionslose Temperaturen zu verzichten, wählen wir sowohl für die Umgebungstemperatur als auch für die Anfangstemperatur Null: $T_\infty = T_0 = 0$. Weiter haben wir die gewohnte Symmetriebedingung und die Newton'sche Randbedingung.

Zudem wählen wir $\beta^2 = 1$ (ansonsten $t^* := \beta^2 t$, $\frac{dT}{dt} = \frac{dT}{dt^*} \cdot \frac{dt^*}{dt} = \beta^2 \frac{dT}{dt^*} \Longrightarrow \frac{dT}{dt^*} = \frac{d^2 T}{dr^2} + \frac{\dot{\omega}}{c\rho}$).

Weiter kürzen wir ab: $\dot{\varepsilon} := \frac{\dot{\omega}}{c\rho}$. Dann lautet die Aufgabenstellung:

Randbedingungen. $[\frac{\partial T}{\partial r}]_{r=0} = 0$, $-\lambda \cdot [\frac{dT}{dr}]_{r=1} = \alpha \cdot T(l,t)$.

Anfangsbedingung. $T(r,0) = 0$ für $0 \le r \le 1$.

Um die inhomogene DGL $\frac{dT}{dt} - \frac{d^2 T}{dr^2} = \dot{\varepsilon}$ zu lösen verwendet man die bekannte Lösung der homogenen DGL $\frac{dT}{dt} - \frac{d^2 T}{dr^2} = 0$ mit denselben Randbedingungen.

Der Separationsansatz $T(r,t) = v(r)w(t)$ führt zu $v(r) = C_1 \cos(\mu r) + C_2 \sin(\mu r)$. Mit der ersten Randbedingung ist $C_2 = 0$. Die zweite Randbedingung erzeugt die charakteristische Gleichung $\tan(\mu) = \frac{\alpha}{\lambda\mu} = \frac{1}{\mu}$, mit $\frac{\alpha}{\lambda} = 1$.

https://doi.org/10.1515/9783110684469-005

Die ersten fünf Eigenwerte sind

n	1	2	3	4	5
μ_n	0,86	3,43	6,44	9,53	12,65

Die Eigenfunktionen lauten dann $v_n(r) = \cos(\mu_n r)$.

Für die Lösung der inhomogenen DGL setzen wir nun an:

$$T(r,t) = \sum_{n=1}^{\infty} z_n(t) \cos(\mu_n r) .$$

Zur Bestimmung der $z_n(t)$ entwickeln wir die Inhomogenität nach den Eigenfunktionen:

$$\dot{\varepsilon}(r,t) = \sum_{n=1}^{\infty} a_n(t) \cos(\mu_n r) .$$

Die Koeffizienten $a_n(t)$ berechnet man wie bekannt zu

$$\int_0^1 \dot{\varepsilon}(r,t) \cos(\mu_m r)\, dr = \sum_{n=1}^{\infty} \int_0^1 a_n(t) \cos(\mu_n r) \cos(\mu_m r)\, dr$$

und

$$\int_0^1 \dot{\varepsilon}(r,t) \cos(\mu_n r)\, dr = a_n(t) \int_0^1 \cos^2(\mu_n r)\, dr \quad \Longrightarrow \quad a_n(t) = \frac{\int_0^1 \dot{\varepsilon}(r,t) \cos(\mu_n r)\, dr}{\int_0^1 \cos^2(\mu_n r)\, dr} .$$

Damit schreibt sich unsere DGL als $\frac{dT}{dt} - \frac{d^2T}{dr^2} = \sum_{n=1}^{\infty} a_n(t) \cos(\mu_n r)$ mit der Anfangsbedingung $T(r,0) = \sum_{n=1}^{\infty} z_n(0) \cos(\mu_n r) = g(r)$.

Für die $z_n(0)$ hat man auch wieder

$$z_n(0) = \frac{\int_0^1 g(r) \cos(\mu_n r)\, dr}{\int_0^1 \cos^2(\mu_n r)\, dr} . \tag{5.1}$$

Setzen wir den Ansatz für $T(r,t)$ ein, dann erhalten wir

$$\sum_{n=1}^{\infty} \dot{z}_n(t) \cos(\mu_n r) + \mu_n^2 \sum_{n=1}^{\infty} z_n(t) \cos(\mu_n r) = \sum_{n=1}^{\infty} a_n(t) \cos(\mu_n r) .$$

Für die einzelnen Komponenten ergibt sich die Bestimmungsgleichung $\dot{z}_n(t) + \mu_n^2 \cdot z_n(t) = a_n(t)$ mit $z_n(0)$ gemäß (5.1).

Die Lösung der homogenen DGL ist $z_n(t) = e^{-\mu_n^2 \cdot t}$.

Für die Lösung der inhomogenen DGL setzen wir mit Lagrange $z_n(t) = C(t) \cdot e^{-\mu_n^2 \cdot t}$ an.

Eingesetzt in die DGL erhält man

$$\dot{C}(t)e^{-\mu_n^2 \cdot t} - \mu_n^2 \cdot C(t)e^{-\mu_n^2 \cdot t} + \mu_n^2 \cdot C(t)e^{-\mu_n^2 \cdot t} = a_n(t)$$

$$\Longrightarrow \quad \dot{C}(t) = a_n(t)e^{\mu_n^2 \cdot t} \quad \Longrightarrow \quad C(t) = \int_0^t a_n(\tau)e^{\mu_n^2 \cdot \tau}\, d\tau + C_1$$

$$\Longrightarrow \quad z_n(t) = e^{-\mu_n^2 \cdot t}\left(\int_0^t a_n(\tau)e^{\mu_n^2 \cdot \tau}\, d\tau + C_1\right) \quad \Longrightarrow \quad z_n(0) = 1(0 + C_1)$$

$$\Longrightarrow \quad C_1 = z_n(0)\,.$$

Die allgemeine Lösung für $z_n(t)$ lautet

$$z_n(t) = e^{-\mu_n^2 \cdot t}\left(\int_0^t a_n(\tau)e^{\mu_n^2 \cdot \tau}\, d\tau + z_n(0)\right)$$

und für die Temperatur ist

$$T(r,t) = \sum_{n=1}^{\infty} e^{-\mu_n^2 \cdot t}\left(\int_0^t a_n(\tau)e^{\mu_n^2 \cdot \tau}\, d\tau + z_n(0)\right)\cos(\mu_n r)$$

oder

$$T(r,t) = \sum_{n=1}^{\infty} z_n(0)e^{-\mu_n^2 \cdot t}\cos(\mu_n r) + \sum_{n=1}^{\infty}\int_0^t a_n(\tau)e^{\mu_n^2 \cdot (\tau - t)}\, d\tau \cdot \cos(\mu_n r)\,.$$

Die Lösung besteht aus zwei Teilen: Der erste Teil hängt nur von den Anfangsbedingungen $z_n(0)$ ab, der zweite nur von der Inhomogenität.

Nehmen wir nun unsere spezielle Anfangsbedingung $T(r,0) = 0$, dann gilt

$$z_n(0) = \frac{\int_0^1 0 \cdot \cos(\mu_n r)\, dr}{\int_0^1 \cos^2(\mu_n r)\, dr} = 0 \quad \text{für alle } n\,.$$

Ist weiter $\dot{\varepsilon}(r,t) = \dot{\varepsilon} = konst.$, dann sind die $a_n(t)$ zeitunabhängig und berechnen sich zu

$$a_n = \dot{\varepsilon}\frac{\int_0^1 \cos(\mu_n r)\, dr}{\int_0^1 \cos^2(\mu_n r)\, dr} c_n = \frac{\frac{1}{\mu_n}\left[\sin(\mu_n r)\right]_0^1}{\frac{1}{2\mu_n}\left[\mu_n r + \sin(\mu_n r)\cos(\mu_n r)\right]_0^1} = \frac{2\sin(\mu_n)}{\mu_n + \sin(\mu_n)\cos(\mu_n)}\,.$$

Die ersten fünf Werte lauten

n	1	2	3	4	5
a_n	$1{,}12\,\dot{\varepsilon}$	$-0{,}15\,\dot{\varepsilon}$	$0{,}05\,\dot{\varepsilon}$	$-0{,}02\,\dot{\varepsilon}$	$0{,}01\,\dot{\varepsilon}$

Die Temperaturfunktion reduziert sich dann zu

$$T(r,t) = \sum_{n=1}^{\infty} e^{-\mu_n^2 \cdot t} a_n \left(\int_0^t e^{\mu_n^2 \cdot \tau}\, d\tau \right) \cos(\mu_n r)$$

oder

$$T(r,t) = \sum_{n=1}^{\infty} \frac{2\sin(\mu_n)}{\mu_n^2(\mu_n + \sin(\mu_n)\cos(\mu_n))} \left(1 - e^{-\mu_n^2 \cdot t}\right) \cos(\mu_n r)\,.$$

Zusammen ergibt sich

$$\begin{aligned} T(r,t) = \dot{\varepsilon}\bigg(&\frac{1{,}12}{0{,}86^2}(1 - e^{-0{,}86^2 \cdot t})\cos(0{,}86r) - \frac{0{,}15}{3{,}43^2}(1 - e^{-3{,}43^2 \cdot t})\cos(3{,}43r) \\ &+ \frac{0{,}05}{6{,}44^2}(1 - e^{-6{,}44^2 \cdot t})\cos(6{,}44r) \mp \dots \bigg)\,. \end{aligned} \tag{5.2}$$

Die Temperaturerhöhung ist in Abb. 5.1 dargestellt. Dabei wird die Zunahme pro Zeit zum Rand hin kleiner. Es stellt sich eine stationäre Temperaturverteilung ein. Wir wollen zeigen, dass die Temperatur im Körper in diesem Fall einem parabolischen Verlauf zustrebt.

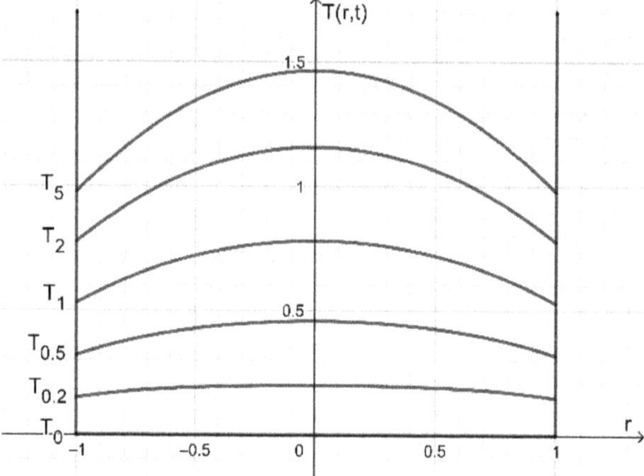

Abb. 5.1: Graphen von (5.2)

5.1 Stationäre Wärmeleitung mit innerer Wärmequelle

Gesucht ist die stationäre Lösung von $\frac{dT}{dt} = \beta^2(\frac{d^2T}{dr^2} + \frac{n}{r} \cdot \frac{dT}{dr}) + \frac{\dot{\omega}}{c\rho}$.

Das bedeutet

$$0 = \beta^2 \left(\frac{d^2T}{dr^2} + \frac{n}{r} \cdot \frac{dT}{dr} \right) + \frac{\dot{\omega}}{c\rho} \quad \Longrightarrow \quad 0 = \frac{d^2T}{dr^2} + \frac{n}{r} \cdot \frac{dT}{dr} + \frac{\dot{\omega}}{\lambda} \quad \text{mit} \quad \beta^2 = \frac{\lambda}{c\rho}.$$

Es folgt

$$\frac{1}{r^n} \cdot \frac{d}{dr} \left(r^n \frac{dT}{dr} \right) + \frac{\dot{\omega}}{\lambda} = 0 \quad \Longrightarrow \quad d\left(r^n \frac{dT}{dr} \right) = -\frac{\dot{\omega}}{\lambda} r^n \, dr$$

oder

$$r^n \frac{dT}{dr} = -\frac{\dot{\omega}}{\lambda} \int_0^l r^n \, dr \quad \Longrightarrow \quad r^n \frac{dT}{dr} = -\frac{\dot{\omega}}{\lambda} \cdot \frac{r^{n+1}}{n+1} + C_1 \quad \Longrightarrow \quad \frac{dT}{dr} = -\frac{\dot{\omega}}{\lambda} \cdot \frac{r}{n+1} + \frac{C_1}{r^n}.$$

Man erhält

$$\begin{aligned} T(r) &= -\frac{\dot{\omega}}{2\lambda} \cdot r^2 + C_1 r + C_2 && \text{für die Platte,} \\ T(r) &= -\frac{\dot{\omega}}{4\lambda} \cdot r^2 + C_1 \ln r + C_2 && \text{für den Zylinder,} \\ T(r) &= -\frac{\dot{\omega}}{6\lambda} \cdot r^2 + \frac{C_1}{r} + C_2 && \text{für die Kugel.} \end{aligned}$$

Da die Wärmequelle im Zentrum platziert ist, muss der Temperaturverlauf achsensymmetrisch sein. Das bedeutet Adiabasie: $[\frac{dT}{dr}]_{r=0}$. Folglich ist $C_1 = 0$ für alle drei Körper. Zusätzlich einen adiabatischen Rand zu verlangen, macht keinen Sinn, das ergäbe die Nullfunktion. Hingegen kann man am Rand eine feste Temperatur oder einen Newton'schen Wärmeaustausch vorgeben: $-\lambda[\frac{dT}{dr}]_{r=l} = \alpha(T(l) - T_\infty)$.

Dann folgt

$$\begin{aligned} & \frac{\dot{\omega} l}{(n+1)} = \alpha \left(-\frac{\dot{\omega} l^2}{2\lambda(n+1)} + C_2 - T_\infty \right) \\ \Longrightarrow \quad & C_2 = \frac{\dot{\omega} l}{\alpha(n+1)} + \frac{\dot{\omega} l^2}{2\lambda(n+1)} + T_\infty \\ \Longrightarrow \quad & T(r) = T_\infty - \frac{\dot{\omega}}{2\lambda(n+1)} r^2 + \frac{\dot{\omega} l}{\alpha(n+1)} + \frac{\dot{\omega} l^2}{2\lambda(n+1)}. \end{aligned}$$

Es gilt

$$T(r) = T_\infty + \frac{\dot{\omega} l^2}{2\lambda(n+1)} \left(1 + \frac{2\lambda}{\alpha l} - \left(\frac{r}{l} \right)^2 \right) \quad \text{für eine Randbedingung 3. Art und}$$

$$T(r) = T_W + \frac{\dot{\omega} l^2}{2\lambda(n+1)} \left(1 - \left(\frac{r}{l} \right)^2 \right) \quad \text{für eine Randbedingung 1. Art } (\alpha = \infty).$$

Für alle drei Körper Platte, Zylinder und Kugel hat man in diesem Fall eine parabolische Temperaturverteilung.

Die Kerntemperatur beträgt $T(0) = T_\infty + \frac{\dot{\omega} l^2}{2\lambda(n+1)}(1 + \frac{2\lambda}{\alpha l})$, die Temperatur am Rand ist $T(l) = T_\infty + \frac{\dot{\omega} l}{\alpha(n+1)}$, das konstante Temperaturgefälle lautet dann $T(l) - T(0) = \frac{\dot{\omega} l^2}{2\lambda(n+1)}$ und die Wärmestromdichte an der Wand beträgt

$$-\lambda \left[\frac{dT}{dr}\right]_{r=l} = \alpha(T(l) - T_\infty) = \frac{\dot{\omega} l}{(n+1)} := \dot{q}_l \,.$$

Dies folgt auch aus dem Energievergleich: Die Wärmestromdichte im Körper entspricht der Wärmestromdichte, die aus der Wand austritt: $\dot{\omega} \cdot V = \dot{q}_l \cdot A \implies \frac{\dot{q}_l}{\dot{\omega}} = \frac{V}{A} = \frac{1}{l}, \frac{2}{l}$ bzw. $\frac{3}{l}$.

Dann schreibt sich die Temperatur als Funktion der aus der Wand austretenden Wärmestromdichte als

$$T(r) = T_\infty + \frac{\dot{q}_l \cdot l}{2\lambda}\left(1 + \frac{2\lambda}{\alpha l} - \left(\frac{r}{l}\right)^2\right) .$$

Bemerkung. Man kann auch über einen ähnlichen Energievergleich wie oben zeigen, dass $C_1 = 0$ im Temperaturansatz ist, falls die Wärmequelle in die Mitte des Körpers platziert wird. Der Wärmestrom in irgendeinem Punkt $r = R$, $0 \le r \le R$ beträgt einerseits

$$\dot{Q} = \dot{q}A(R) = -\lambda A(R)\left[\frac{dT}{dr}\right]_{r=R} = -\lambda A(R)\left(-\frac{\dot{\omega}}{\lambda} \cdot \frac{R}{n+1} + \frac{C_1}{R^n}\right) = \dot{\omega} \cdot \frac{A(R)R}{n+1} - \frac{\lambda A(R)C_1}{R^n} .$$

Anderseits ist $\dot{Q} = \dot{\omega} V = \dot{\omega} \cdot \frac{A(R)R}{n+1}$. $A(R)$ ist die jeweilige Oberfläche. Aus der Gleichheit der Wärmeströme folgt $C_1 = 0$.

Aufgabe

Bearbeiten Sie die Übung 14.

Beispiel. Ein zylindrisches Rohr mit Innenradius $r_\mathrm{i} = 2{,}5$ cm und Außenradius $r_\mathrm{a} = 5$ cm wird vom Zentrum her elektrisch mit einer konstanten Wärmequellendichte $\dot{\omega} = 2 \cdot 10^5 \, \frac{\mathrm{W}}{\mathrm{m}^3}$ beheizt. Wir vernachlässigen die Temperaturänderung des Rohrs in axialer Richtung. Zusätzlich fordern wir, dass die äußere Mantelfläche ideal isoliert sei, also adiabat. Die Wärmeleitfähigkeit sei $\lambda = 10 \, \frac{\mathrm{W}}{\mathrm{mK}}$. Ein Teil der Wärme wird mittels Konvektion so lange an den Körper übertragen, bis sich ein stationärer Zustand einstellt. Die Temperatur an der Innenwand des Rohrs beträgt dann 50 °C. Auch hier hat man zwar einen symmetrischen Verlauf, aber die Temperaturverteilung im Fluid ist unbekannt. Adiabasie im Zentrum anzunehmen, wäre falsch, zumal wir diese auch noch am Rand fordern. Man muss also mit dem gesamten Ansatz rechnen.

Für den Zylinder gilt $T(r) = -\frac{\dot{\omega}}{4\lambda} \cdot r^2 + C_1 \ln r + C_2$. Einsetzen der Daten ergibt

$$50 = -\frac{2 \cdot 10^5}{4 \cdot 10} 0{,}025^2 + C_1 \ln(0{,}025) + C_2 \quad \text{(1. Gleichung)}.$$

Mit $[\frac{dT}{dr}]_{r=r_\text{a}} = 0$ folgt $\frac{dT}{dr} = -\frac{\dot{\omega}}{2\lambda}r + \frac{C_1}{r}$, also

$$0 = -\frac{2 \cdot 10^5}{2 \cdot 10} 0{,}05 + \frac{C_1}{0{,}05} \qquad \text{(2. Gleichung).}$$

Man erhält

$$C_1 = 25\,, \quad C_2 = 145{,}35 \quad \text{und} \quad T(r) = -5000r^2 + 25 \cdot \ln r + 145{,}35\,. \tag{5.3}$$

Die Temperatur an der äußeren Wand beträgt $T(r_\text{a}) = 57{,}95$ °C (Abb. 5.2 links).

Wir können noch kontrollieren, ob der im Inneren produzierte Wärmestrom genauso groß wie der durch die Innenwand fließende Wärmestrom ist. Dazu verallgemeinern wir unsere Temperaturfunktion: Zuerst wird $C_1 = \frac{\dot{\omega}}{2\lambda}r_\text{a}^2$. Daraus folgt

$$C_2 = T_\text{i} + \frac{\dot{\omega}}{4\lambda}r_\text{i}^2 - \frac{\dot{\omega}}{2\lambda}r_\text{a}^2 \ln(r_\text{i})\,.$$

Als Temperaturfunktion ergibt sich

$$T(r) = -\frac{\dot{\omega}}{4\lambda}(r^2 - r_\text{i}^2) + \frac{\dot{\omega}}{2\lambda}r_\text{a}^2 \ln\left(\frac{r}{r_\text{i}}\right) + T_\text{i}\,.$$

Für den Wärmestrom bezüglich der Innenfläche gilt $\dot{Q}_\text{i} = \dot{q}_\text{i}A = \lambda \cdot 2\pi r_\text{i}s \cdot [\frac{dT}{dr}]_{r=r_\text{i}}$.

Es folgt

$$\dot{Q}_\text{i} = \lambda \cdot 2\pi r_\text{i}s\left(-\frac{\dot{\omega}r_\text{i}}{2\lambda} + \frac{\dot{\omega}}{2\lambda} \cdot \frac{r_\text{a}^2}{r_\text{i}}\right) = \lambda \cdot 2\pi r_\text{i}s\frac{\dot{\omega}}{2\lambda}\left(-r_\text{i} + \frac{r_\text{a}^2}{r_\text{i}}\right) = \pi s\dot{\omega}(r_\text{a}^2 - r_\text{i}^2) = \dot{\omega}V\,.$$

Der Wärmestrom bezüglich der Außenfläche muss natürlich Null sein, weil isoliert:

$$\dot{Q}_\text{i} = \dot{q}_\text{a}A = \lambda \cdot 2\pi r_\text{a}s \cdot \left[\frac{dT}{dr}\right]_{r=r_\text{a}} = \lambda \cdot 2\pi r_\text{a}s\left(-\frac{\dot{\omega}r_\text{a}}{2\lambda} + \frac{\dot{\omega}}{2\lambda} \cdot \frac{r_\text{a}^2}{r_\text{a}}\right) = 0\,.$$

Aufgabe
Bearbeiten Sie die Übung 15.

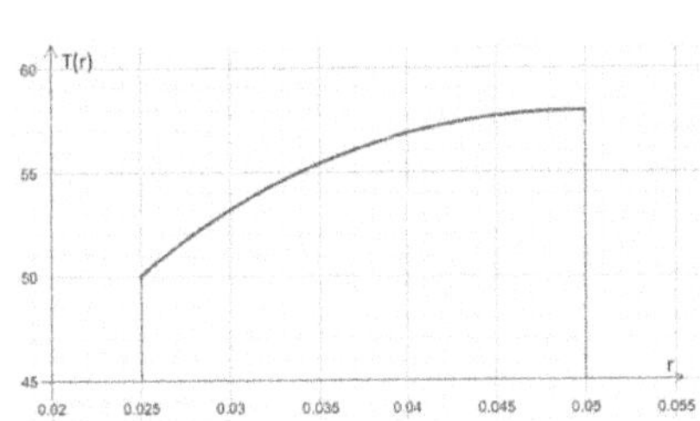

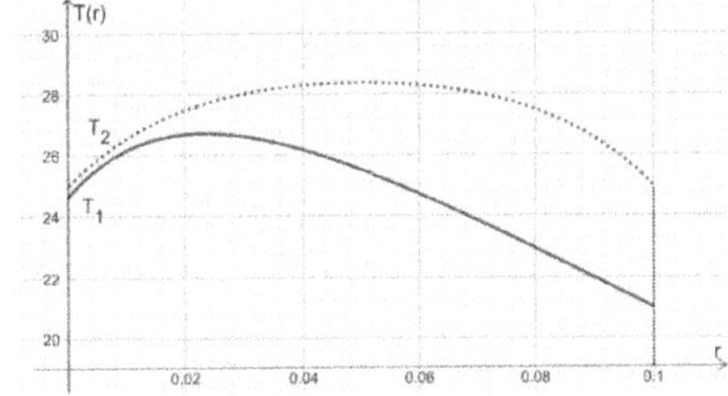

Abb. 5.2: Graphen von (5.3), (5.4) und (5.5)

5.2 Sonneneinstrahlung und innere Wärmequelle

Obwohl wir die Wärmestrahlung weiter unten behandeln, soll sie hier in einer Anwendung Platz finden. Zuerst werden wir veranlasst zu betonen, dass bisher ausschließlich Wärmetransporte mittels Konvektion und Leitung vorausgesetzt wurden. Bei allen drei Randbedingungen wurde durch das Temperaturgefälle eine freie bzw. erzwungene Konvektion eingeleitet. Ein beidseitig konstanter Wärmestrom wurde zwar bei der Randbedingung 2. Art mittels Wärmestrahlung erzeugt, aber wir ließen keine Absorption dieser Strahlung zu, sondern nur einen Transport ins Innere auf konvektivem Weg. Würde man auch Strahlung als Wärmeübertragung akzeptieren, dann müsste z. B. für einen ideal gerührten Behälter die DGL um einen Strahlungsteil erweitert werden: $c_p\rho \cdot V \cdot \frac{\Delta T}{\Delta t} = \alpha A(T_\infty - T(t)) + \varepsilon\sigma A(T_\infty^4 - T^4(t))$.

Wir kommen in Kapitel 8 ausführlich darauf zurück.

Beispiel 1. Eine ebene Platte aus Schaumglas der Dicke $d = 0{,}1$ m mit $\lambda = 0{,}05\ \frac{\mathrm{W}}{\mathrm{mK}}$ wird auf einer Seite dem von der Sonne eingestrahlten, auf die Fläche bezogenen Energiestrom der Größe $\dot{q}_0 = 800\ \frac{\mathrm{W}}{\mathrm{m}^2}$ ausgesetzt. Dabei wird ein Teil transmittiert, ein Teil reflektiert und ein Teil absorbiert.

Da wir nun Absorption zulassen, gelangt in der Entfernung r zur Wand der Energiestrom $\dot{q}(r) = \dot{q}_0 \cdot e^{-kr}$ mit $k = 50\ \frac{1}{\mathrm{m}}$ in das Innere des Körpers. k ist der konstante Absorptionskoeffizient. Auf diese Weise kann jeder Ort im Körper als Ausgang einer Wärmequelle der Größe $\dot{q}(r)$ gesehen werden. Die zugehörige DGL hat dann die Gestalt $\frac{dT}{dt} = \beta^2 \frac{d^2T}{dr^2} + \frac{\dot{q}(r)}{c\rho}$. Beschränken wir uns auf den stationären Verlauf, dann gilt es, $0 = \lambda \frac{d^2T}{dr^2} + \dot{q}(r)$ zu lösen. Eingesetzt hat man $0 = \lambda \frac{d^2T}{dr^2} + \dot{q}_0 e^{-kr}$. Es folgt $\frac{d^2T}{dr^2} = -\frac{\dot{q}_0}{\lambda} e^{-kr}$.

Schließlich lautet der Temperaturverlauf

$$T(r) = -\frac{\dot{q}_0}{k^2\lambda} e^{-kr} + C_1 r + C_2 \,.$$

Ein Teil der absorbierten Strahlung wird über die Innenseite der Scheibe an die Umgebung über Konvektion mit einem Übergangskoeffizienten von $\alpha = 5\ \frac{\mathrm{W}}{\mathrm{m}^2\cdot\mathrm{K}}$ abgegeben. Die Innentemperatur betrage $T_\mathrm{i} = 20\,°\mathrm{C}$. Auf der rechten Seite der Scheibe messen wir außerdem die Temperatur $T_\mathrm{d} = 21\,°\mathrm{C}$.

Die Randbedingung ergibt

$$-\lambda \left[\frac{dT}{dr}\right]_{r=d} = \alpha(T_\mathrm{d} - T_\mathrm{i})$$

$$\Longrightarrow \quad -\frac{\dot{q}_0}{k} e^{-kd} - \lambda C_1 = \alpha\left(-\frac{\dot{q}_0}{k^2\lambda} e^{-kd} + C_1 d + C_2 - T_\mathrm{i}\right) .$$

Die Temperaturangabe führt zu

$$T_\mathrm{d} = -\frac{\dot{q}_0}{k^2\lambda} e^{-kd} + C_1 d + C_2 \quad \Longrightarrow \quad C_2 = T_\mathrm{d} + \frac{\dot{q}_0}{k^2\lambda} e^{-kd} - C_1 d \,.$$

Eingesetzt ist

$$-\frac{\dot{q}_0}{k}e^{-kd} - \lambda C_1 = \alpha\left(-\frac{\dot{q}_0}{k^2\lambda}e^{-kd} + C_1 d - T_\mathrm{i} + T_\mathrm{d} + \frac{\dot{q}_0}{k^2\lambda}e^{-kd} - C_1 d\right)$$

$$\Longrightarrow \quad -\frac{\dot{q}_0}{k^2}e^{-kd} - \lambda C_1 = \alpha(-T_\mathrm{i} + T_\mathrm{d})\,.$$

Das ergibt $C_1 = \frac{\alpha}{\lambda}(T_\mathrm{i} - T_\mathrm{d}) - \frac{\dot{q}_0}{k^2\lambda}e^{-kd} = -100{,}04$ und $C_2 = 31{,}05$ mit der Lösung

$$T(r) = -6{,}4 \cdot e^{-50\cdot r} - 100{,}04 \cdot r + 31{,}05\,. \tag{5.4}$$

Die Temperatur fällt im Inneren nicht streng monoton wie bei allen anderen Anwendungen. Es bildet sich bei etwas weniger als einem Viertel der Länge ein Maximum der Temperatur von 26,72 °C aus. An der Außenwand stellt sich eine Temperatur von 25,38 °C ein (Abb. 5.2 rechts, T_1).

Die Existenz eines Maximums hängt von vielen Faktoren ab. Ausgehend von der allgemeinen Temperaturfunktion

$$T(r) = -\frac{\dot{q}_0}{k^2\lambda}e^{-kr} + \left(\frac{\alpha}{\lambda}(T_\mathrm{i} - T_\mathrm{d}) - \frac{\dot{q}_0}{k^2\lambda}e^{-kd}\right)r + T_\mathrm{d} + \frac{\dot{q}_0}{k^2\lambda}e^{-kd} - C_1 d$$

ist dann

$$T'(r) = \frac{\dot{q}_0}{k\lambda}e^{-kr} + \frac{\alpha}{\lambda}(T_\mathrm{i} - T_\mathrm{d}) - \frac{\dot{q}_0}{k^2\lambda}e^{-kd}\,.$$

Nullsetzen ergibt

$$x_\mathrm{Max} = -\frac{1}{k}\ln\left(\frac{e^{-kd}}{k} - \frac{k\alpha}{\dot{q}_0}(T_\mathrm{i} - T_\mathrm{d})\right)\,.$$

Für unser Beispiel ist $x_\mathrm{Max} = 2{,}33$ cm.

Es muss gleichzeitig gelten:

$$0 < \frac{e^{-kd}}{k} - \frac{k\alpha}{\dot{q}_0}(T_\mathrm{i} - T_\mathrm{d}) < 1 \quad \text{und} \quad \frac{1}{k}\ln\left(\frac{e^{-kd}}{k} - \frac{k\alpha}{\dot{q}_0}(T_\mathrm{i} - T_\mathrm{d})\right) < d\,.$$

Schließlich wollen wir noch eine Wärmestrombilanz aufstellen. Im stationären Zustand betragen die eintretenden bzw. austretenden Wärmeströme $\dot{q}_\mathrm{E} = -11{,}00\,\frac{\mathrm{W}}{\mathrm{m}^2}$ und $\dot{q}_\mathrm{A} = 4{,}89\,\frac{\mathrm{W}}{\mathrm{m}^2}$. Wir wissen, dass die Wärmestromdichte im Körper der Wärmestromdichte, die aus der Wand austritt, entspricht. Die Wärmequelle $\dot{q}(r)$ an der Stelle r erwärmt das Volumen $dr \cdot A$. Also ist $\int_0^{0,1} \dot{q}(r) \cdot dr \cdot A = (\dot{q}_\mathrm{A} - \dot{q}_\mathrm{E}) \cdot A$. (Zum Vergleich hatten wir weiter oben $\dot{\omega} \cdot V = \dot{q}_l \cdot A$ für die längs der Strecke l konstanten Wärmestromdichten $\dot{\omega}$ im Körper bzw. $\dot{q}_l$ an den Wänden formuliert.)

Man erhält

$$\int_0^{0,1} \dot{q}(r) \cdot dr = 800 \cdot \int_0^{0,1} e^{-50\cdot r}\,dr = 15{,}89\,\frac{\mathrm{W}}{\mathrm{m}^2}\,.$$

Dies entspricht genau $\dot{q}_\mathrm{A} - \dot{q}_\mathrm{E} = 4{,}89\,\frac{\mathrm{W}}{\mathrm{m}^2} - (-11{,}00)\,\frac{\mathrm{W}}{\mathrm{m}^2} = 15{,}89\,\frac{\mathrm{W}}{\mathrm{m}^2}$.

Beispiel 2. Nun bestrahlen wir die Platte beidseitig mit einer Lampe, wobei $\dot{q}_0 = 500\,\frac{\mathrm{W}}{\mathrm{m}^2}$ und $k = 50\,\frac{1}{\mathrm{m}}$ sind. Die Wärmeströme überlagern sich im Inneren. Wir nutzen die Symmetrie und setzen die y-Achse in die Mitte der Platte. Dann gilt für den absorbierten Wärmestrom im Körper

$$\dot{q}(r) = \dot{q}_0 e^{-k(r+d)} + \dot{q}_0 e^{-k(-r+d)} \quad \text{mit} \quad d = 0{,}05$$
$$\Longrightarrow \quad \dot{q}(r) = \dot{q}_0 e^{-k(r+d)} + \dot{q}_0 e^{k(r-d)} = \dot{q}_0 e^{-kd}(e^{-kr} + e^{kr}) = 2\dot{q}_0 e^{-kd} \cdot \cosh(kr)\,.$$

Die zugehörige DGL für die stationäre Lösung lautet $0 = \lambda\frac{d^2T}{dr^2} + 2\dot{q}_0 e^{-kd} \cdot \cosh(kr)$.

Für die allgemeine Lösung gilt

$$T(r) = -\frac{2\dot{q}_0 e^{-kd}}{k^2\lambda} \cdot \cosh(kr) + C_1 r + C_2\,.$$

Aufgrund der Symmetrie ist $C_1 = 0$. Für die Bestimmung von C_2 geben wir die Temperatur am Rand vor, z. B. $T(d) = 25\,°\mathrm{C}$. Dann erhalten wir $C_2 = T(d) + \frac{2\dot{q}_0 e^{-kd}}{k^2\lambda} \cdot \cosh(kd)$ und gesamthaft

$$T(r) = -\frac{2\dot{q}_0 e^{-kd}}{k^2\lambda} \cdot \cosh(kr) + T(d) + \frac{2\dot{q}_0 e^{-kd}}{k^2\lambda} \cdot \cosh(kd)\,.$$

Für unser Beispiel ist

$$T(r) = 8e^{-2{,}5}(\cosh(2{,}5) - \cosh(50r)) + 25\,. \tag{5.5}$$

Die (maximale) Temperatur im Zentrum beträgt $28{,}37\,°\mathrm{C}$. Die Wärmeströme am Rand sind (Abb. 5.2 rechts, T_2)

$$|\dot{q}_1| = |\dot{q}_2| = 9{,}93\,\frac{\mathrm{W}}{\mathrm{m}^2}\,.$$

Wie oben erhält man dasselbe mittels

$$\int_0^{0{,}05} \dot{q}(r) \cdot dr = 1000 \int_0^{0{,}05} e^{-2{,}5} \cosh(50r)\,dr$$
$$= 20\,e^{-2{,}5}[\sinh(50r)]_0^{0{,}05} = 20\,e^{-2{,}5} \sinh(2{,}5) = 9{,}93\,\frac{\mathrm{W}}{\mathrm{m}^2}\,.$$

6 Zweidimensionale stationäre Wärmeleitung

In diesem Kapitel beschränken wir uns auf stationäre zweidimensionale Problemstellungen. Die instationäre, mehrdimensionale Wärmeleitungsgleichung geht man numerisch an. Stationäre zweidimensionale Lösungen existieren nur für einfache Geometrien wie Rechteck und Kreis oder Kreisteile. Weicht das betrachtete Gebiet von diesen ab, so muss auch hier auf eine numerische Simulation ausgewichen werden.

6.1 Die Lösung der Laplace-Gleichung für das Rechteck

Bei der stationären zweidimensionalen Wärmeleitung geht die Gleichung $\frac{\partial T}{\partial t} = \frac{\lambda}{c\rho}(\frac{\partial^2 T}{\partial x^2} + \frac{\partial^2 T}{\partial y^2})$ in die Laplace-Gleichung $\frac{\partial^2 T}{\partial x^2} + \frac{\partial^2 T}{\partial y^2} = 0$ oder $\Delta T = 0$ über.

Das Rechteck habe die Abmessungen a und b (Abb. 6.1 links). Wir betrachten nur den Fall, bei dem die Temperatur auf drei Seiten des Rechteckrands verschwindet (dies kann durch gute Isolierung erreicht werden). Wählt man die Temperatur an zwei oder weniger Teilrändern des Rechtecks Null, dann müsste man sogenannte Eckenfunktionen einführen. Darauf gehen wir nicht ein.

Die Randbedingungen lauten somit $T(0, y) = 0$, $T(x, b) = 0$, $T(a, y) = 0$.

Für den unteren Rand geben wir die Randbedingung $T(x, 0) = g(x)$ vor. Anfangsbedingungen existieren bei einem stationären Problem nicht. Ein Produktansatz führt zum Ziel: $T(x, y) = u(x) \cdot v(y)$. Es entsteht $u''(x) \cdot v(y) + u(x) \cdot v''(y) = 0$ und daraus $\frac{u''}{u} = -\lambda^2$ und $\frac{v''}{v} = \lambda^2$ mit einer (positiven) Konstanten λ.

Der Lösungsansatz der ersten DGL ist $u(x) = C_1 \cos(\lambda x) + C_2 \sin(\lambda x)$.

$$\text{Mit} \quad T(0, y) = u(0) \cdot v(y) = 0 \quad \text{folgt} \quad u(0) = 0 \quad (\text{für nichttriviale } v(y)).$$

Daraus erhält man $C_1 = 0$ und somit $u(x) = C_2 \sin(\lambda x)$.

$$\text{Mit} \quad T(a, y) = u(a) \cdot v(y) = 0 \quad \text{ist} \quad u(a) = 0 \quad (\text{für nichttriviale } v(y))$$
$$\implies \quad \sin(\lambda a) = 0 \quad \implies \quad \lambda_k = \frac{k\pi}{a} .$$

Die zugehörigen Eigenfunktionen lauten $u_k(x) = \sin(\frac{k\pi}{a} x)$.

Für die zweite DGL $v'' - \lambda^2 v$ machen wir den Ansatz $v(y) = C_1 e^{\lambda y} + C_2 e^{-\lambda y}$.

$$\text{Mit} \quad T(x, b) = u(x) \cdot v(b) = 0 \quad \text{ist} \quad v(b) = 0 \quad (\text{für nichttriviale } u(x)).$$

Also ergibt das $C_1 e^{\lambda b} + C_2 e^{-\lambda b} = 0 \implies C_2 = -C_1 e^{2\lambda b}$.

Eingesetzt in den Ansatz wird daraus

$$v(y) = C_1 e^{\lambda y} - C_1 e^{2\lambda b} e^{-\lambda y} = C_1 (e^{\lambda y} - e^{2\lambda b - \lambda y}) .$$

Wir ersetzen $C_1 = \frac{C}{2} \cdot e^{-\lambda b}$ und erhalten $v(y) = \frac{C}{2}(e^{\lambda(y-b)} - e^{-\lambda(y-b)})$.

https://doi.org/10.1515/9783110684469-006

Die Eigenfunktionen bekommen die Gestalt $v_k(y) = C \cdot \sinh(\frac{k\pi}{a}(y-b))$.

Insgesamt lautet die Lösung der Laplace-Gleichung bis auf die letzte Randbedingung

$$T(x,y) = \sum_{k=1}^{\infty} c_k \sinh\left(\frac{k\pi}{a}(y-b)\right) \sin\left(\frac{k\pi}{a}x\right) .$$

Mit $T(x,0) = g(x)$ folgt

$$-\sinh\left(\frac{k\pi b}{a}\right) \cdot \sum_{k=1}^{\infty} c_k \sin\left(\frac{k\pi}{a}x\right) = g(x) .$$

Die Orthogonalitätseigenschaft der Sinusfunktionen (3.8) führt zu

$$c_k = -\frac{1}{\sinh\left(\frac{k\pi b}{a}\right)} \cdot \frac{2}{a} \int_0^a g(x) \sin\left(\frac{k\pi}{a}x\right) dx .$$

Ergebnis. Die Laplace-Gleichung $\Delta T = 0$ auf einem Rechteck $(0,a) \times (0,b)$ mit den Randbedingungen $T(0,y) = 0$, $T(x,b) = 0$, $T(a,y) = 0$ und $T(x,0) = g(x)$ wird gelöst durch

$$T(x,y) = \sum_{k=1}^{\infty} c_k \sinh\left(\frac{k\pi}{a}(y-b)\right) \sin\left(\frac{k\pi}{a}x\right)$$

mit

$$c_k = -\frac{2}{a \cdot \sinh\left(\frac{k\pi b}{a}\right)} \cdot \int_0^a g(x) \sin\left(\frac{k\pi}{a}x\right) dx .$$

Beispiel. $a = \pi$, $b = 1$. $T(0,y) = 0$, $T(x,1) = 0$, $T(\pi,y) = 0$ und $g(x) = \pi \cdot \sin x$

Die Koeffizienten

$$c_k = -\frac{2\pi}{\pi \cdot \sinh(k)} \cdot \int_0^{\pi} \sin x \cdot \sin(kx)\, dx$$

sind Null bis auf $k = 1$.

Dies liegt natürlich an der Wahl von $g(x)$. Es ist $c_1 = -\frac{2}{\sinh(1)} \cdot \frac{\pi}{2} = -\frac{\pi}{\sinh(1)}$.

Man erhält

$$T(x,y) = -\pi \cdot \frac{\sinh(y-1)}{\sinh(1)} \cdot \sin(x) = \pi \cdot \frac{\sinh(1-y)}{\sinh(1)} \cdot \sin(x) .$$

Für konstantes x ergibt sich

$$T(y) = -\pi \cdot \frac{\sinh(y-1)}{\sinh(1)} \cdot C_1 = C \cdot \sinh(1-y) .$$

Bei konstantem y hat man $T(x) = C \cdot \sin(x)$. In beiden Fällen also nichts anderes als Vielfache der Eigenfunktionen (Abb. 6.1 mitte).

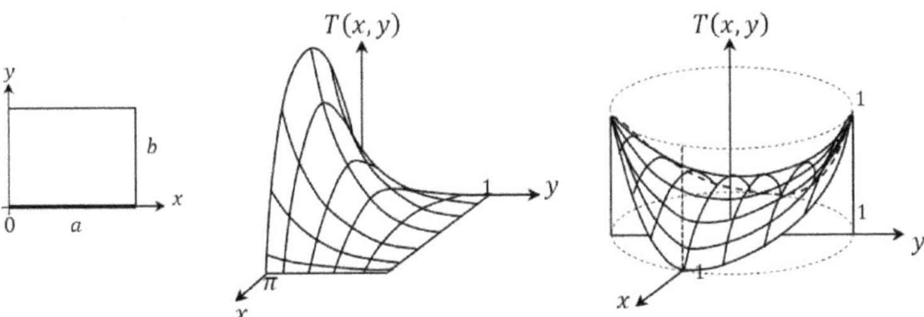

Abb. 6.1: Skizze und Lösungen zur Laplace-Gleichung

6.2 Die Lösung der Laplace-Gleichung für den Kreis

Die Laplace-Gleichung in Polarkoordinaten lautet $\Delta T = \frac{\partial^2 T}{\partial r^2} + \frac{1}{r} \cdot \frac{\partial T}{\partial r} + \frac{1}{r^2} \cdot \frac{\partial^2 T}{\partial \theta^2} = 0$ oder kurz $r^2 T_{rr} + rT_r + T_{\theta\theta} = 0$.

Die Randbedingungen reduzieren sich beim Kreis zu einer, nämlich der vorgegebenen, Funktion $g(x)$ auf dem Umfang des Kreises.

Abermals zerlegen wir die Temperaturfunktion in ein Produkt: $T(r, \theta) = u(r) \cdot v(\theta)$.

Es entsteht $r^2 u'' v + ru'v + uv'' = 0$ und daraus $\frac{r^2 u'' + ru'}{u} = \lambda^2$ und $\frac{v''}{v} = -\lambda^2$ mit einer (positiven) Konstanten λ.

Die zweite DGL $v'' + \lambda^2 v = 0$ löst man mit dem bekannten Ansatz $v(\theta) = C_1 \cos(\lambda\theta) + C_2 \sin(\lambda\theta)$. Offensichtlich muss $v(\theta + 2\pi) = v(\theta)$ gelten, was $k \in \mathbb{Z}$ nach sich zieht. Aufgrund der Symmetrie der trigonometrischen Funktionen genügt $k \in \mathbb{N}_0$.

Somit haben wir $\lambda_k = k$ mit $k \in \mathbb{N}_0$ und die zugehörigen Eigenfunktionen

$$v_k(\theta) = a_k \cos(k\theta) + b_k \sin(k\theta)\ .$$

Zur Lösung der zweiten DGL $r^2 u'' + ru' - \lambda^2 u = 0$ müssen wir demnach eine Fallunterscheidung treffen:

i) $\lambda = 0$. $r^2 u'' + ru' = 0$ oder $\frac{u''}{u'} = -\frac{1}{r}$. Dann ist $u(x) = c_0 + d_0 \cdot \ln r$,

ii) $\lambda \neq 0$. $r^2 u'' + ru' - \lambda^2 u = 0$. Diese DGL löst man entweder über die Substitution $r = e^z$ (Euler'sche DGL) oder man setzt $u(r) = r^\alpha$ an.
Eingesetzt folgt $r^2 \alpha(\alpha - 1) r^{\alpha-2} + r\alpha r^{\alpha-1} - k^2 r^\alpha = 0$. Dies reduziert sich zu

$$\alpha(\alpha - 1) + \alpha - k^2 = 0$$
$$\Longrightarrow \quad \alpha^2 = k^2 \quad \Longrightarrow \quad \alpha = \pm k\ .$$

Die Eigenfunktionen sind $u_k(r) = c_k r^k + d_k r^{-k}$.
Insgesamt lautet die Lösung der Laplace-Gleichung bis auf die Randbedingung

$$T(r, \theta) = c_0 + d_0 \cdot \ln r + \sum_{k=1}^{\infty} \left(c_k r^k + d_k r^{-k}\right)(a_k \cos(k\theta) + b_k \sin(k\theta))\ .$$

Es gibt noch drei Fälle zu unterscheiden:

Interessiert nur die Lösung im Innenraum $r \leq 1$, dann müssen alle Koeffizienten d_k Null gesetzt werden, inklusive d_0, weil die Lösung beschränkt bleiben muss.

Für den Außenraum alleine setzt man hingegen $c_k = 0$ für $k \geq 1$ und $d_0 = 0$.

Besteht das Grundgebiet aus einem Kreisring, dann müssen auch zwei Randbedingen gegeben sein, nämlich $T_1(r_1, \theta)$ und $T_2(r_2, \theta)$ auf den entsprechenden Kreisen. In diesem Fall bleibt die gesamte Funktion $T(r, \theta)$ als Ansatz bestehen.

Ergebnis. Die Laplace-Gleichung $\Delta T = 0$ auf einem Kreis mit Radius R und den Randbedingungen $T(R, \theta) = g(\theta)$ wird gelöst durch

$$T(r, \theta) = c_0 + d_0 \cdot \ln r + \sum_{k=1}^{\infty} \left(c_k r^k + d_k r^{-k}\right)(a_k \cos(k\theta) + b_k \sin(k\theta)) \ .$$

Für $r \leq R$ wird $d_k = 0$ für $k \geq 0$ gesetzt.
Für $r \geq R$ wird $c_k = 0$ für $k \geq 1$ und $d_0 = 0$ gesetzt.
Die restlichen Koeffizienten c_k und d_k bestimmt man über die Randbedingung.

Beispiel. $R = 1$ und $g(\theta) = \sin^2 \theta$. Gesucht ist die Temperatur auf dem Inneren des Kreises.

Die Randbedingung ist so gewählt, dass nur einige Koeffizienten c_k und d_k ungleich Null sein werden und zweitens die Temperaturverteilung auf dem Kreis keine Knicke aufweist.

Die Ansatzfunktion reduziert sich zu

$$T(r, \theta) = c_0 + \sum_{k=1}^{\infty} r^k (A_k \cos(k\theta) + B_k \sin(k\theta)) \ .$$

Mit $T(1, \theta) = g(\theta) = \sin^2 \theta$ gilt $\sin^2 \theta = c_0 + \sum_{k=1}^{\infty}(A_k \cos(k\theta) + B_k \sin(k\theta))$ oder

$$\sin^2 \theta = \frac{A_0}{2} + \sum_{k=1}^{\infty} (A_k \cos(k\theta) + B_k \sin(k\theta)) \ .$$

Dies ist nichts Anderes als die Fourierreihe von $g(\theta)$. Für die Koeffizienten hat man

$$A_k = \frac{1}{\pi} \int_0^{2\pi} \sin^2 \theta \cos(k\theta)\, d\theta \ , \quad k \geq 0 \ ,$$

$$B_k = \frac{1}{\pi} \int_0^{2\pi} \sin^2 \theta \sin(k\theta)\, d\theta \ , \quad k \geq 1 \ .$$

Übrig bleibt einzig $A_0 = 1$ und $A_2 = -\frac{1}{2}$. Damit lautet unsere Lösung

$$T(r, \theta) = \frac{1}{2} - \frac{1}{2} r^2 \cos(2\theta) = \frac{1}{2}\left(1 - r^2 \cos(2\theta)\right)$$

oder umgewandelt in kartesische Koordinaten

$$T(r,\theta) = \frac{1}{2}\left(1 - r^2\left[\cos^2(\theta) - \sin^2(\theta)\right]\right) .$$

Dies führt schließlich zu

$$T(x,y) = \frac{1}{2}\left(1 - r^2\left[\frac{x^2}{r^2} - \frac{y^2}{r^2}\right]\right) = \frac{1}{2}(1 - x^2 + y^2) .$$

Für konstantes x ergibt sich $T(y) = C + \frac{1}{2}y^2$ und bei konstantem y hat man $T(x) = C - \frac{1}{2}x^2$ (Abb. 6.1 rechts).

7 Wärmeübertragung

In allen bisherigen Anwendungen gab es keine Wärmeübertragung *entlang* des Wärmestroms.

Alle Körper wurden, außer an den Enden, als isoliert betrachtet. Im Folgenden bezeichnen wir mit Wärmeübertragung alle Prozesse, bei denen auf dem Weg Wärme abgegeben oder aufgenommen wird. Zugrunde liege nun ein nirgends isolierter Stab. Das linke Stabende soll dabei auf der Temperatur $T(0) = T_0$ gehalten werden. Beispielsweise bei einer Heizung ist dies der Fall, denn der Heißwasserstrom hält die Temperatur am Anfang der Rippe konstant auf T_0, bevor das Wasser in die einzelnen Rippen abzweigt. Aufgrund der fehlenden Isolation wird sich die Temperatur in den Rippen durch Wärmeübertragung an die Umgebung ändern.

Als Modell betrachten wir ein Rohr der Länge l (Abb. 7.1). Nehmen wir an, die Umgebung besitze die örtlich und zeitlich konstante Temperatur T_a. Durch Konvektion mit der Übergangszahl α wird in der Zeit Δt gemäß dem Newton'schen Abkühlungsgesetz die Wärmemenge $\Delta Q_3 = -\alpha \cdot U \cdot \Delta x \cdot (T - T_a) \cdot \Delta t$ von der Oberfläche des Volumenelements $U \cdot dx$ abgeführt. Die Wärmebilanz lautet: $\Delta Q_1 = \Delta Q_2 + \Delta Q_3$. Ausgeschrieben ist

$$c \cdot \rho A \cdot \Delta x \cdot \Delta T = \lambda \left(\frac{\partial T}{\partial x}(x + \Delta x, t) - \frac{\partial T}{\partial x}(x, t) \right) \frac{A \cdot \Delta x}{\Delta x} \cdot \Delta t = -\alpha \cdot U \cdot \Delta x \cdot (T - T_a) \cdot \Delta t \,.$$

Für $\Delta x \to 0$ folgt dann die Wärmeleitungsgleichung mit konvektiver Wärmeübertragung

$$\frac{\partial T}{\partial t} = \frac{\lambda}{c\rho} \cdot \frac{\partial^2 T}{\partial x^2} - \frac{\alpha \cdot U}{c \cdot \rho A} \cdot (T - T_a)$$

A: Querschnitt des Rohrs,
U: Umfang des Rohrs.

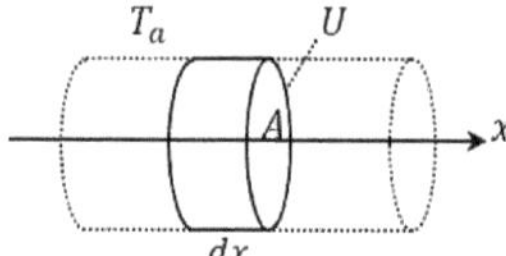

Abb. 7.1: Skizze zur Wärmeleitung mit konvektivem Übergang

7.1 Stationäre Lösung

Für den stationären Zustand erhalten wir dann die DGL $\frac{\partial^2 T}{\partial x^2} = \gamma^2 \cdot (T - T_a)$ mit $\gamma^2 = \frac{\alpha \cdot U}{\lambda \cdot A}$

Eine spezielle Lösung der inhomogenen DGL ist $T(x) = T_a$.

Somit lautet die allgemeine Lösung der inhomogenen DGL

$$T(x) = T_a + C_1 e^{\gamma x} + C_2 e^{-\gamma x} \,.$$

Die Randbedingung $T(0) = T_0$ ergibt die Bedingung $C_1 + C_2 = T_0 - T_a$.

https://doi.org/10.1515/9783110684469-007

Variante 1. Als zweite Randbedingung setzen wir vorerst voraus, dass der Wärmestrom für $x = l$ verschwindet: $\dot{Q} = -\lambda \cdot A[\frac{\partial T}{\partial x}]_{x=l} = 0$, also $[\frac{\partial T}{\partial x}]_{x=l} = 0$.

Eingesetzt ergibt sich $\frac{\partial T}{\partial x}(x) = C_1\gamma e^{\gamma x} - \gamma C_2 e^{-\gamma x}$.

Dies führt zu

$$\frac{\partial T}{\partial x}(l) = C_1\gamma e^{\gamma l} - \gamma C_2 e^{-\gamma l} = 0 \quad \Longrightarrow \quad C_2 = C_1\frac{e^{\gamma l}}{e^{-\gamma l}} .$$

Somit ist

$$C_1 + C_1\frac{e^{\gamma l}}{e^{-\gamma l}} = T_0 - T_\mathrm{a} \quad \Longrightarrow \quad C_1 = \frac{e^{-\gamma l}(T_0 - T_\mathrm{a})}{e^{\gamma l} + e^{-\gamma l}}, \quad C_2 = \frac{e^{\gamma l}(T_0 - T_\mathrm{a})}{e^{\gamma l} + e^{-\gamma l}} .$$

Damit wird

$$T(x) = T_\mathrm{a} + \frac{e^{-\gamma l}(T_0 - T_\mathrm{a})}{e^{\gamma l} + e^{-\gamma l}}e^{\gamma x} + \frac{e^{\gamma l}(T_0 - T_\mathrm{a})}{e^{\gamma l} + e^{-\gamma l}}e^{-\gamma x} \quad \text{oder}$$

$$T(x) = T_\mathrm{a} + \frac{e^{\gamma(x-l)} + e^{-\gamma(x-l)}}{e^{\gamma l} + e^{-\gamma l}}(T_0 - T_\mathrm{a}) = T_\mathrm{a} + \frac{\cosh(\gamma(x-l))}{\cosh(\gamma l)}(T_0 - T_\mathrm{a}) .$$

Für die Temperatur am Ende des Stabs erhält man

$$T(l) = T_\mathrm{a} + \frac{1}{\cosh(\gamma l)}(T_0 - T_\mathrm{a}) .$$

Beispiel. $l = 0{,}1\,\mathrm{m}$, $\gamma = 5$, $T_\mathrm{a} = 20\,°\mathrm{C}$, $T_0 = 100\,°\mathrm{C}$ (Abb. 7.2 links)

$$\Longrightarrow \quad T(x) = 20 + \frac{\cosh(5x - 0{,}5)}{\cosh(0{,}5)} \cdot 80 . \tag{7.1}$$

Der Wärmestrom am Stabanfang beträgt $\dot{Q}_0 = -\lambda \cdot A[\frac{\partial T}{\partial x}]_{x=0}$. Es folgt

$$\dot{Q}_0 = -\lambda \cdot A \cdot \gamma\frac{\sinh(\gamma(x-l))}{\cosh(\gamma l)}(T_0 - T_\mathrm{a}) \quad \text{für} \quad x = 0 \quad \text{oder}$$

$$\dot{Q}_0 = -\lambda \cdot A \cdot \gamma \cdot \tanh(\gamma l)(T_0 - T_\mathrm{a}) = -\sqrt{\alpha\lambda AU} \cdot \tanh(\gamma l)(T_0 - T_\mathrm{a}) .$$

Da wir den Wärmestrom am Ende des Stabs vernachlässigen (die Tangentensteigung geht gegen Null) und der Wärmestrom durch die Querschnittsfläche am Anfang der Rippe der totalen abgegebenen Wärmemenge entspricht, erhält man dasselbe Ergebnis, wenn man die abgegebene Wärmemenge von $x = 0$ bis $x = l$ integriert:

$$\Delta Q_3 = -\alpha \cdot U \cdot (T - T_\mathrm{a}) \cdot \Delta x\Delta t \quad \Longrightarrow \quad d\dot{Q}_3 = -\alpha \cdot U \cdot (T - T_\mathrm{a}) \cdot dx$$

$$\Longrightarrow \quad \dot{Q}_3 = -\alpha \cdot U \cdot \int_0^l (T - T_\mathrm{a}) \cdot dx = -\alpha \cdot U \cdot \frac{(T_0 - T_\mathrm{a})}{\cosh(\gamma l)} \int_0^l \cosh(\gamma(x-l)) \cdot dx$$

$$= -\frac{\alpha \cdot U}{\gamma} \cdot \frac{(T_0 - T_\mathrm{a})}{\cosh(\gamma l)} \left[\sinh(\gamma(x-l))\right]_0^l = -\frac{\alpha \cdot U}{\gamma} \cdot \frac{(T_0 - T_\mathrm{a})}{\cosh(\gamma l)} [\sinh(0) + \sinh(\gamma l)]$$

$$= -\sqrt{\alpha\lambda AU} \cdot \tanh(\gamma l)(T_0 - T_\mathrm{a}) .$$

Aufgabe

Bearbeiten Sie die Übung 16.

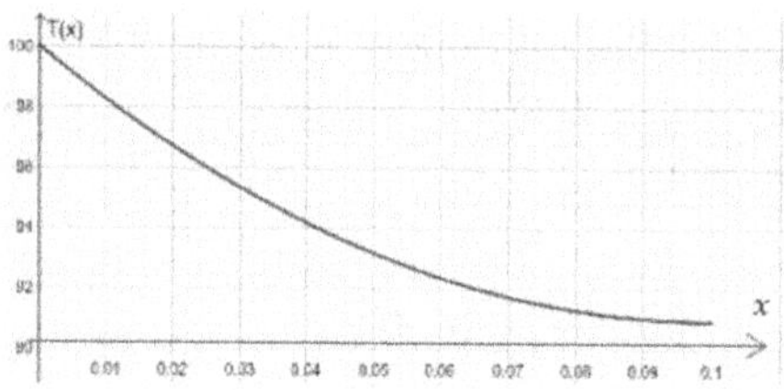

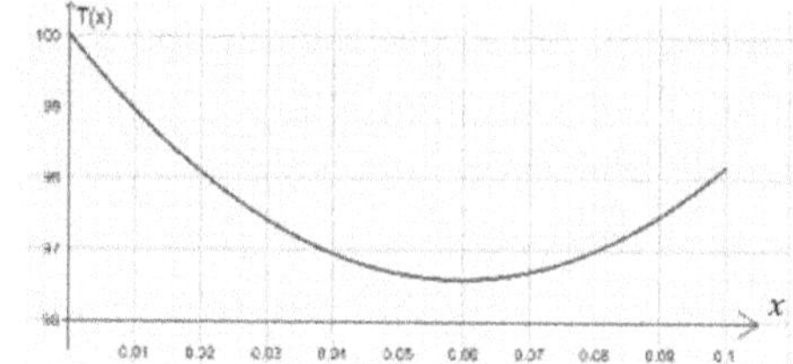

Abb. 7.2: Graphen von (7.1) und (7.2)

Variante 2. Als zweite Randbedingung nehmen wir nun eine nichtverschwindende Wärmeübertragung mit der Umgebung am Ende des Rohrs an:

$$\dot{Q} = -\lambda \cdot A \left[\frac{\partial T}{\partial x}\right]_{x=l} = \alpha \cdot A(T_\mathrm{a} - T(l))$$

Es folgt nacheinander

$$\lambda \cdot \gamma \left(C_1 e^{\gamma l} - C_2 e^{-\gamma l}\right) = \alpha \left(C_1 e^{\gamma l} + C_2 e^{-\gamma l}\right) ,$$
$$\lambda \cdot \gamma \left(C_1 e^{\gamma l} - (T_0 - T_\mathrm{a} - C_1) e^{-\gamma l}\right) = \alpha \left(C_1 e^{\gamma l} + (T_0 - T_\mathrm{a} - C_1) e^{-\gamma l}\right)$$

und

$$\lambda \cdot \gamma \left(C_1 e^{\gamma l} + C_1 e^{-\gamma l} - (T_0 - T_\mathrm{a}) e^{-\gamma l}\right) = \alpha \left(C_1 e^{\gamma l} - C_1 e^{-\gamma l} + (T_0 - T_\mathrm{a}) e^{-\gamma l}\right) .$$

Weiter ist

$$\lambda\gamma \left(C_1 e^{\gamma l} + C_1 e^{-\gamma l}\right) - \alpha \left(C_1 e^{\gamma l} - C_1 e^{-\gamma l}\right) = \lambda\gamma (T_0 - T_\mathrm{a}) e^{-\gamma l} + \alpha (T_0 - T_\mathrm{a}) e^{-\gamma l}$$
$$\Longrightarrow \quad C_1 \left(\lambda\gamma \cdot (e^{\gamma l} + e^{-\gamma l}) - \alpha \cdot (e^{\gamma l} - e^{-\gamma l})\right) = (T_0 - T_\mathrm{a})(\lambda\gamma + \alpha) e^{-\gamma l} .$$

Für die Konstante erhält man

$$C_1 = \frac{(T_0 - T_\mathrm{a})(\lambda\gamma + \alpha) e^{-\gamma l}}{\lambda\gamma \cdot (e^{\gamma l} + e^{-\gamma l}) - \alpha \cdot (e^{\gamma l} - e^{-\gamma l})} .$$

Eingesetzt ergibt das

$$C_2 = \left(1 - \frac{(\lambda\gamma + \alpha) e^{-\gamma l}}{\lambda\gamma \cdot (e^{\gamma l} + e^{-\gamma l}) - \alpha \cdot (e^{\gamma l} - e^{-\gamma l})}\right)(T_0 - T_\mathrm{a}) .$$

Weiter folgt

$$C_2 = \frac{\lambda\gamma \cdot (e^{\gamma l} + e^{-\gamma l}) - \alpha \cdot (e^{\gamma l} e^{-\gamma l}) - (\lambda\gamma + \alpha) e^{-\gamma l}}{\lambda\gamma \cdot (e^{\gamma l} + e^{-\gamma l}) - \alpha \cdot (e^{\gamma l} - e^{-\gamma l})}(T_0 - T_\mathrm{a})$$
$$= \frac{(\lambda\gamma - \alpha) e^{\gamma l}}{\lambda\gamma \cdot (e^{\gamma l} + e^{-\gamma l}) - \alpha \cdot (e^{\gamma l} - e^{-\gamma l})}(T_0 - T_\mathrm{a}) .$$

Damit wird

$$
\begin{aligned}
T(x) &= T_a + \frac{(T_0 - T_a)(\lambda\gamma + \alpha)e^{-\gamma l}}{\lambda\gamma \cdot (e^{\gamma l} + e^{-\gamma l}) - \alpha \cdot (e^{\gamma l} - e^{-\gamma l})} \cdot e^{\gamma x} \\
&\quad + \frac{(T_0 - T_a)(\lambda\gamma - \alpha)e^{\gamma l}}{\lambda\gamma \cdot (e^{\gamma l} + e^{-\gamma l}) - \alpha \cdot (e^{\gamma l} - e^{-\gamma l})} \cdot e^{-\gamma x} \\
&= T_a + \frac{(\lambda\gamma + \alpha)e^{\gamma(x-l)} + (\lambda\gamma - \alpha)e^{-\gamma(x-l)}}{2\lambda\gamma \cdot \cosh(\gamma l) - 2\alpha \cdot \sinh(\gamma l)}(T_0 - T_a) \\
&= T_a + \frac{2\lambda\gamma \cosh(\gamma(x-l)) + 2\alpha \sinh(\gamma(x-l))}{2\lambda\gamma \cdot \cosh(\gamma l) - 2\,\alpha \cdot \sinh(\gamma l)}(T_0 - T_a)\,.
\end{aligned}
$$

Schließlich ist

$$T(x) = T_a + \frac{\lambda\gamma \cosh(\gamma(x-l)) + \alpha \sinh(\gamma(x-l))}{\lambda\gamma \cdot \cosh(\gamma l) - \alpha \cdot \sinh(\gamma l)}(T_0 - T_a)\,.$$

Für die Temperatur am Ende des Stabs erhält man

$$T(l) = T_a + \frac{\lambda\gamma(T_0 - T_a)}{\lambda\gamma \cdot \cosh(\gamma l) - \alpha \cdot \sinh(\gamma l)}\,.$$

Beispiel. $l = 0{,}1\,\text{m}$, $b = 0{,}1\,\text{m}$, $h = 0{,}4\,\text{m}$, $\lambda = \alpha = 10 \Longrightarrow \gamma = 5$, $T_a = 20\,°\text{C}$, $T_0 = 100\,°\text{C}$ und (Abb. 7.2 rechts)

$$T(x) = 20 + \frac{50 \cdot \cosh(5x - 0{,}5) + 10 \cdot \sinh(5x - 0{,}5)}{50 \cdot \cosh(0{,}5) - 10 \cdot \sinh(0{,}5)} \cdot 80\,. \tag{7.2}$$

Es bildet sich ein Minimum bei $x = 5{,}95\,\text{cm}$ aus mit einer Temperatur von $T = 96{,}59\,°\text{C}$.

Der Wärmestrom am Stabanfang beträgt $\dot{Q}_0 = -\lambda \cdot A[\frac{\partial T}{\partial x}]_{x=0}$. Man erhält

$$\dot{Q}_0 = -\lambda A\gamma \cdot \frac{\lambda\gamma \cdot \sinh(\gamma(x-l)) + \alpha \cdot \cosh(\gamma(x-l))}{\lambda\gamma \cdot \cosh(\gamma l) - \alpha \cdot \sinh(\gamma l)}(T_0 - T_a) \quad \text{für} \quad x = 0$$

oder

$$\dot{Q}_0 = -\lambda A\gamma \cdot \frac{-\lambda\gamma \cdot \sinh(\gamma l) + \alpha \cdot \cosh(\gamma l)}{\lambda\gamma \cdot \cosh(\gamma l) - \alpha \cdot \sinh(\gamma l)}(T_0 - T_a) = -\lambda A\gamma \cdot \frac{\alpha \cdot \tanh(\gamma l) - \lambda\gamma}{\lambda\gamma \cdot \tanh(\gamma l) - \alpha}(T_0 - T_a)\,.$$

Rippen dienen zur Vergrößerung der Oberfläche eines Körpers, um die Wärmeübertragung an die Umgebung zu verbessern. Man kann sie, wie wir gesehen haben, zur Heizung eines Raumes aber auch zur Kühlung, und somit zur Einhaltung einer zulässigen Betriebstemperatur von Maschinen mit elektrischen und elektronischen Systemen verwenden.

Welche Abmessungen muss nun eine Rechtecksrippe besitzen, damit der von ihr abgegebene Wärmestrom $\dot{Q}$ möglichst groß ist, unter der Bedingung, dass das verwendete Material, also das Rippenvolumen, konstant ist? Dabei müssen wir eine der drei

Kanten der Rippe vorgeben: Die Rippe habe die Breite $b = 5\,\text{mm}$. Es ist $V = b \cdot h \cdot l$. Der Wärmestrom lautet

$$\dot{Q}(l) = \sqrt{\alpha\lambda A U} \cdot \tanh\left(\sqrt{\frac{\alpha \cdot U}{\lambda \cdot A}}\, l\right)(T_0 - T_a)$$

$$= \sqrt{\alpha\lambda \frac{V}{l} U} \cdot \tanh\left(\sqrt{\frac{\alpha \cdot U}{\lambda \cdot V}}\, l^{\frac{3}{2}}\right)(T_0 - T_a) \sim \frac{1}{\sqrt{l}} \tanh\left(\delta l^{\frac{3}{2}}\right) \quad \text{mit} \quad \delta = \sqrt{\frac{\alpha \cdot U}{\lambda \cdot V}}\,.$$

Dann ergibt die Ableitung

$$\frac{d\dot{Q}(l)}{dl} = -\frac{1}{2} l^{-\frac{3}{2}} \cdot \tanh\left(\delta l^{\frac{3}{2}}\right) + l^{-\frac{1}{2}} \cdot \delta \cdot \frac{3}{2} l^{\frac{1}{2}} \cdot \left(1 - \tanh^2\left(\delta l^{\frac{3}{2}}\right)\right).$$

Nullsetzen erzeugt die Gleichung

$$\tanh\left(\delta l^{\frac{3}{2}}\right) = 3\delta l^{\frac{3}{2}} \cdot \left(1 - \tanh^2\left(\delta l^{\frac{3}{2}}\right)\right).$$

Mit $x := \delta l^{\frac{3}{2}}$ lautet die Bestimmungsgleichung $\tanh(x) = 3x \cdot (1 - \tanh^2(x))$.

Als Lösung erhält man

$$x = 1{,}4192 \quad \Longrightarrow \quad \sqrt{\frac{\alpha \cdot U}{\lambda \cdot V}} \cdot l^{\frac{3}{2}} = 1{,}4192 \quad \Longrightarrow \quad \sqrt{\frac{2\alpha \cdot (b + h)}{\lambda \cdot b \cdot h}} \cdot l = 1{,}4192\,.$$

Da für übliche Rippen $h \geq 100b$ gilt, kann man $U = 2(b + h) \approx 2h$ setzen und es ergibt sich

$$\sqrt{\frac{2\alpha}{\lambda \cdot b}} \cdot l = 1{,}4192 \quad \Longrightarrow \quad l = 1{,}4192 \cdot \sqrt{\frac{\lambda \cdot b}{2\alpha}}\,.$$

Wählen wir $V = 10^{-5}\,\text{m}^3$, $\alpha = 10\,\frac{\text{W}}{\text{m}^2\text{K}}$, $\lambda = 15\,\frac{\text{W}}{\text{m}^2\text{K}}$, dann erhält man für die optimale Länge der Rippe $l = 2{,}75\,\text{cm}$. Aus dem Volumen folgt die optimale Höhe zu $h = \frac{V}{b \cdot l} = 72{,}78\,\text{cm}$.

7.2 Wärmeüberträger, Nusselt-Zahl

Ein Wärmeübertrager ist ein Apparat, bei dem Wärme von einem Fluid auf ein anderes übertragen wird. Dabei stehen die beiden Stoffe nicht in unmittelbarem thermischen Kontakt miteinander, sondern sind durch eine feste Wand getrennt. Als Arbeitsfluid (dasjenige, das das eigentliche Fluid erhitzen oder abkühlen soll) kommt meist eine Flüssigkeit oder ein Gas zum Einsatz, in besonderen Fällen auch eine verdampfende Flüssigkeit oder ein kondensierender Dampf. Der Wärmedurchgang vom einen Fluid durch die Trennwand zum anderen Fluid wird durch die Wärmedurchgangszahl k zwischen den beiden Medien beschrieben. Diese beträgt für den Wärmeträger

$\frac{1}{k} = \frac{1}{\alpha_1} + \frac{l}{\lambda} + \frac{1}{\alpha_2}$, wobei α_i die Übergangszahlen, λ die Wärmeleitzahl und l die Dicke der Trennschicht bezeichnen. Hat man es mit Strömungen, also einer erzwungenen Konvektion zu tun, so hängt die Übergangszahl α sowohl von der Art der Strömung (laminar oder turbulent) als auch von der Art des Fluids ab.

In diesem Zusammenhang führt man eine dimensionslose Übergangszahl ein, die sogenannte (temperaturabhängige) Nusselt-Zahl

$$Nu := \frac{\alpha \cdot d}{\lambda_F} .$$

Dabei bezeichnen λ_F die Wärmeleitfähigkeit des Fluids und d die charakteristische Länge, beispielsweise den Durchmesser eines Rohrs. Die Nusselt-Zahl einer turbulenten Strömung ist immer größer als die Nusselt-Zahl für eine laminare Strömung: $Nu_t > Nu_l$. Die Nusselt-Zahl ist die Analogie der Biot-Zahl für Fluide.

7.3 Die Reynolds-Zahl

Diese wurde zwar schon im 2. Band eingeführt, aber es soll nun eine Herleitung gegeben werden. Um Strömungen im Labor zu untersuchen, muss das Modell nicht nur geometrisch ähnlich sein (Längen, Flächen, Volumen, usw.), sondern auch hydromechanisch ähnlich (Geschwindigkeit, Dichte, Kraft, Viskosität, usw.). Letzteres beschreibt die Reynolds-Zahl. Bei gleicher Reynolds-Zahl sind die Strömungen ähnlich. Dabei ist die geometrische Ähnlichkeit notwendig, aber nicht hinreichend.

Wenn wir die Gewichtskraft vernachlässigen, wirken auf die strömenden Teilchen Trägheitskräfte F_T, Reibungskräfte F_R und Druckkräfte F_P. Diese müssen in allen Punkten der Strömung im Gleichgewicht sein: Es muss gelten $F_T + F_R + F_p = 0$. Ist das Modell dem Original ähnlich, dann ist zwingend $F_{T2} = \alpha \cdot F_{T1}$, $F_{R2} = \alpha \cdot F_{R1}$, $F_{T2} = \alpha \cdot F_{R1}$.

Da weiter $F_T + F_R + F_p = 0$, folgt daraus $\frac{F_T}{F_R} + 1 + \frac{F_p}{F_R} = 0$ und $1 + \frac{F_R}{F_T} + \frac{F_p}{F_T} = 0$, was $\frac{F_p}{F_R} = -\frac{F_T}{F_R} - 1$ und $\frac{F_p}{F_T} = -1 - \frac{F_R}{F_T}$ nach sich zieht. Mit der Kenntnis von $\frac{F_T}{F_R}$ sind auch alle anderen Verhältnisse bekannt.

Die Trägheitskraft beträgt für das betrachtete Massenstück $F_T = m \cdot a$. Die Reibungskraft für ein Fluid ist $F_R = \eta \cdot A \cdot \frac{dv}{dy}$ (vgl. 2. Band), dabei muss $\frac{dv}{dy}$ nicht unbedingt linear sein. Nun betrachten wir das Verhältnis $\frac{F_T}{F_R}$. Es genügt, Zähler und Nenner durch ihre Dimensionen (mit eckigen Klammern markiert) darzustellen. Ebenfalls braucht man den genauen Verlauf von $\frac{dv}{dy}$ nicht zu kennen.

Dann ist

$$\frac{F_T}{F_R} = \frac{[\rho] \cdot [V] \cdot [a]}{[\eta] \cdot [A] \cdot \left[\frac{v}{l}\right]} = \frac{[\rho] \cdot [l^3] \cdot \left[\frac{v^2}{l}\right]}{[\eta] \cdot [l^2] \cdot \left[\frac{v}{l}\right]} = \frac{[\rho] \cdot [v] \cdot [l]}{[\eta]} = konst. ,$$

weil $\frac{F_{T2}}{F_{R2}} = \frac{\alpha \cdot F_{T1}}{\alpha \cdot F_{R1}} = \frac{F_{T1}}{F_{R1}}$. Somit ist die Reynoldszahl definiert. Ihre physikalische Bedeutung wird klar, wenn man Zähler und Nenner mit $l^2 \cdot v$ erweitert:

$$Re = \frac{\rho \cdot v^2 \cdot l^3}{\eta \cdot l^2 \cdot v} = \frac{\rho \cdot v^2 \cdot V}{\eta \cdot A \cdot v} = \frac{2\left(\frac{1}{2} \cdot m \cdot v^2\right)}{\left(\eta \cdot A \cdot \frac{v}{l}\right) \cdot l} = \frac{2 \cdot E_{\text{kin}}}{F_R \cdot l} = \frac{2 \cdot E_{\text{kin}}}{W_R} .$$

Die Reynoldszahl kann also auch verstanden werden als das Verhältnis zwischen Bewegungsenergie eines Volumens V, das sich mit der Geschwindigkeit v bewegt, und der Reibungsarbeit, die geleistet werden muss, um das Volumenelement um seinen Durchmesser l zu bewegen. Somit lautet unser Ergebnis:

Die Art der Strömung wird durch die (temperaturabhängige) Reynolds-Zahl erfasst:

$$Re := \frac{\rho \cdot d \cdot c}{\eta} = \frac{d \cdot c}{\nu} ,$$

wobei ρ die Dichte des Fluids, c die Strömungsgeschwindigkeit, η die dynamische, ν die kinematische Viskosität und d die charakteristische Länge des Körpers bezeichnet. Wird beispielsweise ein Rohr *um*strömt, dann ist die charakteristische Länge der halbe Umfang des Rohrs. Fließt das Fluid innerhalb des Rohrs, so wird der Durchmesser für d verwendet (Abb. 7.3 links).

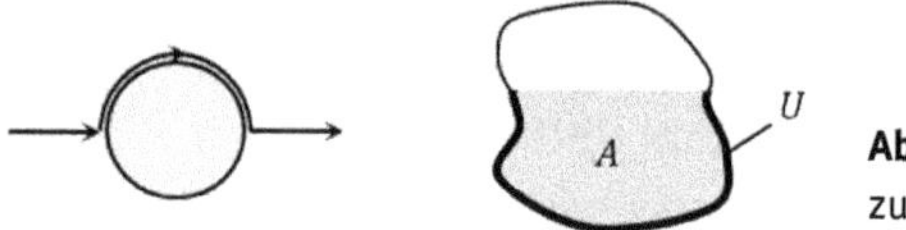

Abb. 7.3: Skizzen zur charakteristischen Länge und zum hydraulischen Durchmesser

7.4 Der hydraulische Durchmesser

Bei ausgebildeten Strömungen liegt stets ein Gleichgewicht zwischen den Reibungskräften aufgrund der Schubspannungen an den Wänden und den Druckkräften am Ein- und Ausgang der Röhrenquerschnitte vor. Da diese Aussage unabhängig vom gewählten Querschnitt ist, wird bei der Bestimmung des hydraulischen Durchmessers versucht, für einen Strömungskanal mit einem beliebigen Querschnitt den Durchmesser desjenigen kreisrunden Rohrs zu ermitteln, das bei gleicher Rohrlänge und gleicher mittlerer Strömungsgeschwindigkeit denselben Druckverlust wie der gegebene Stromkanal erzeugt.

Da die Reibungskräfte entlang des Umfangs und die Druckkräfte vom Querschnitt abhängen, müssten gleiche Verhältnisse vorliegen, wenn Querschnitt und der benetzte Umfang im gleichen Verhältnis stehen. Der benetzte Umfang ist derjenige Teil des gesamten Umfangs, der die Rohrwand berührt. Da für einen Kreis $\frac{A}{U} = \frac{\pi r^2}{2\pi r} = \frac{r}{2}$ ergibt, der Durchmesser aber $2r$ entspricht, definiert man den hydraulischen Durchmesser als $d_H = 4 \cdot \frac{A}{U}$ (Abb. 7.3 rechts).

Bemerkung. Diese Formel liefert gute Ergebnisse für turbulente Strömungen, bei laminaren Strömungen weniger gute.

Beispiele. Rechteckiger Kanal (Abb. 7.4 links):

$$A = bh\,, \quad U = b + 2h \quad \Longrightarrow \quad d_{\mathrm{H}} = \frac{4bh}{b+2h}\,.$$

Kreisring (Ringspalt, Abb. 7.4 rechts):

$$A = \pi r_{\mathrm{a}}^2 - \pi r_{\mathrm{i}}^2\,, \quad U = 2\pi r_{\mathrm{a}} + 2\pi r_{\mathrm{i}}$$

$$\Longrightarrow \quad d_{\mathrm{H}} = 4\frac{\pi r_{\mathrm{a}}^2 - \pi r_{\mathrm{i}}^2}{2\pi r_{\mathrm{a}} + 2\pi r_{\mathrm{i}}} = 2\frac{r_{\mathrm{a}}^2 - r_{\mathrm{i}}^2}{r_{\mathrm{a}} + r_{\mathrm{i}}} = 2(r_{\mathrm{a}} - r_{\mathrm{i}}) = d_{\mathrm{a}} - d_{\mathrm{i}}\,.$$

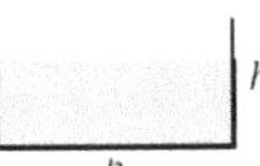

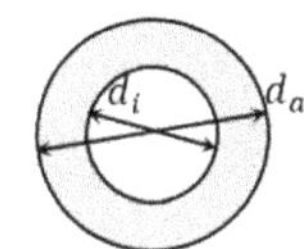

Abb. 7.4: Skizzen zum rechteckigen Kanal und zum Kreisring

Aufgabe
Bearbeiten Sie die Übung 17.

7.5 Die Prandtl-Zahl

Die temperaturabhängige Prandtl-Zahl schließlich spiegelt die Stoffeigenschaften des Fluids bei erzwungener Konvektion wider:

$$Pr := \frac{\eta \cdot c_p}{\lambda}\,.$$

c_p ist die spezifische Wärmekapazität.

Typische Werte für Prandtl-Zahlen sind: flüssige Metalle ($Pr \ll 1$), Gase ($Pr \approx 0{,}70$), Flüssigkeiten ($Pr \approx 7$), zähe Flüssigkeiten, Öle ($Pr \approx 70$).

Die Abhängigkeit der Prandtl-Zahl $Pr = \frac{\rho \cdot \nu \cdot c_p}{\lambda}$ mit der Temperatur gibt die folgende Tabelle wider. Steigt die Temperatur, so sinken Dichte ρ, kinematische Viskosität ν, spezifische Wärmekapazität c_p und es steigt die Wärmeleitfähigkeit λ. Insgesamt sinkt also die Prandtl-Zahl.

Temperatur in °C	20	30	40	50
Prandtl-Zahl für Wasser	7,00	5,41	4,32	3,57

Weder eine Potenzfunktion noch ein Exponentialansatz alleine sind als Regressionskurve befriedigend genau. Hingegen besitzt das arithmetische Mittel der beiden Ausgleichskurven einen maximalen Fehler von 0,4 %, zumindest, was die vier gegebenen Werte betrifft:

$$Pr = \frac{1}{2}(63,81 \cdot T^{-0,73} + 10,79 \cdot 0,98^{T})\,. \tag{7.3}$$

Bei Strömungen ist es nun so, dass die Nusselt-Zahl und somit die Übergangszahl α eine Funktion sowohl der Reynoldszahl, als auch der Prandtl-Zahl ist: $Nu = f(Re, Pr)$.

Bemerkung. Beim Übergang zu dimensionslosen Größen in der Wärmeleitungsgleichung haben wir die für diese DGL charakteristische Biot-Zahl eingeführt. Im 5. und 6. Band werden wir Strömungen durch weitere DGLen beschreiben, und jede dieser DGL wird durch eine Kennzahl repräsentiert werden: Nusselt-, Reynolds- und Prandtl-Zahl.

7.6 Abhängigkeit der Nusselt-Zahl bei durchströmten Rohren

An dieser Stelle wollen wir vorerst nur die drei Kennzahlen im Zusammenhang mit Strömungen innerhalb eines Rohrs betrachten. Die mathematische Beschreibung von *an*geströmten Flächen und Rohren samt ihren Bewegungsgleichungen soll auf später verschoben werden.

Zuerst gehen wir nochmals zurück zur Definition der Übergangszahl α und betrachten dazu eine turbulente Rohrströmung. Im Inneren der Strömung erfolgt die Wärmeübertragung praktisch ungehindert, entsprechend ist die Temperatur des Fluids T_F fast überall gleich groß. An den Wänden wird die Strömung abgebremst. Es bildet sich eine *laminare Grenzschicht* aus.

Der sich einstellende Temperaturverlauf $T(r)$ ist dem Geschwindigkeitsverlauf $c(r)$ ähnlich und wurde schon in Kapitel 2.4 dargestellt. Leicht idealisiert können wir die Änderung der Wandtemperatur hin zur Fluidtemperatur innerhalb der Grenzschicht als linear betrachten (eigentlich ist das Profil parabelförmig, Abb. 7.5 links).

Allgemein ist $\dot{q} = \alpha(T_F - T_W)$ und auch $\dot{q} = \lambda(\frac{dT}{dr})|_{r_W}$.

Letzteres gilt, weil in der Grenzschicht die Wärmeübertragung durch Wärmeleitung erfolgt. Diese verläuft deutlich langsamer als die durch Konvektion übertragene Wärme.

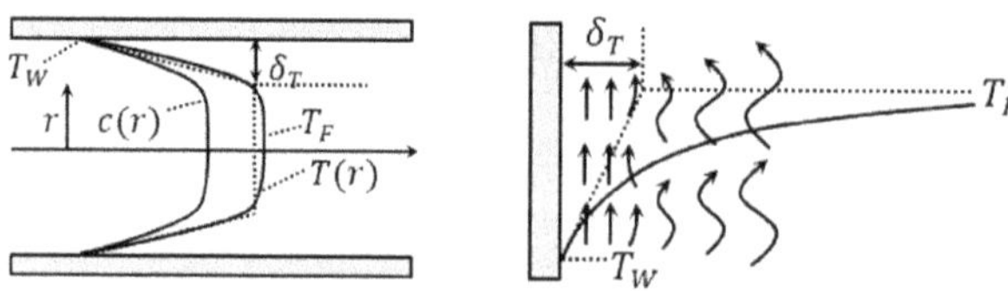

Abb. 7.5: Skizzen zur Grenzschichtdicke bei durchströmten und angeströmten Rohren

Aufgrund der Linearisierung ist dann

$$\left(\frac{dT}{dr}\right)\bigg|_{r_W} \approx \frac{T_F - T_W}{\delta_T},$$

woraus $\alpha_{lok} = \frac{\lambda}{\delta_T}$ folgt.

Damit hätte man eine Möglichkeit, über die Messung von $\dot{q}$ und λ zur lokalen Übergangszahl zu gelangen. Aber aufgrund ihrer geringen Dicke von nur einigen Millimetern würde bei der Messung die Grenzschicht beeinträchtigt. Bei einer laminaren Strömung versagt das Modell erst recht, weil das parabelförmige Temperaturprofil zu stark ausgebildet ist.

Die Wärmeübergangszahl kann aber auch nicht rechnerisch hergeleitet werden, sondern muss aus Messungen empirisch ermittelt werden. Tatsächlich wird die Übergangszahl α über die Nusselt-Zahl bestimmt (analog erfolgt die Ermittlung der Übergangszahl α bei Festkörpern über die Biot-Zahl). Vergleicht man die Nusselt-Zahl $Nu = \frac{\alpha \cdot d}{\lambda}$ mit Obigem, so bezeichnet sie das Verhältnis der charakterischen Länge (hier des Durchmessers) und der Grenzschichtdicke:

$$Nu = \frac{\alpha \cdot d}{\lambda} = \frac{d}{\frac{\lambda}{\alpha}} = \frac{d}{\delta_T}.$$

Die Nusselt-Zahl kann auch als Verhältnis von turbulenter Strömungsdicke zur laminaren Grenzschichtdicke aufgefasst werden.

Auch bei angeströmten Flächen bildet sich eine laminare Grenzschicht aus (Abb. 7.5 rechts). Bis zur Grenzschicht hin kann man die Temperatur vorerst wieder als etwa gleich groß auffassen und innerhalb der Schicht als linear verlaufend (gestrichelte Linie). T_F bezeichnet in diesem Fall die mittlere Temperatur der Strömung.

Wie schon oben erwähnt ist die Nusselt-Zahl eine Funktion der Reynolds- und Prandtl-Zahl. Sie ist aber auch abhängig von der Geometrie des an- oder durchströmten Körpers und der Strömungsrichtung. Genauer ist, wie wir sehen werden $Nu(Re, Pr, \text{Geometrie}, \frac{T_{Fluid}}{T_W})$.

7.7 Einfluss- und Korrekturfaktoren

A) Die Richtung des Wärmestroms

Da sowohl die Reynolds- als auch die Prandtl-Zahl über temperaturabhängige Größen des Fluids bestimmt werden, spielt es eine Rolle, ob es sich um eine Heizung oder eine Kühlung des Fluids handelt. Diesem Umstand wird mit einem Faktor f_1 Rechnung getragen. Für Flüssigkeiten (laminar und turbulent) hat man Folgendes gefunden: $f_1 = (\frac{Pr_F}{Pr_W})^{0.11}$(nach Hausen). Bei Gasen kann man unabhängig von der Fließart $f_1 = 1$ setzen. Die Prandtl-Zahl Pr_F muss dabei bei der Bezugstemperatur $T_B = \frac{T_{Fluid}+T_{Wand}}{2}$

gebildet werden, wobei die Fluidtemperatur selber eine Mittelung zwischen den betrachteten Eintritts- und Austrittsstellen darstellt:

$$T_{\text{Fluid}} = \frac{T_{\text{Ein, Zentrum}} + T_{\text{Aus, Zentrum}}}{2} .$$

B) Die Rohrlänge

Mit f_2 wollen wir den Einfluss der Rohrlänge bezeichnen. Am Eintritt ist das Temperaturprofil nicht ausgebildet, die Grenzschicht nicht vorhanden und somit $\alpha_{\text{lok}} = \infty$. Mit steigender Lauflänge nimmt die Grenzschichtdicke zu und α_{lok} wird kleiner, bis bei voll ausgebildeter Grenzschicht α_{lok} konstant bleibt (Abb. 7.6 links).

Es gilt $f_2 = 1 + (\frac{d}{l})^{\frac{2}{3}}$ (nach Gnielinski). Mit der Bestimmung der Nusselt-Zahl erhält man also eine über die ganze Rohrlänge gemittelte Übergangszahl α_{m}. Für große Rohrlängen ist $f_2 \approx 1$, was bedeutet, dass die schwankenden lokalen Übergangszahlen beim Eintritt keine Rolle mehr spielen.

C) Der Ringspalt

Ringspalte benötigen eine zusätzliche Korrektur. Hier ist das Verhältnis beider Ringspaltdurchmesser zu berücksichtigen. Bei Ringspalten, in denen die Wärmeübertragung nur vom oder zum Innenrohr erfolgt, verwenden wir folgende Korrektur: $f_3 = 0{,}86 \cdot (\frac{d_{\text{a}}}{d_{\text{i}}})^{0{,}16}$ (nach Gnielinski).

D) Die Rohrreibung

Aufgrund der Viskosität des Fluids entstehen zwischen unterschiedlich strömenden Fluidschichten Schubspannungen. Diese bewirken einen Druckverlust, was mit einem Energieverlust einhergeht. Bei turbulenter Strömung geht zusätzlich Energie durch die Wandreibung verloren. Dieser Verlust ist umso größer, je rauher die Wand ist.

Die Rohrreibungszahl ξ ist ein Maß für diesen Druckverlust. Sie ist abhängig von der Reynolds-Zahl. Für eine laminare Strömung kann man ξ berechnen (siehe später). Im Fall einer turbulenten Strömung verwenden wir für den Moment $\xi = (1{,}8 \cdot \log_{10} Re - 1{,}5)^{-2}$ (nach Konakov). In den Bänden 5 und 6 wird die gebräuchlichere Formel von Colebrook-White angegeben.

Es gibt mehrere Formeln zur näherungsweisen Bestimmung der Nusselt-Zahl. Die folgenden sind die zuverlässigsten.

7.8 Näherungsweise Bestimmung der Nusselt-Zahl

I) Laminare Strömung (nach Gnielinski)

$$Nu_{\text{lam}} = \left[3{,}66^3 + 0{,}7^3 + \left\{\left(Re \cdot Pr_{\text{F}} \cdot \frac{d}{l}\right)^{\frac{1}{3}} - 0{,}7\right\}^3\right]^{\frac{1}{3}} \cdot f_1 \,,$$

Gültig für $0 < Re < 2300$, $0 < Pr < \infty$.

Für eine voll ausgebildete laminare Strömung setzt man $l \to \infty$ und es ist $Nu_{\text{lam}} = 3{,}66 \cdot f_1$.

II) Turbulente Strömung (nach Gnielinski)

$$Nu_{\text{turb}} = \frac{\frac{\xi}{8} \cdot Re \cdot Pr_{\text{F}}}{1 + 12{,}7 \cdot \sqrt{\frac{\xi}{8}} \cdot \left(Pr_{\text{F}}^{\frac{2}{3}} - 1\right)} \cdot f_1 \cdot f_2 \,,$$

Gültig für $10^4 < Re < 10^6$, $0{,}1 < Pr < 1000$, $\frac{d}{l} \leq 1$.

III) Laminar-turbulenter Übergangsbereich (nach Gnielinski)

Der Übergang geschieht sprunghaft. Der Bereich zwischen laminar und turbulent wird charakterisiert durch $2300 < Re < 10^4$. Dann drückt $\gamma = \frac{Re-2300}{10^4-2300}$ den relativen turbulenten Anteil und $1 - \gamma$ den relativen laminaren Anteil der vorhandenen Strömung aus. Deswegen macht es Sinn, die zugehörige Nusselt-Zahl folgendermaßen zu interpolieren:

$$Nu = (1 - \gamma) \cdot Nu_{\text{lam}}(Re = 2300) + \gamma \cdot Nu_{\text{tur}}(Re = 10^4)$$

mit dem Gültigkeitsbereich $2300 < Re < 10^4$, $0{,}6 < Pr < 1000$, $\frac{d}{l} \leq 1$.

7.9 Fluid in Rohrbögen

Durch die Zentrifugalkräfte und die Reibung bildet sich eine Sekundärströmung aus, die den Wärmeübergang erhöht. Es gilt $\alpha_{\text{Rohrbogen}} = \alpha_{\text{Gerades Rohr}} \cdot (1 + 3{,}54 \cdot \frac{d}{D})$ (Abb. 7.6 rechts).

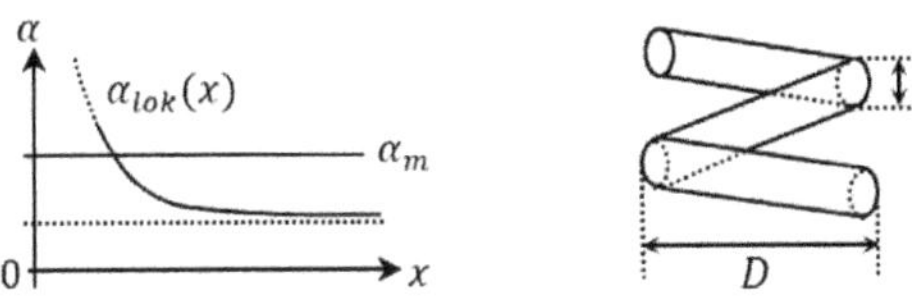

Abb. 7.6: Skizzen zu den Einflussfaktoren einer Rohrströmung

Beispiel 1. Gesucht sind die Wärmeübergangszahlen von Wasser und von Luft bei zwei verschiedenen Drücken. Gegeben ist ein Rohr mit 25 mm Innendurchmesser und 1 m Länge. Die Temperatur der Rohrwand ist 90 °C, die gemittelte Temperatur des Fluids ist 20 °C, bzw. 50 °C. Aus nachstehender Tabelle entnimmt man die zur Rechnung benötigten Größen.

	$u\ \left[\frac{m}{s}\right]$	$\nu\ \left[\frac{m^2}{s}\right]$	$\lambda\ \left[\frac{W}{m \cdot K}\right]$	Pr_F	Pr_W
Wasser 20 °C	2	$1{,}003 \cdot 10^{-6}$	0,5980	7,000	1,96
Wasser 50 °C	2	$0{,}554 \cdot 10^{-6}$	0,6410	3,570	1,96
Luft 1 bar	20	$18{,}250 \cdot 10^{-6}$	0,0279	0,711	0,79
Luft 10 bar	20	$1{,}833 \cdot 10^{-6}$	0,0283	0,712	0,79

Zuerst werden die drei Reynoldszahlen bestimmt. Alle liegen weit über 10^4, wodurch wir es mit einer turbulenten Strömung zu tun haben. Sogleich werden die Rohrreibungszahlen ermittelt. Es folgen die Einflussgrößen f_1 und f_2. Schließlich bestimmt man die zugehörigen Nusselt-Zahlen und die zugehörigen Wärmeübergangszahlen. Die folgende Tabelle enthält alle berechneten Größen.

	Re	ξ	f_1	f_2	Nu_{turb}	$\alpha\ \left[\frac{W}{m^2 \cdot K}\right]$
Wasser 20 °C	49.850	0,0207	1,1503	1,085	414,2	9.907
Wasser 50 °C	90.253	0,0182	1,0682	1,085	477,9	12.253
Luft 1 bar	27.397	0,0238	0,9540	1,085	69,8	78
Luft 10 bar	272.777	0,0146	0,9540	1,085	412,2	467

Flüssigkeiten besitzen wesentlich größere Wärmeübergangszahlen als Gase. Der Einfluss der Gasgeschwindigkeiten ist für die Erhöhung der Wärmeübergangszahl gering, wohingegen die größere kinematische Viskosität und die kleinere Wärmeleitfähigkeit der Gase überwiegen und kleinere Wärmeübergangszahlen verursachen. Steigt bei Gasen der Druck, so sinkt die kinematische Viskosität, was zu einer größeren Reynolds- und Wärmeübergangszahl führt.

Beispiel 2. Wir betrachten dasselbe Rohr wie im ersten Beispiel. Das Fluid ströme mit $2\ \frac{m}{s}$, aber mit einer unbekannten Temperatur durch das Rohr. Die Wandtemperatur sei wieder 90 °C mit der zugehörigen Prandl-Zahl von 1,96. Die Wärmeübergangszahl ergibt sich zu $\alpha = 11.500\ \frac{W}{m^2 \cdot K}$. Es soll die (mittlere) Fluidtemperatur ermittelt werden. Folgende Werte seien gegeben:

	$\nu\ \left[\frac{m^2}{s}\right]$	$\lambda\ \left[\frac{W}{m \cdot K}\right]$	Pr_F	$\alpha\ \left[\frac{W}{m^2 \cdot K}\right]$
Wasser 20 °C	$1{,}003 \cdot 10^{-6}$	0,598	7,00	9.907
Wasser 30 °C	$0{,}801 \cdot 10^{-6}$	0,616	5,41	–
Wasser 40 °C	$0{,}658 \cdot 10^{-6}$	0,631	4,32	–
Wasser 50 °C	$0{,}554 \cdot 10^{-6}$	0,641	3,57	12.253

Da die Fluidtemperatur unbekannt ist, müssen wir vorerst eine annehmen. Um einen sinnvollen Startwert zu erhalten, interpolieren wir. Aus dem 1. Beispiel sind die Übergangszahlen bekannt: $\alpha = \frac{12.253-9907}{50-20} \cdot T_F + 8343$.

Für das gegebene $\alpha_0 = 11.500$ erhält man $T_{Fluid,0} = 40{,}37\,°C$.

Die Interpolationsgerade Prandtl-Zahl/Temperatur lautet $Pr = \frac{3{,}57-7}{50-20} \cdot T_F + 9{,}287$. $T_{Fluid,0} = 40{,}37\,°C$ entspricht der Prandtl-Zahl $Pr_F = 4{,}671$.

Weiter folgt die Interpolationsgerade für kinematische Viskosität und Temperatur zu $\nu = \frac{0{,}554-1{,}003}{50-20} \cdot T_F + 1{,}302$. Für $T_{Fluid,0} = 40{,}37\,°C$ folgt $\nu = 0{,}698 \cdot 10^{-6}$.

Schließlich noch die Interpolation für die Wärmeleitung:

$$\lambda = \frac{0{,}641 - 0{,}598}{50 - 20} \cdot T_F + 0{,}569 \,.$$

Diese ausgewertet für $T_{Fluid,0} = 40{,}37\,°C$ liefert $\lambda = 0{,}6272$.

Damit ist die Bezugstemperatur für die zu verwendenden Stoffwerte gegeben.

Die Reynoldszahl ist

$$Re = \frac{0{,}025 \cdot 2}{0{,}697 \cdot 10^{-6}} = 71.621{,}3 \,.$$

Für die Rohrreibungszahl ergibt sich $\xi = (1{,}8 \cdot \log_{10} 71.621{,}3 - 1{,}5)^{-2} = 0{,}0191$.

Die Einflussgrößen betragen

$$f_1 = \left(\frac{4{,}671}{1{,}96}\right)^{0{,}11} = 1{,}1002 \quad \text{und} \quad f_2 = 1 + \left(\frac{0{,}025}{1}\right)^{\frac{2}{3}} = 1{,}0855 \,.$$

Damit wäre die Nusselt-Zahl

$$Nu_{turb} = \frac{\frac{0{,}0191}{8} \cdot 71.621{,}3 \cdot 4{,}671}{1 + 12{,}7 \cdot \sqrt{\frac{0{,}0191}{8}} \cdot \left(4{,}671^{\frac{2}{3}} - 1\right)} \cdot 1{,}100 \cdot 1{,}085 = 451{,}05 \,.$$

Die zugehörige Wärmeübergangszahl errechnet sich zu $\alpha_1 = \frac{451{,}0 \cdot 0{,}6272}{0{,}025} = 11.315{,}83$.

Nun interpolieren wir bezüglich der neuen Temperatur $T_{Fluid,0} = 40{,}37\,°C$ und den 50 °C.

Wir erhalten nacheinander

$$\alpha = \frac{12.253 - 11.315{,}8}{50 - 40{,}37\,°C} \cdot T_F + 7386{,}7 \,,$$

für $\alpha_0 = 11.500$ erhält man $T_{Fluid,1} = 42{,}26\,°C$,

$$Pr = \frac{3{,}57 - 4{,}671}{50 - 40{,}37\,°C} \cdot T_F + 9{,}287 \,, \quad T_{Fluid,1} = 42{,}26\,°C \text{ entspricht } Pr_F = 4{,}455 \,,$$

$$\nu = \frac{0{,}554 - 0{,}6981}{50 - 40{,}37\,°C} \cdot T_F + 1{,}302 \,,$$

für $T_{Fluid,1} = 42{,}26\,°C$ folgt $\nu = 0{,}6698 \cdot 10^{-6}$,

$$\lambda = \frac{0{,}641 - 0{,}6272}{50 - 40{,}37\,°C} \cdot T_F + 0{,}569 \quad \text{und } T_{Fluid,1} = 42{,}26\,°C \text{ liefert } \lambda = 0{,}6299 \,.$$

Die Reynoldszahl ist $Re = \frac{0,025 \cdot 2}{0,6698 \cdot 10^{-6}} = 74.649,6$.

Für die Rohrreibungszahl ergibt sich $\xi = (1,8 \cdot \log_{10} 74.649,6 - 1,5)^{-2} = 0,0189$.

Die Einflussgrößen betragen

$$f_1 = \left(\frac{4,455}{1,96}\right)^{0,11} = 1,0945 \quad \text{und} \quad f_2 = 1 + \left(\frac{0,025}{1}\right)^{\frac{2}{3}} = 1,0855\,.$$

Damit wäre die Nusselt-Zahl

$$Nu_{\text{turb}} = \frac{\frac{0,0189}{8} \cdot 74.649,6 \cdot 4,455}{1 + 12,7 \cdot \sqrt{\frac{0,0189}{8}} \cdot \left(4,455^{\frac{2}{3}} - 1\right)} \cdot 1,0945 \cdot 1,0855 = 454,67\,.$$

Die zugehörige Wärmeübergangszahl errechnet sich zu

$$\alpha_2 = \frac{454,67 \cdot 0,6299}{0,025} = 11.456,05\,.$$

Wir führen noch eine weitere Iteration aus und interpolieren bezüglich der neuen Temperatur $T_{\text{Fluid},1} = 42,26\,°\text{C}$ und den 50 °C. Wir erhalten nacheinander

$$\alpha = \frac{12.253 - 11.456,05}{50 - 42,26} \cdot T_{\text{F}} + 7102,7\,,$$

für $\alpha_0 = 11.500$ erhält man $T_{\text{Fluid},2} = 42,69\,°\text{C}$,

$$Pr = \frac{3,57 - 4,455}{50 - 42,268} \cdot T_{\text{F}} + 9,287\,, \quad T_{\text{Fluid},2} = 42,69\,°\text{C} \text{ entspricht } Pr_{\text{F}} = 4,406\,,$$

$$\nu = \frac{0,554 - 0,66985}{50 - 42,26} \cdot T_{\text{F}} + 1,302\,,$$

für $T_{\text{Fluid},1} = 42,69\,°\text{C}$ folgt $\nu = 0,6634 \cdot 10^{-6}$,

$$\lambda = \frac{0,641 - 0,62995}{50 - 42,268} \cdot T_{\text{F}} + 0,569 \quad \text{und} \quad T_{\text{Fluid},1} = 42,69\,°\text{C} \text{ liefert } \lambda = 0,6305\,.$$

Die Reynoldszahl ist $Re = \frac{0,025 \cdot 2}{0,6634 \cdot 10^{-6}} = 75.368,2$.

Für die Rohrreibungszahl ergibt sich $\xi = (1,8 \cdot \log_{10} 75.368,2 - 1,5)^{-2} = 0,0189$.

Die Einflussgrößen betragen

$$f_1 = \left(\frac{4,406}{1,96}\right)^{0,11} = 1,0932 \quad \text{und} \quad f_2 = 1 + \left(\frac{0,025}{1}\right)^{\frac{2}{3}} = 1,0855\,.$$

Damit wäre die Nusselt-Zahl

$$Nu_{\text{turb}} = \frac{\frac{0,0188}{8} \cdot 75.368,2 \cdot 4,406}{1 + 12,7 \cdot \sqrt{\frac{0,0189}{8}} \cdot \left(4,406^{\frac{2}{3}} - 1\right)} \cdot 1,0932 \cdot 1,0855 = 455,49\,.$$

Die zugehörige Wärmeübergangszahl errechnet sich zu

$$\alpha_2 = \frac{455,49 \cdot 0,6305}{0,025} = 11.487,76\,.$$

Die Genauigkeit beträgt schon 0,1 %. Also ist die Fluidtemperatur $T_{\text{Fluid}} = 42,7\,°\text{C}$.

7.10 Eigentliche Wärmeüberträger

Nun kommen wir zu den eigentlichen Wärmeüberträgern. Im Weiteren betrachten wir zwei Arten von allgemeinen Wärmeüberträgern mit zwei Fluiden: Gleichstrom- und Gegenstromwärmeüberträger.

Letzterer ist modellhaft in Abb. 7.7 links dargestellt.

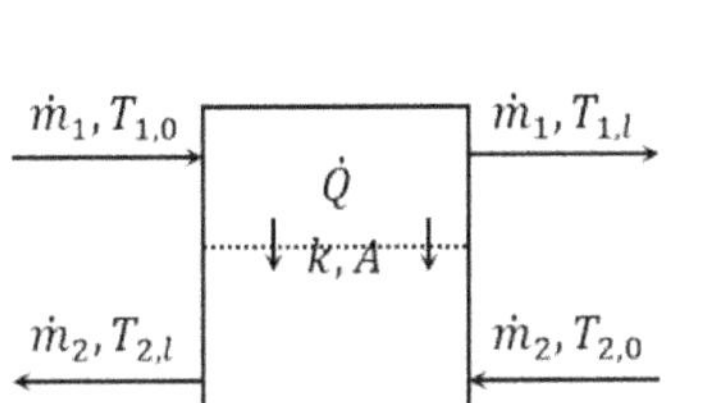

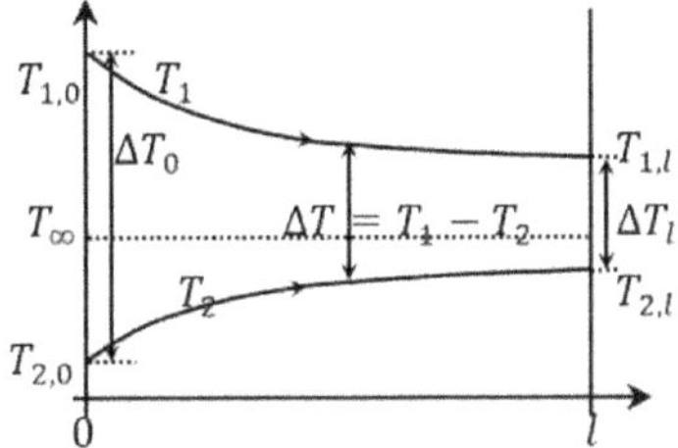

Abb. 7.7: Skizzen zu den Wärmeüberträgern

Dabei wird der Eintritt mit einer Null und der Austritt mit einem l gekennzeichnet. Das Fluid 1 mit der Temperatur $T_{1,0}$ und dem Massenstrom $\dot{m}_1$(Masse pro Zeit) tritt in den Wärmeüberträger ein. Auf dem Weg zu seinem Austritt verändert sich durch Wärmeabgabe über die Trennwand an das Fluid 2 seine Temperatur auf $T_{1,l}$. Gleichzeitig ändert sich die Temperatur von Fluid 2 mit dem Massenstrom $\dot{m}_2$ von $T_{2,0}$ auf $T_{2,l}$. Der Wärmestrom $\dot{Q}$ ist dabei abhängig vom Wärmeübergangskoeffizienten k und der zur Verfügung stehenden Fläche A, die durch Rippen vergrößert werden kann.

Den übertragenen bzw. über die Trennfläche aufgenommenen Wärmestrom kann man darstellen als $\dot{Q} = \dot{W}_1 \cdot \Delta T_1$ respektive $\dot{Q} = \dot{W}_2 \cdot \Delta T_2$.

Die Ausdrücke $\dot{W}_1 = \dot{m}_1 \cdot c_{p_1}$ und $\dot{W}_2 = \dot{m}_2 \cdot c_{p_2}$ heißen Kapazitätströme. Die folgende Abb. 7.8 gibt den qualitativen Temperaturverlauf beider Fluide für Gleich- und Gegenstrom für alle möglichen Kapazitätströme an.

Der Unterschied zwischen Gleich- und Gegenstrom wird wohl für gleiche Kapazitätströme am einsichtigsten. Im Fall von Gleichstrom kann man bestenfalls erreichen, dass die Austrittstemperatur $T_{2,l}$ nahezu $T_{1,l}$ entspricht, auch wenn man die Eintrittstemperatur $T_{2,0}$ noch so nahe an $T_{1,0}$ legt.

Bei Gegenstrom wird mehr Wärmemenge übertragen. Obwohl die Eingangstemperatur $T_{2,0}$ tiefer als $T_{1,l}$ liegt, ist es möglich, dass die Austrittstemperatur $T_{2,l}$ höher als die Austrittstemperatur $T_{1,l}$ ausfällt und bestenfalls gleich hoch wie die Eintrittstemperatur $T_{1,0}$.

Nun wollen wir den Wärmestrom $\dot{Q}$ bestimmen (Abb. 7.7 rechts).

Für ein Flächenelement dA gilt dann $d\dot{Q} = k{\cdot}\Delta T{\cdot}dA$ oder auch $d\dot{Q} = k(T_1 - T_2){\cdot}dA$.

Gleichfalls ist $d\dot{Q} = -\dot{W}_1 \cdot dT_1$, wobei dT_1 den Temperaturunterschied des Fluids auf dem Weg von l nach $l + dl$ bezeichnet. Ebenso ist $d\dot{Q} = \dot{W}_2 \cdot dT_2$.

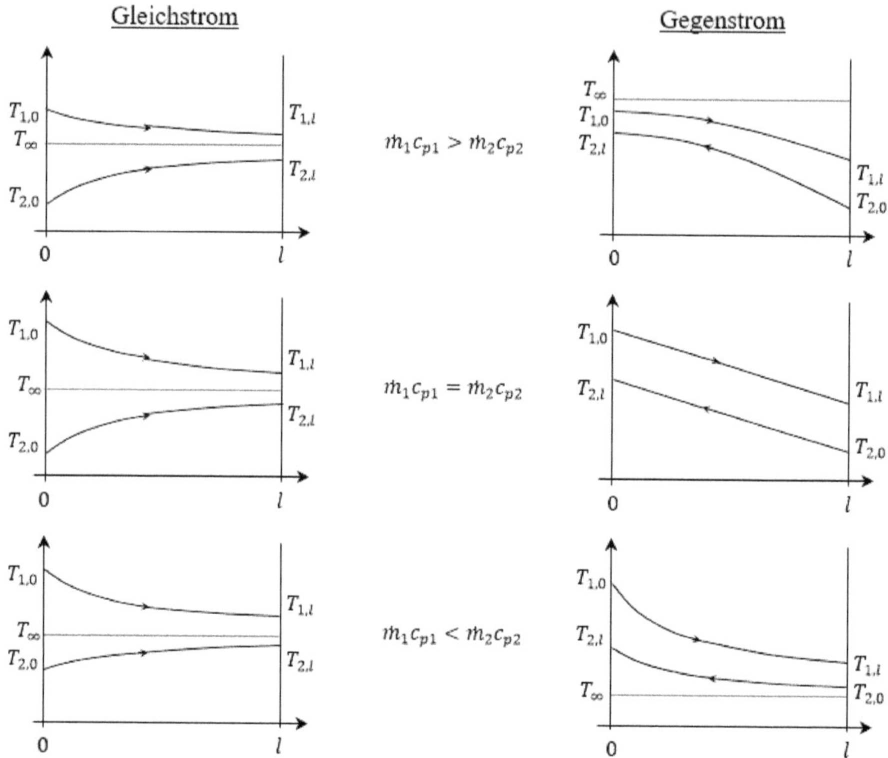

Abb. 7.8: Skizzen zu den Kapazitätsströmen

Gleichsetzen ergibt $k \cdot \Delta T \cdot dA = -\dot{W}_1 \cdot dT_1$ und $k \cdot \Delta T \cdot dA = \dot{W}_2 \cdot dT_2$ (Genauer gesagt ist $dT_1 < 0$ und $dT_2 > 0$. Im ersten Fall schreiben wir das Minuszeichen aus und rechnen mit positiven Differenzen $dT_1 > 0$.)

Daraus wird

$$dT_1 = -\frac{k}{\dot{W}_1} \cdot \Delta T \cdot dA \quad \text{und} \quad dT_2 = \frac{k}{\dot{W}_2} \cdot \Delta T \cdot dA\,. \tag{7.4}$$

Diese Gleichungen gelten für beliebige Stellen $0 \leq x \leq l$: $dT_1 = -\frac{k}{\dot{W}_1} \cdot \Delta T_x \cdot dA(x)$.

Die Subtraktion beider Gleichungen liefert

$$\begin{aligned} dT_1 - dT_2 &= -k\left(\frac{1}{\dot{W}_1} + \frac{1}{\dot{W}_2}\right) \cdot \Delta T \cdot dA \\ \Longrightarrow \quad d(T_1 - T_2) &= -k\left(\frac{1}{\dot{W}_1} + \frac{1}{\dot{W}_2}\right) \cdot \Delta T \cdot dA\,. \end{aligned}$$

Nach Variablen getrennt führt dies zu

$$\frac{d(\Delta T)}{\Delta T} = -\mu k \cdot dA \quad \text{mit} \quad \mu = \frac{1}{\dot{W}_1} + \frac{1}{\dot{W}_2}\,.$$

Man muss also über Differenzen ΔT entlang des Weges integrieren:

$$\int_{\Delta T_0}^{\Delta T_l} \frac{d(\Delta T)}{\Delta T} = -\mu k \cdot \int_A dA \quad \Longrightarrow \quad \ln(\Delta T_l) - \ln(\Delta T_0) = -\mu A$$

$$\Longrightarrow \quad \ln\left(\frac{\Delta T_l}{\Delta T_0}\right) = -\mu kA \quad \text{oder} \quad \Delta T_l = \Delta T_0 \cdot e^{-\mu kA}\,, \tag{7.5}$$

wobei $\Delta T_0 = T_{1,0} - T_{2,0}$ bezeichnet.

Für l kann man irgendeine Länge $0 \le x \le l$ wählen: $\Delta T_x = \Delta T_0 \cdot e^{-\mu kA(x)}$.

Um den gesamten Wärmestrom zu berechnen, wird in der Gleichung $d\dot{Q} = k \cdot \Delta T \cdot dA$ das ΔT durch $\Delta T_x = \Delta T_0 \cdot e^{-\mu kA(x)}$ ersetzt und über die gesamte Fläche (oder über die gesamte Länge $0 \le x \le l$, deswegen von 0 *bis* A) integriert:

$$\int_{\dot{Q}} d\dot{Q} = \Delta T_0 \cdot k \int_0^A e^{-\mu kA^*}\, dA^*$$

$$\begin{aligned}
\Longrightarrow \quad \dot{Q} &= -\frac{\Delta T_0}{\mu} \cdot [e^{-\mu kA^*}]_0^A = -\frac{\Delta T_0}{\mu}(e^{-\mu kA} - 1) = \frac{\Delta T_0}{\mu}(1 - e^{-\mu kA}) \\
&= -kA \cdot \frac{\Delta T_0}{\ln\left(\frac{\Delta T_l}{\Delta T_0}\right)}\left(1 - e^{\ln\left(\frac{\Delta T_l}{\Delta T_0}\right)}\right) \\
&= kA \cdot \frac{\Delta T_0}{\ln\left(\frac{\Delta T_0}{\Delta T_l}\right)}\left(1 - \frac{\Delta T_l}{\Delta T_0}\right) \quad \text{und schließlich} \quad \dot{Q} = kA \cdot \frac{\Delta T_0 - \Delta T_l}{\ln\left(\frac{\Delta T_0}{\Delta T_l}\right)}\,.
\end{aligned}$$

$\Delta T_m = \frac{\Delta T_0 - \Delta T_l}{\ln(\Delta T_0/\Delta T_l)}$ ist die über die ganze Austauschfläche gemittelte Temperaturdifferenz.

Nähern sich ΔT_0 und ΔT_l einander an, so muss im Grenzwert auch $\Delta T_m = \Delta T_0 = \Delta T_l$ sein, was man mit der Regel von Bernoulli-L'Hôspital einsieht:

$$\lim_{\Delta T_0 \to \Delta T_l} \Delta T_m = \lim_{\Delta T_0 \to \Delta T_l} \frac{\Delta T_0 - \Delta T_l}{\ln\left(\frac{\Delta T_0}{\Delta T_l}\right)} = \lim_{\Delta T_0 \to \Delta T_l} \frac{1}{\frac{1}{\frac{\Delta T_0}{\Delta T_l}} \cdot \frac{1}{\Delta T_l}} = \lim_{\Delta T_0 \to \Delta T_l} \Delta T_0 = \Delta T_l\,.$$

Die Temperaturdifferenz ΔT_m ist auch kleiner als das arithmetische Mittel $\frac{\Delta T_0 + \Delta T_l}{2}$.

Dazu kombinieren wir die folgenden zwei Reihenentwicklungen des Logarithmus

$$\begin{aligned}
\ln(1+z) &= z - \frac{z^2}{2} + \frac{z^3}{3} - \frac{z^4}{4} \pm \ldots \quad \text{für} \quad -1 < z \le 1 \quad \text{und} \\
\ln(1-z) &= -z - \frac{z^2}{2} - \frac{z^3}{3} - \frac{z^4}{4} - \cdots \quad \text{für} \quad -1 \le z < 1
\end{aligned}$$

zu einer neuen:

$$\ln\left(\frac{1+z}{1-z}\right) = \ln(1+z) - \ln(1+z) = 2\left(z + \frac{z^3}{3} + \frac{z^5}{5} + \cdots\right) \quad \text{für} \quad -1 < z < 1\,.$$

Mit $x = \frac{1+z}{1-z}$ erhält man $z = \frac{x-1}{x+1}$. Dann lautet unsere Reihenentwicklung

$$\ln(x) = 2\left(\frac{x-1}{x+1} + \frac{1}{3}\left(\frac{x-1}{x+1}\right)^3 + \frac{1}{5}\left(\frac{x-1}{x+1}\right)^5 + \cdots\right) \quad \text{für} \quad x > 0\,.$$

Folglich ist dann

$$\frac{1}{\ln(x)} = \frac{1}{2\left(\frac{x-1}{x+1} + \frac{1}{3}\left(\frac{x-1}{x+1}\right)^3 + \frac{1}{5}\left(\frac{x-1}{x+1}\right)^5 + \cdots\right)} < \frac{1}{2\left(\frac{x-1}{x+1}\right)} = \frac{1}{2}\left(\frac{x+1}{x-1}\right).$$

Nun wählen wir $x = \frac{\Delta T_0}{\Delta T_l}$ und erhalten

$$\frac{1}{\ln\left(\frac{\Delta T_0}{\Delta T_l}\right)} < \frac{1}{2}\left(\frac{\frac{\Delta T_0}{\Delta T_l} + 1}{\frac{\Delta T_0}{\Delta T_l} - 1}\right) = \frac{1}{2}\left(\frac{\Delta T_0 + \Delta T_l}{\Delta T_0 - \Delta T_l}\right).$$

Daraus folgt schließlich

$$\frac{\Delta T_0 - \Delta T_l}{\ln\left(\frac{\Delta T_0}{\Delta T_l}\right)} < \frac{\Delta T_0 + \Delta T_l}{2}.$$

Für die Temperaturverläufe T_1 und T_2 der beiden Fluide wird der Ausdruck (7.5) in den Ausdruck (7.4) eingesetzt. Das ergibt $dT_1 = -\frac{k}{\dot{m}_1 c_{p_1}} \Delta T_0 \cdot e^{-\mu k A} \cdot dA$.

Die Integration liefert

$$\int_{T_{1,0}}^{T_1} dT_1^* = -\frac{k}{\dot{m}_1 c_{p_1}} \Delta T_0 \cdot \int_0^A e^{-\mu k A^*} \cdot dA^*$$

$$\Longrightarrow \quad T_1 - T_{1,0} = \frac{k}{\dot{W}_1} \Delta T_0 \cdot \frac{1}{\mu k}(e^{-\mu k A} - 1).$$

Als Ergebnis für Gleichstrom folgt

$$T_1(A) = T_{1,0} - (T_{1,0} - T_{2,0}) \cdot \frac{\dot{W}_2}{\dot{W}_1 + \dot{W}_2}\left(1 - e^{-\frac{\dot{W}_1 + \dot{W}_2}{\dot{W}_1 \cdot \dot{W}_2} \cdot kA}\right).$$

Analog erhält man aus $dT_2 = \frac{k}{\dot{m}_2 c_{p_2}} \cdot \Delta T_0 \cdot e^{-\mu k A} \cdot dA$ durch Integration

$$\int_{T_{2,0}}^{T_2} dT_2^* = \frac{k}{\dot{m}_2 c_{p_2}} \Delta T_0 \cdot \int_0^A e^{-\mu k A^*} \cdot dA^*$$

und schließlich

$$T_2(A) = T_{2,0} + (T_{1,0} - T_{2,0}) \cdot \frac{\dot{W}_1}{\dot{W}_1 + \dot{W}_2}\left(1 - e^{-\frac{\dot{W}_1 + \dot{W}_2}{\dot{W}_1 \cdot \dot{W}_2} \cdot kA}\right).$$

Für sehr große Austauschflächen konvergieren die Temperaturen gegen die Temperatur

$$T_\infty = T_{1,0} - (T_{1,0} - T_{2,0}) \cdot \frac{\dot{W}_2}{\dot{W}_1 + \dot{W}_2} = T_{2,0} + (T_{1,0} - T_{2,0}) \cdot \frac{\dot{W}_1}{\dot{W}_1 + \dot{W}_2}$$

oder

$$T_\infty = T_{1,l} = T_{2,l} = \frac{T_{1,0} \cdot \dot{W}_1 + T_{2,0} \cdot \dot{W}_2}{\dot{W}_1 + \dot{W}_2}.$$

Im Falle von Gegenstrom ist $\Delta T_0 = T_{1,0} - T_{2,l}$ und es liegen folgende DGLen zugrunde:

$$dT_1 = -\frac{k}{\dot{W}_1} \cdot \Delta T \cdot dA \quad \text{und} \quad dT_2 = -\frac{k}{\dot{W}_2} \cdot \Delta T \cdot dA\,.$$

Die Subtraktion beider Gleichungen liefert $dT_1 - dT_2 = -k(\frac{1}{\dot{W}_1} - \frac{1}{\dot{W}_2}) \cdot \Delta T \cdot dA$, woraus

$$\mu = \frac{1}{\dot{W}_1} - \frac{1}{\dot{W}_2}$$

ersichtlich wird.

Mit $dT_1 = -\frac{k}{\dot{W}_1} \cdot \Delta T_0 \cdot e^{-\mu k A} \cdot dA$ und $dT_2 = -\frac{k}{\dot{W}_2} \cdot \Delta T_0 \cdot e^{-\mu k A} \cdot dA$ sehen die Integrationen so aus:

$$\int_{T_{1,0}}^{T_1} dT_1^* = -\frac{k}{\dot{W}_1}\Delta T_0 \cdot \int_0^A e^{-\mu k A^*} \cdot dA^* \quad \text{und} \quad \int_{T_{2,0}}^{T_2} dT_2^* = -\frac{k}{\dot{W}_2}\Delta T_0 \cdot \int_{A(l)}^{A} e^{-\mu k A^*} \cdot dA^*$$

$$\Longrightarrow \quad T_1 - T_{1,0} = \frac{k}{\dot{W}_1}\Delta T_0 \cdot \frac{1}{\mu k}(e^{-\mu k A} - 1)\,.$$

Es ergibt sich

$$T_1(A) = T_{1,0} - (T_{1,0} - T_{2,l}) \cdot \frac{\dot{W}_2}{\dot{W}_2 - \dot{W}_1}\left(1 - e^{-\frac{\dot{W}_2 - \dot{W}_1}{\dot{W}_1 \cdot \dot{W}_2} \cdot kA}\right)\,.$$

Für T_2 erhält man $T_2 - T_{2,0} = \frac{k}{\dot{m}_2 c_{p_2}}\Delta T_0 \cdot \frac{1}{\mu k}(e^{-\mu k A} - e^{-\mu k A(l)})$ und schließlich

$$T_2(A) = T_{2,0} - (T_{1,0} - T_{2,l}) \cdot \frac{\dot{W}_2}{\dot{W}_2 - \dot{W}_1}\left(e^{-\frac{\dot{W}_1 - \dot{W}_2}{\dot{W}_1 \cdot \dot{W}_2} \cdot kA(l)} - e^{-\frac{\dot{W}_1 - \dot{W}_2}{\dot{W}_1 \cdot \dot{W}_2} \cdot kA}\right)\,.$$

Für sehr große Austauschflächen konvergieren die Temperaturen gegen die Temperatur

$$T_\infty = T_{2,0} = T_{1,l} = \frac{T_{2,l} \cdot \dot{W}_2 - T_{1,0} \cdot \dot{W}_1}{\dot{W}_2 - \dot{W}_1}\,.$$

Beispiel 1. Wir betrachten einen Kreislauf, bei dem Wasser von 20 °C ($T_{2,0}/T_{2,l}$) auf 50 °C ($T_{2,l}/T_{2,0}$) erwärmt werden soll (Abb. 7.9, oben links). Dazu steht ein weiterer Wasserkreislauf zur Verfügung. Das Wasser kühlt von anfangs 100 °C ($T_{1,0}$) auf 60 °C ($T_{1,l}$) ab.

Der Wärmestrom berechnet sich zu

$$\dot{Q} = \dot{Q}_1 = \dot{m}_1 c_{p_1} \cdot dT_1 = \dot{m}_1 c_{p_1}(100 - 60) = \dot{m}_2 c_{p_2}(50 - 20)\,.$$

Folglich gilt für die Massenströme $\dot{m}_2 = 0{,}75 \cdot \dot{m}_1$.

Für die mittlere Temperaturdifferenz erhält man im Fall von Gleichstrom $\Delta T_{\mathrm{m,Gl}} = \frac{80-10}{\ln(80/10)} = 33{,}66$ °C und im Fall von Gegenstrom

$$\Delta T_{\mathrm{m,Gg}} = \frac{50 - 40}{\ln\left(\frac{50}{40}\right)} = 44{,}81\ ^\circ\mathrm{C}\,.$$

Aus der Gleichheit der Wärmeströme $\dot{Q}_{Gl} = kA_{Gl}\Delta T_{m,Gl}$ und $\dot{Q}_{Gg} = kA_{Gg}\Delta T_{m,Gg}$ sieht man, dass die Austauschflächen sich wie die mittleren Temperaturdifferenzen verhalten, sofern man von gleichem k ausgeht:

$$\frac{A_{Gl}}{A_{Gg}} = \frac{\Delta T_{m,Gg}}{\Delta T_{m,Gl}} = 1{,}33 \, .$$

Für dieselbe Wärmeübertragung bräuchte es bei Gleichstrom eine größere Fläche, der Gegenstrom ist daher materialgünstiger.

Aufgabe
Bearbeiten Sie die Übung 18.

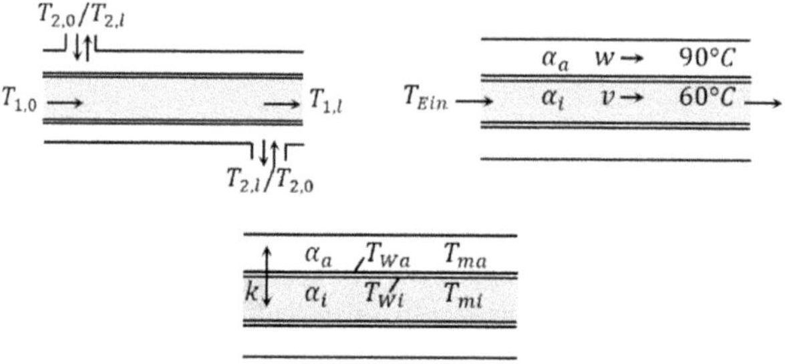

Abb. 7.9: Skizzen zu den Beispielen 1 und 2

Beispiel 2. Ein Einstromwärmeüberträger besteht aus zwei konzentrischen Rohren (Abb. 7.9 oben rechts). Im äußeren Rohr fließt ein Wasserstrom mit der Geschwindigkeit $w = 1\,\frac{\text{kg}}{\text{s}}$ und der konstanten Temperatur von 90 °C. Die Wärmeübergangszahl (zum inneren Rohr) beträgt $\alpha_a = 9.500\,\frac{\text{W}}{\text{m}^2\text{K}}$. Gegenüber der Umgebung sei das äußere Rohr vollständig isoliert.

Im inneren Rohr soll das Wasser mit einer Temperatur von 60 °C austreten und eine Wärmemenge von $Q = 100\,\frac{\text{kW}}{\text{s}}$ bereitstellen. Das innere Rohr hat einen Außendurchmesser von $d_a = 5$ cm und einen Innendurchmesser von $d_i = 4$ cm. Die Wärmeleitfähigkeit des Rohrmaterials sei $\lambda = 200\,\frac{\text{W}}{\text{mK}}$.

a) Bestimmen Sie die Eingangstemperatur T_{Ein} des inneren Wasserstroms.
b) Mit welcher Geschwindigkeit v fließt der innere Wasserstrom?
c) Wie groß ist die Wärmeübergangszahl α_i des inneren Wasserstroms zur Rohrwand?
d) Berechnen Sie die Durchgangszahl k.
e) Bestimmen Sie die notwendige Rohrlänge l.

Lösung. a) Ein Wärmestromvergleich liefert $Q = \dot{m} \cdot c_p \cdot (T_{\text{Aus}} - T_{\text{Ein}})$. Es wird die Wärmekapazität bei der Temperatur 60 °C benötigt. Sie beträgt $c_p = 4{,}196 \frac{\text{kJ}}{\text{kgK}}$. Daraus folgt

$$T_{\text{Ein},1} = T_{\text{Aus}} - \frac{\dot{Q}}{\dot{m} \cdot c_p} = T_{\text{Aus}} - \frac{100}{1 \cdot 4{,}196} = 60\,°\text{C} - 23{,}83\,°\text{C} = 36{,}17\,°\text{C}\,.$$

Damit ist die mittlere Temperatur des Wassers $T_{\text{m}} = \frac{1}{2}(60\,°\text{C} + 36{,}17\,°\text{C}) = 48{,}08\,°\text{C}$.

Nun müssen alle Stoffdaten bezüglich dieser Temperatur über eine lineare Interpolation von tabellierten Daten ermittelt werden. Es ist

T [°C]	$\rho\ \left[\frac{\text{kg}}{\text{m}^3}\right]$	$c_p\ \left[\frac{\text{kJ}}{\text{kgK}}\right]$	$\lambda\ \left[\frac{\text{W}}{\text{mK}}\right]$	$\nu\ \left[\frac{\text{m}^2}{\text{s}}\right]$	Pr
45	990,22	4,179	$637{,}4 \cdot 10^{-3}$	$0{,}602 \cdot 10^{-6}$	3,908
50	988,05	4,180	$643{,}6 \cdot 10^{-3}$	$0{,}553 \cdot 10^{-6}$	3,551
48,06	988,08	4,180	$641{,}2 \cdot 10^{-3}$	$0{,}572 \cdot 10^{-6}$	3,688

$T_{\text{Ein},2} = 60\,°\text{C} - \frac{100}{1 \cdot 4{,}180} = 60\,°\text{C} - 23{,}83\,°\text{C} = 36{,}08\,°\text{C}$. Hier brechen wir die Iteration ab.

Als Eingangstemperatur haben wir etwa $T_{\text{Ein},2} = 36{,}1\,°\text{C}$.

b) $$v = \frac{\frac{\dot{m}}{\rho(\text{bei } 48{,}08\,°\text{C})}}{\frac{\pi}{4} \cdot (d_{\text{a}}^2 - d_{\text{i}}^2)} = \frac{\frac{1}{988{,}88}}{\frac{\pi}{4} \cdot (0{,}05^2 - 0{,}04^2)} = 1{,}431\,\frac{\text{m}}{\text{s}}\,.$$

c) Die Reynolds-Zahl beträgt

$$Re = \frac{v \cdot d_{\text{H}}}{\nu} = \frac{1{,}431 \cdot (0{,}05 - 0{,}04))}{0{,}572 \cdot 10 - 6} = 25.017{,}48 \quad (\text{turbulent})\,.$$

Für die Rohrreibungszahl ergibt sich $\xi = (1{,}8 \cdot \log_{10} 25.017{,}48 - 1{,}5)^{-2} = 0{,}0243$.

Die Nusselt-Zahl folgt zu

$$Nu_{\text{turb}} = \frac{\frac{0{,}0243}{8} \cdot 25.017{,}48 \cdot 3{,}688}{1 + 12{,}7 \cdot \sqrt{\frac{0{,}0243}{8}} \cdot (3{,}688^2 - 1)} \cdot f_1 \cdot f_2\,.$$

f_1 und f_2 sind im Moment nicht zu berechnen. Wir wählen deshalb vorerst $f_1 = f_2 = 1$.

Dann haben wir $Nu_{\text{turb, Rohr}} = 142{,}20$. Für den Ringspalt bedarf es des Korrekturfaktors f_3:

$$Nu_{\text{turb, Spalt}} = Nu_{\text{turb, Rohr}} \cdot f_3 = 142{,}20 \cdot 0{,}86 \cdot \left(\frac{0{,}05}{0{,}04}\right)^{0{,}16} = 126{,}74\,.$$

Damit erhalten wir für die Wärmeübergangszahl im Inneren

$$\alpha_{\text{i}} = \frac{Nu \cdot \lambda}{d_{\text{H}}} = \frac{126{,}74 \cdot 641{,}2 \cdot 10^{-3}}{(0{,}05 - 0{,}04)} = 8126{,}59\,\frac{\text{W}}{\text{m}^2\text{K}}\,.$$

d) Für die Wärmedurchgangszahl gilt

$$k = \left(\frac{1}{\alpha_a} + \frac{d_a}{2\lambda} \cdot \ln\left(\frac{d_a}{d_i}\right) + \frac{d_a}{d_i \alpha_i}\right)^{-1}$$
$$= \left(\frac{1}{9500} + \frac{0{,}05}{2 \cdot 200} \cdot \ln\left(\frac{0{,}05}{0{,}04}\right) + \frac{0{,}05}{0{,}04 \cdot 8126{,}59}\right)^{-1}$$
$$= (8{,}33 \cdot 10^{-5} + 2{,}79 \cdot 10^{-5} + 15{,}38 \cdot 10^{-5})^{-1} = 3484{,}66 \,\frac{\mathrm{W}}{\mathrm{m^2K}}\,.$$

Da der Wärmeübergang den kleinsten Beitrag zur Übergangszahl beiträgt, wird dieser Summand häufig vernachlässigt. Folglich muss dann der Faktor f_2 zwangsläufig 1 gesetzt und ein Ergebnis mit etwa 5 % Fehler in Kauf genommen werden.

e) Vorbereitung (Abb. 7.9 unten): Der übertragene Wärmestrom kann auf drei Arten geschrieben werden. Dabei muss man beachten, dass die Bezugsfläche immer die äußere, oder besser die vom betrachteten Strom weiter weg liegende, Fläche ist.

I. $\dot{Q} = k \cdot A_i \cdot \Delta T_m$ (vom äußeren Strom über die Wand zum inneren Strom),

II. $\dot{Q} = \alpha_a \cdot A_i \cdot (T_{ma} - T_{Wa})$ (vom äußeren Strom bis zur äußeren Wand) und

III. $\dot{Q} = \alpha_i \cdot A_a \cdot (T_{Wi} - T_{mi})$ (vom inneren Strom bis zur inneren Wand).

Aus I. = II. folgt $T_{Wa} = T_{ma} - \frac{k}{\alpha_a} \cdot \Delta T_m$. II. = III. liefert $T_{Wi} = T_{mi} + \frac{k \cdot d_i}{\alpha_i \cdot d_a} \cdot \Delta T_m$.

Die gemittelte Temperaturdifferenz ist

$$\Delta T_m = \frac{\Delta T_0 - \Delta T_l}{\ln\left(\frac{\Delta T_0}{\Delta T_l}\right)} = \frac{(90 - 36{,}1) - (90 - 60)}{\ln\left(\frac{90-36{,}1}{90-60}\right)} = 40{,}79\,°\mathrm{C}\,.$$

Dann folgt für die innere Wandtemperatur

$$T_{Wi_1} = 48{,}08 + \frac{3484{,}66 \cdot 0{,}04}{8126{,}59 \cdot 0{,}05} \cdot 40{,}79 = 62{,}07\,°\mathrm{C}\,.$$

Wir iterieren weiter. Dazu muss die Prandtl-Zahl bezüglich dieser Temperatur aus gegeben Tabellenwerten interpoliert werden. Wir nehmen die Regressionsfunktion (7.3) und erhalten $Pr = 3{,}107$. Damit beträgt der Korrekturfaktor $f_2 = (\frac{3{,}688}{3{,}107})^{0{,}11} = 1{,}019$. Folglich ist dann die Nusselt-Zahl $Nu_{turb2} = 126{,}74 \cdot 1{,}019 = 129{,}15$. Für die Übergangszahl im Inneren ist noch die Wärmeleitfähigkeit zu gegeben Werten zu interpolieren. Man erhält

T [°C]	60	65	62,07
λ $\left[\frac{\mathrm{W}}{\mathrm{mK}}\right]$	$654{,}4 \cdot 10^{-3}$	$659{,}0 \cdot 10^{-3}$	$656{,}3 \cdot 10^{-3}$

Dann ist

$$\alpha_{i_2} = \frac{Nu \cdot \lambda_2}{d_H} = \frac{129{,}15 \cdot 656{,}3 \cdot 10^{-3}}{(0{,}05 - 0{,}04)} = 8476{,}11 \,\frac{\mathrm{W}}{\mathrm{m^2K}}$$

und

$$k_2 = \left(\frac{1}{9500} + \frac{0{,}05}{2 \cdot 200} \cdot \ln\left(\frac{0{,}05}{0{,}04}\right) + \frac{0{,}05}{0{,}04 \cdot 8476{,}11}\right)^{-1} = 3563{,}42\,\frac{\mathrm{W}}{\mathrm{m^2K}}\,.$$

Schließlich folgt für die Wandtemperatur im Inneren in zweiter Iteration

$$T_{\mathrm{Wi}_2} = 48{,}08 + \frac{3563{,}42 \cdot 0{,}04}{8476{,}11 \cdot 0{,}05} \cdot 40{,}79 = 61{,}80\,°\mathrm{C}\,.$$

Hier brechen wir die Iteration ab. Damit kann man das k als genügend genau berechnet annehmen und endlich die Rohrlänge bestimmen.

Aus $\dot{Q} = k \cdot A_\mathrm{i} \cdot \Delta T_\mathrm{m}$ folgt $\dot{Q} = k_2 \cdot \pi \cdot d_\mathrm{i} \cdot l \cdot \Delta T_\mathrm{m}$ und daraus

$$l = \frac{\dot{Q}}{k_2 \cdot \pi \cdot d_\mathrm{i} \cdot \Delta T_\mathrm{m}} = \frac{100.000}{3563{,}42 \cdot \pi \cdot 0{,}04 \cdot 40{,}79} = 5{,}47\,\mathrm{m}\,.$$

Der Korrekturfaktor f_1 für die Rohrlänge ist $f_1 = 1 + (\frac{d_\mathrm{H}}{l})^{\frac{2}{3}} = 1 + (\frac{0{,}05-0{,}04}{5{,}47})^{\frac{2}{3}} = 1{,}0150$.

Dies bedeutet, dass das Rohr noch einige Zentimeter länger sein muss. □

Bemerkung. Eine Warmwasserheizung oder ein Kühlschrank sind ebenfalls Wärmeüberträger, aber mit nur einer sich ändernden Fluidtemperatur.

Aufgabe
Bearbeiten Sie die Übung 19.

7.11 Wärmeübertragung mit Berücksichtigung des Wärmeverlusts

Bei den bisherigen Betrachtungen gingen wir vom Idealfall eines vollkommen isolierten Wärmeüberträgers aus. Praktisch gesehen geht ein Teil der Wärme an die Umgebung verloren. Mit T_U bezeichnen wir die Umgebungstemperatur. A_m sei die mittlere Fläche der Isolation, durch die Wärme entweicht. Für ein infinitesimales Stück dA_m können wir auch schreiben $dA_\mathrm{m} = \frac{A_\mathrm{m}}{A} \cdot dA$. Schließlich sei k_V der für den Wärmeverlust maßgebende Durchgangskoeffizient. Der Wärmestrom an die Umgebung für ein Flächenstück dA_m beträgt dann $d\dot{Q}_\mathrm{V} = k_\mathrm{V}(T_2 - T_\mathrm{U})\,dA_\mathrm{m} = \frac{k_\mathrm{V} \cdot A_\mathrm{m}}{A}(T_2 - T_\mathrm{U})\,dA$.

Das Fluid 1 gibt an das Fluid 2 den folgenden Wärmestrom ab:

$$-\dot{W}_1 \cdot dT_1 = k(T_1 - T_2)\,dA\,. \tag{7.6}$$

Das Fluid 2 nimmt diesen um den Wärmeverlust verminderten Wärmestrom auf:

$$-\dot{W}_2 \cdot dT_2 = k(T_1 - T_2)\,dA - \frac{k_\mathrm{V} \cdot A_\mathrm{m}}{A}(T_2 - T_\mathrm{U})\,dA\,. \tag{7.7}$$

Die Subtraktion beider Gleichungen ergibt $-\dot{W}_1 \cdot dT_1 + \dot{W}_2 \cdot dT_2 = \frac{k_\mathrm{V} \cdot A_\mathrm{m}}{A}(T_2 - T_\mathrm{U})\,dA$ oder

$$-\dot{W}_1 \cdot \frac{dT_1}{dA} + \dot{W}_2 \cdot \frac{dT_2}{dA} = \frac{k_\mathrm{V} \cdot A_\mathrm{m}}{A}(T_2 - T_\mathrm{U})\,.$$

Wir ersetzen $\vartheta_1 := T_1 - T_U$ und $\vartheta_2 := T_2 - T_U$. Dann ist $d\vartheta_1 = dT_1$ und $d\vartheta_2 = dT_2$.

Eingesetzt führt das zu $-\dot W_1 \cdot \frac{d\vartheta_1}{dA} + \dot W_2 \cdot \frac{d\vartheta_2}{dA} = \frac{k_V \cdot A_m}{A}\vartheta_2$ oder aufgelöst

$$\frac{d\vartheta_1}{dA} = \frac{\dot W_2}{\dot W_1} \cdot \frac{d\vartheta_2}{dA} - \frac{k_V \cdot A_m}{\dot W_1 \cdot A}\vartheta_2 \tag{7.8}$$

Aus (7.6) wird $-\dot W_1 \cdot \frac{d\vartheta_1}{dA} = k(\vartheta_1 - \vartheta_2) \implies \vartheta_2 = \vartheta_1 + \frac{\dot W_1}{k} \cdot \frac{d\vartheta_1}{dA}$. Eingesetzt in (7.8) entsteht

$$\frac{d\vartheta_1}{dA} = \frac{\dot W_2}{\dot W_1} \cdot \left(\frac{d\vartheta_1}{dA} + \frac{\dot W_1}{k} \cdot \frac{d^2\vartheta_1}{dA^2}\right) - \frac{k_V \cdot A_m}{\dot W_1 \cdot A}\left(\vartheta_1 + \frac{\dot W_1}{k} \cdot \frac{d\vartheta_1}{dA}\right)$$

$$\implies \frac{d\vartheta_1}{dA} = \frac{\dot W_2}{\dot W_1} \cdot \frac{d\vartheta_1}{dA} + \frac{\dot W_2}{k} \cdot \frac{d^2\vartheta_1}{dA^2} - \frac{k_V \cdot A_m}{\dot W_1 \cdot A}\vartheta_1 - \frac{k_V \cdot A_m}{k \cdot A} \cdot \frac{d\vartheta_1}{dA} .$$

Schließlich folgen die DGLen

$$\frac{d^2\vartheta_1}{dA^2} + \left(\frac{k}{\dot W_1} - \frac{k}{\dot W_2} - \frac{k_V \cdot A_m}{\dot W_2 \cdot A}\right)\frac{d\vartheta_1}{dA} - \frac{k}{\dot W_1} \cdot \frac{k_V \cdot A_m}{\dot W_2 \cdot A}\vartheta_1 = 0 ,$$

$$\frac{d^2\vartheta_2}{dA^2} + \left(\frac{k}{\dot W_1} - \frac{k}{\dot W_2} - \frac{k_V \cdot A_m}{\dot W_2 \cdot A}\right)\frac{d\vartheta_2}{dA} - \frac{k}{\dot W_1} \cdot \frac{k_V \cdot A_m}{\dot W_2 \cdot A}\vartheta_2 = 0 .$$

Das sind homogene DGLen zweiten Grades mit konstanten Koeffizienten. Man erhält zweimal die identische DGL. Eine Anfangs- und eine Koppelbedingung bestimmen, wie wir sehen werden, den Verlauf.

Als Beispiel betrachten wir $\dot W_1 = \dot W_2$. Die Temperaturverläufe sind im wärmeverlustfreien Fall beide linear. Wir wollen die Abweichung davon untersuchen und wählen $l = 1$, $T_U = 20\,°C$ und die in Abb. 7.10 links dargestellten Ein- und Austrittstemperaturen.

Im isolierten Fall ist

$$\frac{dT_1}{dA} = -\frac{k}{\dot W_1}(T_1 - T_2) \quad \text{und} \quad \frac{dT_2}{dA} = -\frac{k}{\dot W_1}(T_1 - T_2) .$$

Mit unseren Zahlen folgt $-40 = -\frac{k}{\dot W_1}(100 - 90)$ und somit $\frac{k}{\dot W_1} = 4$.

Für die Beschreibung des Wärmeverlusts könnte man k, A, k_V, A_m einzeln angeben. Es genügt aber die Übertragungsfähigkeiten zu vergleichen. Wir wählen $kA = 20 \cdot k_V A_m$.

Damit ergeben sich die Koeffizienten der DGL zu

$$\frac{k_V \cdot A_m}{\dot W_2 \cdot A} = \frac{1}{20} \cdot \frac{k \cdot A}{\dot W_2 \cdot A} = \frac{1}{20} \cdot \frac{k}{\dot W_1} = \frac{1}{20} \cdot 4 = 0{,}2 \quad \text{und} \quad \frac{k}{\dot W_1} \cdot \frac{k_V \cdot A_m}{\dot W_2 \cdot A} = 4 \cdot 0{,}2 = 0{,}8 .$$

Somit lautet die zu lösende DGL $\frac{d^2\vartheta}{dA^2} - 0{,}2 \cdot \frac{d\vartheta}{dA} - 0{,}8 \cdot \vartheta = 0$.

Die zugehörige charakteristische Gleichung ist $k^2 - 0{,}2k - 0{,}8 = 0$ mit den beiden Lösungen $k_1 = -0{,}8$ und $k_2 = 1$. Die Ansätze für die gesuchten Temperaturverläufe sind dann $\vartheta_1(A) = a \cdot e^{-0{,}8A} + b \cdot e^A$ und $\vartheta_2(A) = c \cdot e^{-0{,}8A} + d \cdot e^A$.

Als Anfangsbedingung können wir jeweils die Temperaturen beim Eintritt vorgeben:

$$\text{I.}\quad \vartheta_{1,0} = T_{1,0} - T_U = 80\,°\text{C} \qquad \text{und} \qquad \text{II.}\quad \vartheta_{2,0} = T_{2,0} - T_U = 30\,°\text{C}\,.$$

Die Austrittstemperaturen sind bestimmt und können nicht vorgegeben werden, ansonsten wäre das System überbestimmt. Es finden sich auch keine weiteren Bedingungen mit ϑ_1 oder ϑ_2 alleine. Die beiden Temperaturverläufe sind aufgrund der Wärmeübertragung gekoppelt. Folglich sind die zwei zusätzlichen Bedingungen in einer der gekoppelten DGL zu suchen.

Nehmen wir z. B. $\frac{d\vartheta_1}{dA} = -\frac{k}{\dot{W}_1}(\vartheta_1 - \vartheta_2)$. Diese werten wir für $A = 0$ (entspricht $l = 0$) und $A = 1$ (entspricht $l = 1$) aus.

Das ergibt dann die Gleichungen III. und IV. Insgesamt sieht unser System dann so aus:

$$\begin{aligned}
&\text{I.} && a + b = 80\,, \\
&\text{II.} && ce^{-0,8} + de = 30\,, \\
&\text{III.} && -0,8a + b = -4(a + b - c - d) \quad \text{und} \\
&\text{IV.} && -0,8ae^{-0,8} + be = -4(ae^{-0,8} + be - ce^{-0,8} - de)\,.
\end{aligned}$$

Man erhält $a = 79,59$, $b = 0,41$, $c = 63,67$, $d = 0,51$ und schließlich

$$\begin{aligned}
T_1(A) &= 79,59 \cdot e^{-0,8A} + 0,41 \cdot e^{A} + 20 \\
T_2(A) &= 63,67 \cdot e^{-0,8A} + 0,51 \cdot e^{A} + 20\,.
\end{aligned} \tag{7.9}$$

Es ist $T_1(1) = 56,88\,°\text{C}$ und $T_2(0) = 84,18\,°\text{C}$. Man sieht, dass der wärmere Strom sich mehr abkühlt und der kältere Strom weniger erwärmt als im isolierten Fall (Abb. 7.10 rechts).

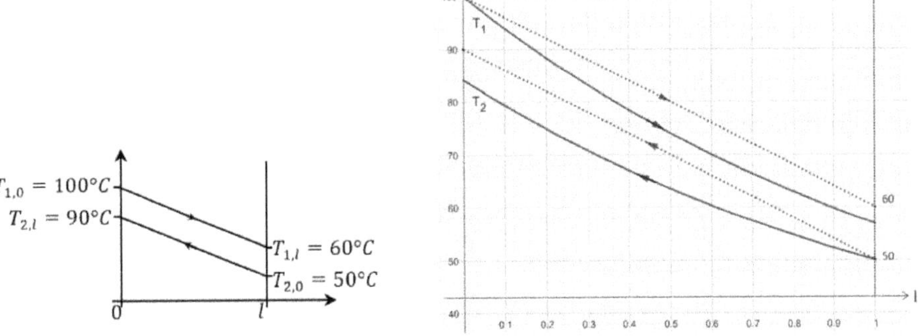

Abb. 7.10: Skizze zum Wärmeverlustbeispiel und Graphen von (7.9)

8 Wärmestrahlung

Von der Sonne empfangen wir dauernd Wärmeenergie in Form von Licht oder elektromagnetischen Wellen. Da der Raum zwischen Erde und Sonne praktisch materiefrei ist, kann diese Wärme weder durch Leitung noch durch Konvektion übertragen werden. 70 % der ankommenden Strahlungsenergie wird von der Erde absorbiert und in Form von langwelliger Wärmestrahlung wieder abgegeben. Jeder Körper, belebt oder unbelebt, ist Quelle von Wärmestrahlung, sofern seine Temperatur über dem absoluten Nullpunkt von $-273{,}15$ °C liegt.

Der Wärmestrahlung liegt das Gesetz von Stefan-Boltzmann zugrunde. Es wurde von Stefan experimentell 1879 gefunden und von Boltzmann 1884 theoretisch bestätigt. Zur Herleitung bedarf es einiger Vorbereitung.

8.1 Strahlungsdruck und Strahlungsdichte

Dazu machen wir einen etwa 20-jährigen Sprung vom Jahr 1879 ins Jahr 1900 und verwenden für die Energie E und den Impuls I eines Quantums der Frequenz ν die Planck'sche Quantenhypothese, dass beide Größen nur in Quanten vorkommen (der Beweis von Boltzmann ist langwieriger): $E = h\nu$, $I = \frac{h\nu}{c}$, wobei h das Planck'sche Wirkungsquantum und c die Lichtgeschwindigkeit des Quantums bezeichnen. Wir betrachten einen Hohlraum, bei dem die Photonen an der Wand gespiegelt werden. ΔV sei ein kleines Volumenelement dieses Hohlraumes.

Bezeichnen wir mit Δn_ν die Teilchendichte, d. h. die Anzahl Quanten mit der Frequenz zwischen ν und $\nu + \Delta\nu$ im Volumen ΔV, dann gilt für die Energiedichte oder Strahlungsdichte (Energie pro Volumen) $\Delta w_\nu = \Delta n_\nu \cdot h\nu$.

Die gesamte Energiedichte ist dann $u = \sum_{\nu=0}^{\infty} \Delta n_\nu \cdot h\nu$.

Von den insgesamt Δn_ν Quanten im Volumen ΔV bewegen sich $\frac{1}{6}\Delta n_\nu$ davon senkrecht gegen eine der Wände. Dann treffen $\frac{1}{6}\Delta n_\nu \cdot c$ Quanten pro Flächeneinheit und Zeiteinheit auf die Fläche. Jedes Quantum besitzt vor der Reflexion den Impuls $i = \frac{h\nu}{c}$ und nach der Reflexion den Impuls $i = -\frac{h\nu}{c}$. Ein Quantum überträgt somit den Impuls $\Delta i = \frac{2h\nu}{c}$ pro Fläche und Zeit.

Der gesamte von $\frac{1}{6}\Delta n_\nu$ Quanten im Volumenelement ΔV übertragene Impuls pro Fläche und Zeit ist dann $\Delta I_\nu = \frac{1}{6}\Delta n_\nu \cdot c \cdot \frac{2h\nu}{c} = \frac{1}{3}\Delta n_\nu \cdot h\nu$.

Summiert man über den ganzen Frequenzraum, dann ergibt sich für die gesamte Impulsänderung pro Fläche und Zeit

$$\Delta I = \sum_{\nu=0}^{\infty} \Delta I_\nu = \sum_{\nu=0}^{\infty} \frac{1}{3}\Delta n_\nu \cdot h\nu = \frac{1}{3}u \,.$$

Dies ist aber nichts anderes als der Strahlungsdruck p, denn die Kraft ist die zeitliche Impulsänderung und es gilt $p = \frac{F}{A} = \frac{\Delta I}{\Delta t \cdot A}$. Somit haben wir schließlich $p = \frac{1}{3}u$.

https://doi.org/10.1515/9783110684469-008

Bemerkung. Es ist für die Herleitung gleichgültig, ob man eine vollkommen spiegelnde oder eine vollkommen schwarze (absorbierende) Wand annimmt. Im letzten Fall werden nämlich bei Strahlungsgleichgewicht von der Wand ebensoviele Quanten im Frequenzbereich zwischen ν und $\nu + \Delta\nu$ emittiert wie absorbiert. Wenn z. B. ein Quantum mit dem Impuls $i = \frac{h\nu}{c}$ absorbiert und ein anderes mit dem Impuls $i = -\frac{h\nu}{c}$ emittiert wird, dann ist die Impulsänderung immer noch $\Delta i = \frac{2h\nu}{c}$ wie bei der Reflexion eines Spiegels.

8.2 Zustandsgröße und vollständiges Differenzial

Sei $z(x, y)$ eine stetig differenzierbare Funktion zweier Variablen x und y.

Dann heißt $dz(x, y) = (\frac{\partial z}{\partial x})_y\, dx + (\frac{\partial z}{\partial y})_x\, dy := f(x, y)\cdot dx + g(x, y)\cdot dy$ das vollständige Differenzial von z. Dabei ist $(\frac{\partial z}{\partial x})_y$ die partielle Ableitung von $z(x, y)$ nach x, falls y konstant gehalten wird und sie gibt den Zuwachs von z in Richtung x an. Analoges gilt für $(\frac{\partial z}{\partial y})_y$. Somit ist dz die Änderung in Richtung $d\vec{r} = \binom{dx}{dy}$.

Für eine stetig differenzierbare Funktionen $z(x, y)$ darf die Differenziationsreihenfolge nach dem Satz von Schwarz vertauscht werden, also $\frac{\partial^2 z}{\partial x \partial y} = \frac{\partial^2 z}{\partial y \partial x}$.

Dies entspricht aber gerade $(\frac{\partial f}{\partial y})_x = (\frac{\partial g}{\partial x})_y$.

Hat man umgekehrt einen Ausdruck der Form $dz(x, y) = A(x, y)\cdot dx + B(x, y)\cdot dy$, dann stellt dies ein vollständiges Differenzial mit $A(x, y) = (\frac{\partial z}{\partial x})_y$ und $B(x, y) = (\frac{\partial z}{\partial y})_x$ dar, falls die Schwarz'sche Gleichung erfüllt ist.

Der Begriff Zustandsgröße beschreibt in der Thermodynamik eine Größe, die in jedem Zustand des Systems einen Wert hat, der nicht von der Vorgeschichte abhängt. Die Größe z ist immer dann eine Zustandsgröße, wenn sie ein vollständiges Differenzial besitzt, mit anderen Worten, sie lässt sich als Punkt auf einer stetig verlaufenden Fläche im Raum darstellen. Der Weg der Zunahme von einem Zustand zum andern ist damit beliebig. Zustandsänderungen sind also nur durch den Anfangs- und Endpunkt bestimmt und wegunabhängig.

Prozessgrößen hingegen charakterisieren einen Prozessschritt zwischen zwei Zuständen. Sie sind keine Eigenschaft des Systems, sie sind wegabhängig, also abhängig davon, wie der Prozess geführt wird.

Beispiel. Das System „Girokonto" wird durch die Zustandsgröße „Kontostand" beschrieben.

Sie macht allerdings keine Aussage darüber, wie dieser Zustand erzielt wurde. Ein Kontostand von CHF 1000.- kann durch mühsames Sparen von CHF 50.- pro Monat erreicht werden, aber ebensogut können CHF 3000.- auf einmal eingezahlt und bereits CHF 2000.- wieder abgehoben werden. Eine Überweisung hingegen ist eine Prozessgröße, die einen Austausch zwischen dem Konto des Überweisenden und dem Konto des Empfängers beschreibt.

Man kann die Wegunabhängigkeit einer Zustandsgröße auch rechnerisch mit Hilfe des Satzes von Green zeigen. Wir beweisen den Satz für ein Gebiet der Form eines Quadrats Q, dessen Seiten parallel zu den Achsen liegen (Abb. 8.1 links). Ein beliebiges Gebiet wie z. B. einen Kreisring zerlegt man in (unendlich) viele kleine Quadrate.

Dabei wird dann jeder Rand eines inneren Quadrats genau zweimal durchlaufen und zwar in entgegengesetzter Richtung. Die beiden Kurvenintegrale über diese Randstücke heben sich gerade auf und es bleibt nur das Kurvenintegral über den Rand.

Konvention. Das Gebiet soll beim Durchlauf des zugehörigen Randes ∂Q immer links liegen.

Wir gehen von zwei stetig differenzierbaren Funktion $f(x, y)$ und $g(x, y)$ aus und betrachten den Ausdruck $\int_{\partial Q} f(x, y)\,dx + g(x, y)\,dy$.

Der Rand setzt sich zusammen aus den vier Teilwegen: $\partial Q = \gamma_1 + \gamma_2 + \gamma_3 + \gamma_4$. Dann ist

$$\begin{aligned}
&\int_{\partial Q} f(x, y)\,dx + g(x, y)\,dy \\
&\quad = \int_{\gamma_1} f(x, y)\,dx + \int_{\gamma_1} g(x, y)\,dy + \int_{\gamma_2} f(x, y)\,dx + \int_{\gamma_2} g(x, y)\,dy \\
&\qquad + \int_{\gamma_3} f(x, y)\,dx + \int_{\gamma_3} g(x, y)\,dy + \int_{\gamma_4} f(x, y)\,dx + \int_{\gamma_4} g(x, y)\,dy \\
&\quad = \int_a^b f(x, c)\,dx + 0 + 0 + \int_c^d g(b, y)\,dy + \int_b^a f(x, d)\,dx + 0 + 0 + \int_d^c g(a, y)\,dy \\
&\quad = \int_a^b f(x, c)\,dx - \int_a^b f(x, d)\,dx + \int_c^d g(b, y)\,dy - \int_c^d g(a, y)\,dy \\
&\quad = \int_a^b (f(x, c) - f(x, d))\,dx + \int_c^d (g(b, y) - g(a, y))\,dy \\
&\quad = -\int_a^b \left(\int_c^d \frac{\partial f}{\partial y}(x, y)\,dy \right) dx + \int_c^d \left(\int_a^b \frac{\partial g}{\partial x}(x, y)\,dx \right) dy \\
&\quad = \iint_Q \left(\frac{\partial g}{\partial x}(x, y) - \frac{\partial f}{\partial y}(x, y) \right) dx\,dy\,.
\end{aligned}$$

Der Satz von Green wandelt ein Wegintegral in ein Flächenintegral um.

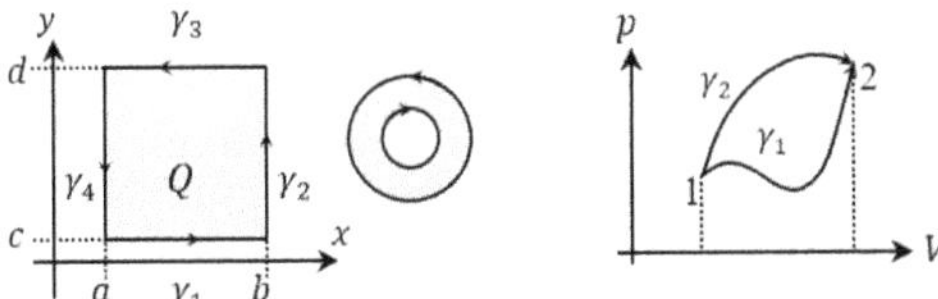

Abb. 8.1: Skizze zum Satz von Green und zur inneren Energie als Zustandsgröße

Spezialfall. Nehmen wir $f(x, y) = -y$ und $g(x, y) = x$.
Dann folgt

$$\int_{\partial G} -y\,dx + x\,dy = \iint_G G(1+1)\,dx\,dy = 2 \cdot (\text{Flächeninhalt des Gebiets } G).$$

Damit haben wir eine Formel, um den Flächeninhalt F eines Gebietes über seinen Rand zu berechnen:

$$F = \frac{1}{2}\int_{\partial G} -y\,dx + x\,dy\,.$$

Wählt man für x und y eine Parametrisierung $y = y(t)$ und $x = x(t)$, dann folgt $dx = \dot{x}(t)\,dt$ und $dy = \dot{y}(t)\,dt$. Durchläuft der Rand die Werte $a \le t \le b$, dann schreibt sich obige Formel als $F = \frac{1}{2}\int_a^b (x(t)\dot{y}(t) - y(t)\dot{x}(t))\,dt$. Dies ist als Leibniz'sche Sektorformel bekannt und ist, wie wir gesehen haben, ein Spezialfall des Green'schen Satzes.

Beispiel (Flächeninhalt einer Ellipse). $x(t) = a\cos(t), y(t) = b\sin(t)$. Es folgt $\dot{x}(t) = -a\sin(t), \dot{y}(t) = b\cos(t)$ und schließlich

$$F = \frac{1}{2}\int_0^{2\pi} (ab\cos^2(t) + ab\sin^2(t))\,dt = \frac{ab}{2}2\pi = \pi ab\,.$$

Nun wieder zurück zur Green'schen Formel. Stellt der Integrand $f(x, y)\,dx + g(x, y)\,dy$ im Kurvenintegral ein vollständiges Differenzial $dz(x, y)$ einer stetig differenzierbaren Funktion $z(x, y)$ dar, d. h., ist $f(x, y) = \frac{\partial z}{\partial x}(x, y)$ und $g(x, y) = \frac{\partial z}{\partial y}(x, y)$, dann ist die rechte Seite der Gleichung nach dem Satz von Schwarz gleich Null und man erhält $\int_{\partial G} dz(x, y) = 0$.

Man schreibt dafür auch häufig $\oint dz = 0$.

Sind nun γ_1 und γ_2 zwei beliebige Wege, die beide im Punkt $A_1(x_1, y_1)$ starten und im Punkt $A_2(x_2, y_2)$ enden, dann umrandet der Weg $\gamma_1 + \gamma_2$ ein Gebiet G.

Es folgt $\int_{\partial G} dz(x, y) = \int_{\gamma_1 - \gamma_2} dz(x, y) = 0$ oder anders $\int_{\gamma_1} dz(x, y) = \int_{\gamma_2} dz(x, y)$.

Beide Integrale ergeben aber dasselbe, nämlich $z(x_2, y_2) - z(x_1, y_1)$, unabhängig vom gewählten Weg und abhängig von Anfangs- und Endpunkt des Wegs. Somit ist $z(x, y)$ auch eine Zustandsgröße. Schließlich haben wir das Ergebnis:

$$z(x, y) \text{ ist eine Zustandsgröße} \iff dz(x, y) \text{ ist ein vollständiges Differenzial.}$$

Folgerung. Die innere Energie U ist eine Zustandsgröße.

Dies zeigen wir über einen Widerspruch zum 1. Hauptsatz der Thermodynamik. In einem abgeschlossenen System betrachten wir die Volumen- bzw. Druckänderung bei konstanter Temperatur im Vp-Diagramm (Abb. 8.1 rechts).

Der Übergang vom Zustand 1 zum Zustand 2 soll auf zwei verschiedenen Wegen y_1 und y_2 erfolgen. Die Änderung der inneren Energie entspricht in beiden Fällen dem Flächeninhalt unter der Kurve.

In unserem Fall wäre $\Delta U_1 > \Delta U_2$. Die gesamte Änderung der inneren Energie beim Durchlaufen des Kreisprozesses wäre $\oint dU = \Delta U_1 - \Delta U_2 > 0$. Energie würde sich aus Nichts erzeugen lassen, was einem perpetuum mobile 1. Art entspräche und unmöglich ist.

An dieser Stelle geben wir die beiden Hauptsätze der Thermodynamik an.

$$\text{1. Hauptsatz} \quad dU = \Delta Q + \Delta W\,,$$

$$\text{2. Hauptsatz} \quad dS = \frac{\Delta Q}{T}\,,$$

T: Temperatur, dU: Innere Energie, dS Entropie, ΔQ: Wärmeänderung und ΔW: Arbeit am System.

In beiden Formeln wird der Unterschied zwischen einer Zustandsgröße und einer Prozessgröße dahingehend gemacht, dass Zustandsgrößen mit einem d versehen werden, wogegen Prozessgrößen ein Δ vorgestellt erhalten.

Folgerung. Die Entropie S ist eine Zustandsgröße.

Sie ist ein Maß für die Unkenntnis des atomaren Zustands. Dies können wir rechnerisch zeigen. Dazu verknüpfen wir die beiden Sätze zu $dU = T\,dS + \Delta W$. Für ein ideales Gas, bei dem die Temperatur T ist, wird nur Volumenarbeit der Größe $\Delta W = -p\,dV$ am Fluid verrichtet, wodurch $dU = T\,dS - p\,dV$ oder $dS = \frac{dU + p\,dV}{T}$ entsteht.

Auf der rechten Seite der Gleichung stehen mit U, p, V und T lauter Zustandsgrößen. Damit ist auch S eine Zustandsgröße und dS ein vollständiges Differenzial. Wir können dies auch noch ausführlich zeigen.

Es gilt $dU = c_V \cdot m \cdot dT$, wobei c_V die spezifische Wärmekapazität eines idealen Gases bei konstantem Volumen bezeichnet.

Weiter hat man $pV = m \cdot R_S \cdot T$, wo R_S die spezifische Gaskonstante ist (Gasgleichung).

Dann folgt $dS = \frac{c_V \cdot m}{T}\,dT + \frac{m \cdot R_S}{V}\,dV$. Dies ist von der Form $f(x, y)\,dx + g(x, y)\,dy$.

Es gilt

$$\left(\frac{\partial}{\partial V}\frac{c_V \cdot m}{T}\right)_T = 0 \quad \text{und} \quad \left(\frac{\partial}{\partial T}\frac{m \cdot R_S}{V}\right)_V = 0\,.$$

Damit wird die Schwarz'sche Gleichung erfüllt, was gleichbedeutend damit ist, dass dS ein vollständiges Differenzial darstellt. Somit haben wir es bei der Entropie S mit einer Zustandsgröße zu tun.

Bemerkung. Wenn du und dv zwei vollständige Differenziale sind, besteht auch die Möglichkeit zu folgern, dass damit auch Summe $d(u+v)$, Differenz $d(u-v)$, Produkt $d(uv)$ und Quotient $d(\frac{u}{v})$ allesamt vollständige Differenziale sind. Beispielsweise für den Quotienten:

Aus $\frac{d(\frac{u}{v})}{du} = \frac{1}{v^2}\left(\frac{du}{du}v - u\frac{dv}{du}\right) = \frac{1}{v^2}\left(v - u\frac{dv}{du}\right)$ folgt $d\left(\frac{u}{v}\right) = \frac{v\,du - u\,dv}{v^2}$

(Man kann auch $\frac{d(\frac{u}{v})}{dv}$ betrachten.) Sind nun du und dv zwei vollständige Differenziale, dann ist $du = k\,dx + l\,dy$ und $dv = m\,dx + n\,dy$ und somit

$$d\left(\frac{u}{v}\right) = \frac{v\,du - u\,dv}{v^2} = \frac{v(k\,dx + l\,dy) - u(m\,dx + n\,dy)}{v^2} = \frac{(vk - um)}{v^2}\,dx + \frac{(vl - un)}{v^2}\,dy.$$

Also ist $d(\frac{u}{v})$ ein vollständiges Differenzial.

Folgerung. Die Wärmemenge Q ist keine Zustandsgröße.

Dies folgt unmittelbar aus dem 1. Hauptsatz $dQ = \Delta U - \Delta W$. Da die Arbeit wegabhängig ist und somit keine Zustandsgröße darstellt, kann auch die Wärmemenge keine Zustandsgröße sein.

8.3 Das Stefan-Boltzmann-Gesetz

Im Ausdruck $\Delta W = -p\,dV$ ersetzen wir mit der 1. Vorbereitung den Druck: $p = \frac{1}{3}u$ und erhalten $\Delta W = -\frac{1}{3}u\,dV$. Für die Strahlungsdichte gilt ja $u = \frac{U}{V}$, somit $U = uV$.

Dann ist $dU = d(uV) = V\,du + u\,dV$, denn $\frac{d(uV)}{du} = \frac{du}{du}V + u\frac{dV}{du}$ (Produktregel).

Aus dem 1. Hauptsatz hat man

$$dQ = \Delta U - \Delta W = V\,du + u\,dV + \frac{1}{3}u\,dV = V\,du + \frac{4}{3}u\,dV\,.$$

Mit Hilfe des 2. Hauptsatzes folgt

$$dS = \frac{\Delta Q}{T} = \frac{V}{T}\,du + \frac{4}{3}u \cdot \frac{1}{T}\,dV\,.$$

Da nun nach der 2. Vorbereitung dS ein vollständiges Differenzial darstellt, muss gelten:

$$\left(\frac{d}{dV}\frac{V}{T}\right)_u = \left(\frac{d}{du}\left(\frac{4}{3}u \cdot \frac{1}{T}\right)\right)_V \implies \frac{1}{T} = \frac{4}{3}\left(\frac{du}{du}\cdot\frac{1}{T} + u\frac{d\left(\frac{1}{T}\right)}{du}\right)$$

$$\implies \frac{3}{4}\cdot\frac{1}{T} = \frac{1}{T} + u\frac{d\left(\frac{1}{T}\right)}{dT}\cdot\frac{dT}{du} \implies -\frac{1}{4}\cdot\frac{1}{T} = -\frac{u}{T^2}\cdot\frac{dT}{du} \implies \frac{du}{u} = 4\frac{dT}{T}$$

$$\implies \ln u = 4\ln T + C \implies \ln\frac{u}{T^4} = C\,.$$

Daraus folgt $\frac{u}{T^4} = e^C := \sigma$ und schließlich $u(T) = \sigma \cdot T^4$ (Leistungsdichte).

Für die gesamte Wärmeleistung im Volumen V gilt dann $P(T) = \sigma \cdot T^4 V$.

Die Stefan-Boltzmann-Konstante σ konnte Boltzmann nur experimentell bestimmen. Erst Planck zeigte mit Hilfe des nach ihm benannten Strahlungsgesetzes, dass σ sich aus anderen Naturkonstanten zusammensetzt:

$$\sigma = \frac{2\pi^5 k_B^4}{15h^3c^2} = 5{,}6704 \cdot 10^{-8} \frac{W}{m^2K^4} \,,$$

wobei h das Wirkungsquantum, c die Lichtgeschwindigkeit und k_B die Boltzmann-Konstante bezeichnet.

Die oben beschriebene Größe $u(T) = \sigma \cdot T^4$ der Leistungsdichte stellt eine obere Grenze für die Emission eines strahlenden Körpers dar und gilt nur für einen idealen, schwarzen Körper. Kein anderer Körper mit derselben Temperatur kann eine größere Strahlung abgeben. Er ist aber auch ein idealer Absorber, alle Strahlung wird absorbiert.

Die Emission eines realen Strahlers wird deswegen mit einem Korrekturfaktor $\varepsilon(T) \leq 1$, dem Emissionsgrad des Strahlers versehen: $u(T) = \varepsilon(T) \cdot \sigma T^4$. Dabei hängt $\varepsilon(T)$ nicht nur vom Material, sondern beispielsweise auch von der Art der Oberfläche ab, z. B. von der Rauhheit.

Stoff	**Temperatur in °C**	ε
Beton, rauh	20	0,94
Holz, Eiche	20	0,90
Ziegelstein, rot	20	0,93

Trifft Strahlung auf einen Körper, so wird ein Teil reflektiert, ein Teil absorbiert und ein Teil durchgelassen, gekennzeichnet durch den Reflexionsgrad r, den Absorptionsgrad a und den Tramsmissionsgrad τ. Wieder sind die drei Zahlen nicht nur vom Material, sondern auch von der Oberflächenbeschaffenheit und der Wellenlänge der Strahlung abhängig. Stets gilt jedoch $r + a + \tau = 1$. Die meisten Festkörper sind für Strahlung undurchlässig, so dass wir $\tau = 0$ voraussetzen können.

Im Weiteren betrachten wir einen einfachen Fall des Strahlungsaustausches. Ein Strahler mit der Fläche A und der Temperatur T befinde sich in einer Umgebung mit der Temperatur T_U. Der Strahlungsaustausch soll durch das Zwischenmedium nicht beeinflusst werden; es sei völlig durchlässig für Strahlung, was in sehr guter Näherung auf die umgebende Luft zutrifft. Die Umgebung möge sich wie ein schwarzer Körper verhalten, d. h., die auf sie treffende Strahlung wird vollständig absorbiert, ohne einen Teil zu reflektieren.

Dann wird der Strahler die Wärmestrahlung $P_{Em}(t) = A\varepsilon\sigma T^4$ emittieren. Diese wird von der Umgebung vollständig absorbiert.

Die ihrerseits von der Umgebung ausgehende Wärmestrahlung wird vom Strahler nur zum Teil mit dem Absorptionsgrad a absorbiert, der reflektierte Anteil fällt wieder auf die Umgebung zurück, wo sie wieder absorbiert wird: $P_{Ab}(t) = Aa\sigma T_U^4$.

Die Wärmestrahlungsleistung, die netto vom Strahler an die ihn umschließende Umgebung abgegeben wird, beträgt $P(t) = P_{\text{Em}}(t) - P_{\text{Ab}}(t) = A\sigma(\varepsilon T^4 - aT_{\text{U}}^4)$.

In vielen Fällen nimmt man für den Strahler ein besonders einfaches und deshalb nur näherungsweise gültiges Materialgesetz an: Man behandelt ihn als grauen Strahler, also einen Körper für den Emissionsgrad und Absorptionsgrad übereinstimmen: $a = \varepsilon$.

Damit wird $P(t) = A\varepsilon\sigma(T^4 - T_{\text{U}}^4)$. Für die in der Zeit Δt abgegebene Strahlung folgt $\Delta Q = A\varepsilon\sigma(T^4 - T_{\text{U}}^4) \cdot \Delta t$. Dann ist $\frac{\Delta Q}{\Delta t} = \dot{Q}_{\text{S}} = A\varepsilon\sigma(T^4 - T_{\text{U}}^4)$ die Wärmeleistung und $\frac{\dot{Q}_{\text{S}}}{A} = \dot{q}_{\text{S}} = \varepsilon\sigma(T^4 - T_{\text{U}}^4)$ die Wärmeleistungsdichte.

Obwohl das Stefan-Boltzmann-Gesetz hergeleitet ist, wollen wir etwas tiefer in das Gebiet der Thermodynamik eintauchen. Mit Hilfe der Zustandsgleichung und mit dem vollständigen Differenzial einer Größe hat man zwei Bestimmungsgleichungen dieser Größe. Der zugehörige Formalismus kann dabei ohne tieferes Verständnis durchgeführt werden, mit zumal verblüffenden Zusammenhängen. Diese müssen dann interpretiert werden.

Wir wollen zuerst zwei Regeln beim Umgang mit partiellen Ableitungen beweisen: die Umkehrregel und die Regel der zyklischen Vertauschung.

i) Umkehrregel. Aus $dz = (\frac{\partial z}{\partial x})_y\, dx$ wird $1 = (\frac{\partial z}{\partial x})_y (\frac{\partial x}{\partial z})_y$ und somit

$$\left(\frac{\partial z}{\partial x}\right)_y = \frac{1}{\left(\frac{\partial x}{\partial z}\right)_y}\,.$$

ii) Zyklische Vertauschungsregel. Ist $dz = (\frac{\partial z}{\partial x})_y\, dx + (\frac{\partial z}{\partial y})_x\, dy$ das vollständige Differenzial und wählt man speziell $z = \textit{konst.}$, dann ist $dz = 0$ und es wird $0 = (\frac{\partial z}{\partial x})_y\, dx + (\frac{\partial z}{\partial y})_x\, dy$.

Dann folgt nacheinander $-(\frac{\partial z}{\partial x})_y\, dx = (\frac{\partial z}{\partial y})_x\, dy \implies -(\frac{\partial z}{\partial x})_y = (\frac{\partial z}{\partial y})_x (\frac{\partial y}{\partial x})_z$.

Schließlich hat man

$$\left(\frac{\partial y}{\partial x}\right)_z \left(\frac{\partial z}{\partial y}\right)_x \left(\frac{\partial x}{\partial z}\right)_y = -1\,.$$

A) Betrachten wir nun nochmals die Zustandsgleichung der Zustandsfunktion $U(S, V)$ als Kombination der beiden Hauptsätze: $dU = T \cdot dS - p \cdot dV$.
T und p heißen *Intensivgrößen*, weil sie die Intensität angeben, mit der sich die *Extensivgrößen* S und V ändern. Ein Vergleich mit dem vollständigen Differenzial $dU = (\frac{\partial U}{\partial S})_V\, dS + (\frac{\partial U}{\partial V})_S\, dV$ liefert $(\frac{\partial U}{\partial S})_V = T$ und $(\frac{\partial U}{\partial V})_S = -p$.
Mit Hilfe der Schwarz'schen Gleichung gilt $(\frac{\partial T}{\partial V})_S = -(\frac{\partial p}{\partial S})_V$.

B) Will man nun die Größen T und S vertauschen, so dass T extensiv und S intensiv wird, dann wendet man folgenden kleinen Trick an: Man subtrahiert auf beiden Seiten der Zustandsgleichung das vollständige Differenzial $d(TS) = T\, dS + S\, dT$.
Dann ergibt sich $dU - d(TS) = -S \cdot dT - p \cdot dV$.

Man erhält so eine neue Zustandsgröße $F := U - TS$, die freie Energie. Es ist dann $dF = -S \cdot dT - p \cdot dV$. Folglich hat man $(\frac{\partial F}{\partial T})_V = -S$ und $(\frac{\partial F}{\partial V})_T = -p$.
Mit Hilfe der Schwarz'schen Gleichung gilt $(\frac{\partial S}{\partial V})_T = (\frac{\partial p}{\partial T})_V$. Verglichen mit dem Ergebnis bei A) kann man also S und T bis auf ein Vorzeichen vertauschen.

C) Ebenso kann man die Größen p und V vertauschen. Man addiert auf beiden Seiten der Zustandsgleichung das vollständige Differenzial $d(pV) = p\,dV + V\,dp$.
Dann ergibt sich $dU + d(pV) = T \cdot dS + V \cdot dp$.
Man erhält so eine neue Zustandsgröße $H := U + pV$, die Enthalpie. Es ist dann $dH = T \cdot dS + V \cdot dp$. Folglich hat man $(\frac{\partial H}{\partial S})_p = T$ und $(\frac{\partial H}{\partial p})_S = V$.
Mit Hilfe der Schwarz'schen Gleichung gilt $(\frac{\partial T}{\partial p})_S = (\frac{\partial V}{\partial S})_p$. Verglichen mit dem Ergebnis bei A) kann man also p und V bis auf ein Vorzeichen vertauschen.

D) Schließlich kann man sowohl die Größen T und S als auch die Größen p und V vertauschen. Man addiert auf beiden Seiten der Zustandsgleichung das vollständige Differenzial $-d(TS) + d(pV) = -T\,dS - S\,dT + p\,dV + V\,dp$.
Dann ergibt sich $dU - d(TS) + d(pV) = -S \cdot dT + V \cdot dp$.
Man erhält so eine neue Zustandsgröße $G := U - TS + pV$, die freie Enthalpie. Es ist dann $dG = -S \cdot dT + V \cdot dp$. Folglich hat man $(\frac{\partial G}{\partial T})_p = -S$ und $(\frac{\partial G}{\partial p})_T = V$.
Mit Hilfe der Schwarz'schen Gleichung gilt $(\frac{\partial S}{\partial p})_T = -(\frac{\partial V}{\partial T})_p$. Verglichen mit dem Ergebnis bei A) kann man also T und S, sowie p und V vertauschen.

Von besonderem Interesse sind diejenigen Relationen, nach denen kalorische Zustandsgrößen (innere Energie, Entropie, freie Energie, Enthalpie, freie Enthalpie), durch thermische (Temperatur, Volumen, Druck) ausgedrückt werden können, also B) und D).

Es ist schwierig, all diese Ergebnisse anschaulich darzulegen. Falls diese nur Zwischenergebnisse darstellen, begnügt man sich mit dem korrekten Ausführen des Formalismus. Zumindest sollte das Endergebnis eine nachzuvollziehende Interpretation zulassen.

8.4 Wärmekapazität bei konstantem Druck und konstantem Volumen

Einen letzten Zusammenhang zwischen vier Stoffgrößen der Thermodynamik, bei dem der Formalismus mit Differenzialen zum Tragen kommt, wollen wir zum Schluss dieses Teilabschnitts noch beweisen.

Für die Tabellierung von Stoffeigenschaften definiert man drei Größen, nämlich den isobaren (p = *konst.*) Volumenausdehnungskoeffizienten $\alpha_p = \frac{1}{V}(\frac{\partial V}{\partial T})_p = (\frac{\partial \ln V}{\partial T})_p$, also die Änderung des Volumens mit der Temperatur bei konstantem Druck; außerdem wird die isotherme (T = *konst.*) Kompressibilität als $\kappa_T = -\frac{1}{V}(\frac{\partial V}{\partial p})_T = (\frac{\partial \ln V}{\partial p})_T$ definiert, die Änderung des Volumens mit dem Druck bei konstanter Temperatur. Schließlich noch der isochore ($V = konst.$) Druckkoeffizient $\beta_V = \frac{1}{p}(\frac{\partial p}{\partial T})_V = (\frac{\partial \ln p}{\partial T})_V$. Für ein ideales Gas ist $\frac{pV}{T} = Nk$ (N: Teilchenzahl, k: Boltzmann-Konstante). Die Koeffizienten lauten dann

$$\alpha_p(T) = \frac{1}{V}\left(\frac{\partial \frac{NkT}{p}}{\partial T}\right)_p = \frac{1}{V}\frac{Nk}{p} = \frac{1}{T}, \quad \kappa_T(p) = -\frac{1}{V}\left(\frac{\partial \frac{NkT}{p}}{\partial p}\right)_T = \frac{1}{V}\frac{NkT}{p^2} = \frac{1}{p},$$

$$\beta_V(T) = \frac{1}{p}\left(\frac{\partial \frac{NkT}{V}}{\partial T}\right)_V = \frac{1}{p}\frac{Nk}{V} = \frac{1}{T}$$

Den dritten Koeffizienten β_V kann man aus der Messung der anderen beiden, ohne zusätzliche Messung, bestimmen. Dazu betrachten wir das vollständige Differenzial des Volumens:

$$dV = \left(\frac{\partial V}{\partial T}\right)_p dT + \left(\frac{\partial V}{\partial p}\right)_T dp = \alpha_p V \cdot dT - \kappa_T V \cdot dp\,.$$

Speziell für β_V ist das Volumen konstant: $dV = 0$. Es folgt

$$0 = \left(\frac{\partial V}{\partial T}\right)_p + \left(\frac{\partial V}{\partial p}\right)_T \left(\frac{\partial p}{\partial T}\right)_V = \alpha_p V - \kappa_T V \cdot p\beta_V \quad \text{, also} \quad \beta_V = \frac{\alpha_p}{p \cdot \kappa_T}\,.$$

Zwei weitere Stoffeigenschaften sind die schon in Kapitel 8.2 eingeführten Wärmekapazitäten. Die Änderung der Wärmemenge Q mit der Temperatur bei konstantem Volumen lautet $C_V = (\frac{\partial Q}{\partial T})_V$. Analog ist die Änderung der Wärmemenge Q mit der Temperatur bei konstantem Druck definiert: $C_p = (\frac{\partial Q}{\partial T})_p$. Ziel ist es, die Abhängigkeit der Größen $\alpha_p, \kappa_T, C_V, C_p$ in eine Gleichung zu fassen. Der 1. Hauptsatz lautet $\Delta Q = dU + p\,dV$. Ist $V = konst.$, dann ist $dV = 0$ und es bleibt $\Delta Q = dU$. Die innere Energie kann also nur über Zufügung von Wärme erhöht werden. Dann ist $C_V = (\frac{\partial Q}{\partial T})_V = (\frac{\partial U}{\partial T})_V$.

Für C_p ist $p = konst.$ Eine Druckänderung dp taucht in der Zustandsgleichung nicht auf, wohl aber in derjenigen mit der Enthalpie, denn es ist

$$C_p = \left(\frac{\partial Q}{\partial T}\right)_p = \left(\frac{dU + p\,dV}{\partial T}\right)_p = \left(\frac{\partial U}{\partial T}\right)_p + p\left(\frac{\partial V}{\partial T}\right)_p = \left(\frac{\partial H}{\partial T}\right)_p,$$

wenn $H = U + pV$ die Enthalpie ist.

Wir betrachten das vollständige Differenzial der inneren Energie $U = U(T, V)$.

Aus $dU = (\frac{\partial U}{\partial V})_T\,dV + (\frac{\partial U}{\partial T})_V\,dT$ folgt $(\frac{\partial U}{\partial T})_p = (\frac{\partial U}{\partial V})_T(\frac{\partial V}{\partial T})_p + (\frac{\partial U}{\partial T})_V$. Damit haben wir

$$\begin{aligned} C_p &= \left(\frac{\partial U}{\partial T}\right)_p + p\left(\frac{\partial V}{\partial T}\right)_p = \left(\frac{\partial U}{\partial V}\right)_T\left(\frac{\partial V}{\partial T}\right)_p + \left(\frac{\partial U}{\partial T}\right)_V + p\left(\frac{\partial V}{\partial T}\right)_p \\ &= C_V + \left[\left(\frac{\partial U}{\partial V}\right)_T + p\right]\left(\frac{\partial V}{\partial T}\right)_p\,. \end{aligned} \tag{8.1}$$

Weiter betrachten wir die Zustandsgleichung $dU = T \cdot dS - p \cdot dV$, aus der $(\frac{\partial U}{\partial V})_T = T(\frac{\partial S}{\partial V})_T - p$ folgt. In Punkt B haben wir gezeigt, dass $(\frac{\partial S}{\partial V})_T = (\frac{\partial p}{\partial T})_V$ gilt.

Somit haben wir $(\frac{\partial U}{\partial V})_T = T(\frac{\partial p}{\partial T})_V - p$. Setzen wir diesen Ausdruck in (8.1) ein, dann ist

$$C_p = C_V + T\left(\frac{\partial p}{\partial T}\right)_V \left(\frac{\partial V}{\partial T}\right)_p = C_V + T\cdot p\cdot\beta_V\cdot\alpha_p\cdot V = C_V + T\frac{\alpha_p^2}{\kappa_T}V \quad \text{oder} \quad C_p - C_V = T\frac{\alpha_p^2}{\kappa_T}V .$$

Dies ist der gesuchte Zusammenhang. Speziell für ein ideales Gas lautet die Beziehung $C_p - C_V = T\frac{p}{T^2}V = \frac{pV}{T} = R = 8{,}314472\ \frac{\mathrm{J}}{\mathrm{mol\cdot K}}$. R ist die universelle Gaskonstante. Massen- oder stoffspezifisch erhält man nach Division durch die mittlere Masse M eines Mols des betreffenden Gases die Gleichung $\frac{C_p}{M} - \frac{C_V}{M} = \frac{R}{M}$ oder $c_p - c_V = R_S$ und R_S ist dann die stoffspezifische Gaskonstante.

Man kann diese Gleichung auch über eine Interpretation beweisen. Da kein ideales Gas vorausgesetzt wird, ist $(\frac{\partial U}{\partial V})_T > 0$. Im Allgemeinen gilt dann $C_p > C_V$. Dies folgt direkt aus der Tatsache, dass bei Zufuhr von Wärme bei konstantem Volumen keine Arbeit vom System geleistet wird und somit die Wärme restlos in die Temperaturerhöhung eingeht. Findet der Prozess hingegen bei konstantem Druck statt, so wird ein Teil der Wärme für die Arbeitsleistung benötigt. Somit braucht es für diese Erhöhung der Temperatur eine größere Wärmezufuhr.

Wie man sieht, unterscheiden sich die Wärmekapazitäten durch zwei Summanden. Der Term $p(\frac{\partial V}{\partial T})_p$ ist die Volumenarbeit gegen den konstanten Außendruck bei einer Temperaturerhöhung um 1 °C. $(\frac{\partial U}{\partial V})_T$ hat die Einheit eines Drucks. Der Term $(\frac{\partial U}{\partial V})_T(\frac{\partial V}{\partial T})_p$ entspricht der Arbeit zur Änderung der inneren Energie gegen Anziehungskräfte der Teilchen bei einer Temperaturerhöhung um 1 °C. Der Term beschreibt die *innere* Arbeit, die bei Volumenänderungen aufgrund der Kräfte zwischen den Teilchen geleistet werden muss oder frei wird. Bei idealen Gasen ist dieser Term Null, weil keine Anziehungskräfte zwischen den Teilchen auftreten.

Für ein ideales Gas würde dann folgen

$$C_p = C_V + p\left(\frac{\partial V}{\partial T}\right)_p = C_V + pV\alpha_p = pV\frac{1}{T} = C_V + Nk .$$

Zum Schluss wollen wir die im 3. Band hergeleitete Gleichung von Poisson für eine adiabatische Zustandsänderung bestätigen. Bei diesem Prozess findet kein Wärmeaustausch statt. Es ist $\Delta Q = 0$. Damit ist nach dem 1. Hauptsatz $dU = -p\,dV$.

Das totale Differenzial $dU = (\frac{\partial U}{\partial V})_T\,dV + (\frac{\partial U}{\partial T})_V\,dT$ reduziert sich zu $dU = (\frac{\partial U}{\partial T})_V\,dT$, weil der innere Druck $(\frac{\partial U}{\partial V})_T$, wie oben gesehen, Null ist.

Daraus wird $dU = C_V\,dT$ oder $C_V\,dT + p\,dV = 0$. Ausgehend von einem idealen Gas ist dann $p = \frac{NkT}{V}$ und somit $C_V\,dT + \frac{NkT}{V}\,dV = 0$. Mit dem eben bewiesenen Zusammenhang gilt

$$C_V\,dT + \frac{(C_p - C_V)T}{V}\,dV = 0 .$$

Geordnet hat man

$$\frac{dT}{T} + (\gamma - 1)\frac{dV}{V} = 0 \quad \text{mit} \quad \gamma = \frac{C_p}{C_V} = \frac{c_p}{c_V} .$$

Es folgt nacheinander

$$\int \frac{dT}{T} + (\gamma - 1) \int \frac{dV}{V} = 0 \quad \Longrightarrow \quad \ln T + (\gamma - 1) \ln V = konst.$$

$$\Longrightarrow \quad \ln(T \cdot V^{\gamma-1}) = konst.\ T \cdot V^{\gamma-1} = konst.$$

Mit der idealen Gasgleichung $T = \frac{pV}{Nk}$ ist $\frac{pV}{Nk} \cdot V^{\gamma-1} = konst.$ und schließlich $p \cdot V^{\gamma} = Nk \cdot konst. = konst.$

Aufgabe
Bearbeiten Sie die Übungen 20–22.

8.5 Strahlungsübertragung

Vorbereitung 1: Raumwinkel (Abb. 8.2). Im Einheitskreis entspricht der Winkel ω im Bogenmaß der Bogenlänge b auf der Kreislinie des zugehörigen Kreissektors, also $\omega = b$. Ansonsten wird $\omega \cdot r = b$ oder $\omega = \frac{b}{r}$. Analog definiert man den Raumwinkel: Bei der Einheitskugel entspricht der Raumwinkel Ω der Fläche A auf der Kugeloberfläche des zugehörigen Kreiskegels. Ansonsten ist $\Omega \cdot r^2 = A$ oder $\Omega = \frac{A}{r^2}$. Die Einheit des Raumwinkels ist Steradiant [sr]. Für ein Flächenstück dA auf der Kugeloberfläche gilt $dA = r \cdot d\theta \cdot \sin\beta \cdot r \cdot d\beta$. Dann erhält man für den Raumwinkel $d\Omega = \frac{dA}{r^2} = \sin\beta \cdot d\theta \cdot d\beta$.

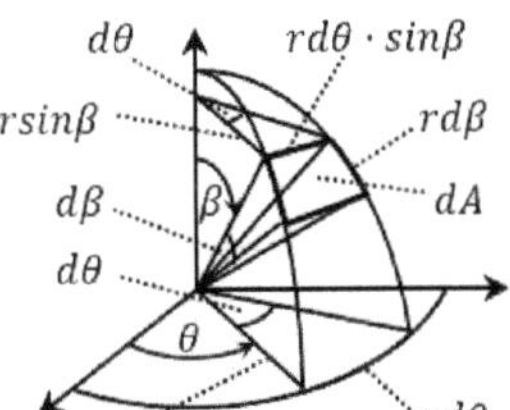

Abb. 8.2: Skizze zum Raumwinkel

Vorbereitung 2: Die Leistungsdichte *L*. Nehmen wir einen strahlenden Körper, beispielsweise eine Glühlampe oder eine Leuchtdiode, deren Leistung wir in Watt messen. Verschiedene Punkte des Körpers werden unterschiedlich viel Strahlung abgeben, und auch in alle Richtungen verschieden viel. Misst man die endliche Leistung dP, die eine Oberfläche abgibt, so muss auf einen unendlich kleinen Punkt dieser Fläche Null Watt fallen, weil es unendlich viele Punkte auf dieser Fläche gibt.

Demnach kann man nicht angeben, wie viel Leistung von einem Punkt ausgeht. Stattdessen betrachtet man eine kleine Fläche dA, in welcher der Punkt liegt, und bildet das Verhältnis $\frac{dP}{dA}$. Im Grenzwert erhält man die Leistungsdichte L_A mit der Einheit $[\frac{\mathrm{W}}{\mathrm{m}^2}]$.

Genausowenig kann man angeben, wie viel Leistung in eine bestimmte Richtung abgegeben wird, da die endliche Leistung auf unendlich viele mögliche Richtungen verteilt werden müsste und somit auf jede einzelne Richtung die Leistung Null Watt fällt. Analog betrachtet man das Verhältnis $\frac{dP}{d\Omega}$, wobei Ω der Raumwinkel ist, in dem die gewünschte Richtung liegt. Im Grenzwert erhält man die Leistungsdichte L_Ω mit der Einheit $[\frac{\mathrm{W}}{\mathrm{sr}}]$.

Berücksichtigt man sowohl die Orts- als auch die Richtungsabhängigkeit der von einem unendlich kleinen Flächenelement abgegebenen Strahlung, dann erhält man die Leistungsdichte $L_{A,\Omega} = \frac{d^2P}{dA \cdot d\Omega}$. Diese wird noch leicht modifiziert, wie wir weiter unten sehen werden.

Bei diffuser Strahlung kann man nicht voraussetzen, dass eine Fläche in alle Richtungen die gleiche Strahlungleistung abgibt. Das Gesetz von Lambert trägt diesem Umstand Rechnung, dass nämlich die Leistung mit flacher werdendem Abstrahlwinkel abnimmt (Abb. 8.3 links). Damit ergibt sich eine kreisförmige Leistungsverteilung. Sei β der Winkel gegen die Flächennormale, P_S die senkrecht abgegebene Leistung und A die abstrahlende Fläche, dann nimmt die Strahlungsleistung mit dem Winkel β ab: $P(\beta) = P_s \cdot \cos\beta$.

Viele Oberflächen kommen diesem Ideal eines Lambertstrahlers sehr nahe mit Abweichungen von 1 %–2,5 %. Metallische Oberflächen weichen stärker von diesem Gesetz ab. Wirkt die Leistung von der Fläche dA in den Raumwinkel $d\Omega$ hinein, so kann man schreiben:

$$d^2P(\beta,\Omega) = \frac{P_s}{dA \cdot d\Omega} \cdot dA\cos\beta \cdot d\Omega = L \cdot dA\cos\beta \cdot d\Omega\,.$$

$L = \frac{d^2P}{dA\cos\beta \cdot d\Omega}$ ist die oben erwähnte konstante Leistungsdichte. Sie bezeichnet die Strahlungsleistung d^2P, die von einem Punkt der Strahlungsquelle in die von β und θ gegebene Richtung pro Fläche $dA\cos\beta$ und Raumwinkel $d\Omega$ ausgesandt wird. Die Einheit von L ist $[\frac{\mathrm{W}}{\mathrm{m}^2\cdot\mathrm{sr}}]$. Ersetzt man den Raumwinkel wie in der Vorbereitung 1 geschildert, dann hat man $d^2P(\beta,\theta) = L \cdot dA\cos\beta \cdot \sin\beta \cdot d\theta \cdot d\beta$. Integrieren wir über den ganzen Halbraum, dann wird

$$\begin{aligned} dP &= L \cdot dA \cdot \frac{1}{2}\int_0^{\frac{\pi}{2}} \sin(2\beta)\,d\beta \int_0^{2\pi} d\theta = L \cdot dA \cdot \pi \int_0^{\frac{\pi}{2}} \sin(2\beta)\,d\beta \\ &= -L \cdot dA \cdot \frac{\pi}{2}\left[\cos(2\beta)\right]_0^{\frac{\pi}{2}} = -L \cdot dA \cdot \frac{\pi}{2}(-1-1) = \pi \cdot L \cdot dA\,. \end{aligned}$$

Die Leistungsdichte eines Lambertstrahlers in den ganzen Halbraum ist $\frac{dP}{dA} = \pi \cdot L$.

Ein schwarzer Strahler ist ein Lambertstrahler. Mit der dortigen Bezeichnung $u(T) = \sigma T^4$ kann man dann schreiben: $u(T) = \sigma T^4 = \pi \cdot L$ und $L = \frac{\sigma}{\pi}T^4$ für einen schwarzen Strahler.

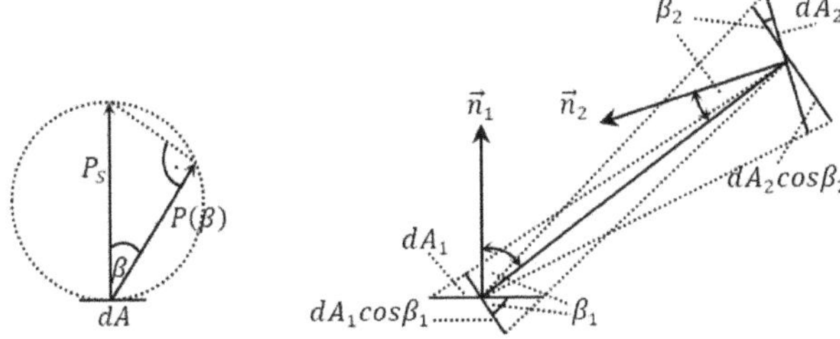

Abb. 8.3: Skizze zum Gesetz von Lambert und zur Reziprokregel

Betrachten wir nun ein Flächenelement dA_1, das mit der Strahldichte L_1 ein im Abstand r befindliches Flächenelement dA_2 bestrahlt (Abb. 8.3 rechts). Von dA_1 aus gesehen, erscheint die Fläche dA_2 unter dem Raumwinkel $d\Omega_2 = \frac{dA_2 \cdot \cos\beta_2}{r^2}$. Die von der Fläche dA_1 auf die Fläche dA_2 treffende Leistung ist

$$d^2P_{12} = L_1 \cdot dA_1 \cos\beta_1 \cdot d\Omega_2 = \frac{L_1 \cdot \cos\beta_1 \cos\beta_2 \cdot dA_1\, dA_2}{r^2} .$$

Die gesamte Leistung beträgt $P_{12} = L_1 \int_{A_1}\int_{A_2} \frac{\cos\beta_1 \cos\beta_2}{r^2}\, dA_1\, dA_2$. Geht man umgekehrt von dA_2 aus und führt dieselbe Rechnung durch, so erhält man $P_{21} = L_2 \int_{A_2}\int_{A_1} \frac{\cos\beta_2 \cos\beta_1}{r^2}\, dA_2\, dA_1$.

Da für einen Lambertstrahler die Leistungsdichte konstant ist und man die Integrationsreihenfolge vertauschen kann, folgt $P_{12} = P_{21}$. Der Leistungsaustausch ist konstant.

Man definiert nun

$$\varphi_{12} = \frac{1}{A_1} \int\limits_{A_1}\int\limits_{A_2} \frac{\cos\beta_1 \cos\beta_2}{r^2}\, dA_2\, dA_1 \quad \text{und} \quad \varphi_{21} = \frac{1}{A_2} \int\limits_{A_2}\int\limits_{A_1} \frac{\cos\beta_2 \cos\beta_1}{r^2}\, dA_1\, dA_2$$

als die Strahlungsaustaschfaktoren. Dann folgt die Reziprokregel $\varphi_{12}A_1 = \varphi_{21}A_2$.

Bemerkung. In dieser Rechnung beinhaltet die Leistung P jegliche Leistung, emittiert, absorbiert oder reflektiert. Deswegen erübrigt sich eine Multiplikation mit dem Faktor ε_1 bzw. ε_2.

Im Folgenden betrachten wir zwei strahlende Flächen A_i und A_j. Wir definieren φ_{ij} als *Sichtfaktor*. A_i sei dabei die strahlende Fläche, A_j die empfangende Fläche. Der Sichtfaktor gibt an, welcher Teil der von der Fläche A_i abgegebenen Strahlung auf A_j trifft.

Aus der Definition folgt

I. $\varphi_{11} + \varphi_{12} = 1$ und $\varphi_{21} + \varphi_{22} = 1$ und

II. $\frac{\varphi_{12}}{\varphi_{21}} = \frac{A_2}{A_1}$ (siehe oben).

Beispiel 1 (Parallele Platte, Abb. 8.4 links). Es gilt $\varphi_{11} = 0$, $\varphi_{12} = 1$, $\varphi_{21} = 1$, $\varphi_{22} = 0$

Beispiel 2 (Konzentrische Zylinder oder Kugeln, Abb. 8.4 rechts). Man erhält in diesem Fall $\varphi_{11} = 0$, $\varphi_{12} = 1$, $\varphi_{21} = \frac{A_1}{A_2}$, $\varphi_{22} = 1 - \frac{A_1}{A_2}$

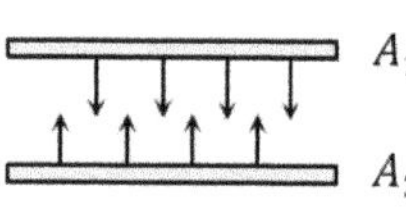

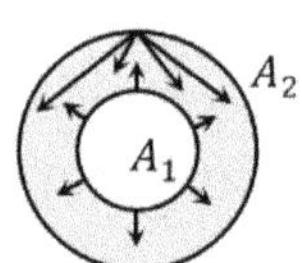

Abb. 8.4: Beispiele zur Reziprokregel

Nun untersuchen wir den Strahlungsaustausch zwischen n beliebig orientierten Flächen.

Wir bezeichnen mit $P_{\text{Ab},i}$ die gesamte von A_i abgegebene Strahlungsleistung und mit $P_{\text{Ein},i}$ die gesamte von A_i erhaltene Strahlungsleistung.

Die abgegebene Strahlungsleistung der Fläche A_i setzt sich jeweils aus einem emittierten und einem reflektierten Anteil zusammen: $P_{\text{Ab},i} = P_{\text{Em},i} + P_{\text{Ref},i} = P_{\text{Em},i} + P_{\text{Ein},i}(1 - \varepsilon_i)$.

Wir gehen dabei davon aus, dass der Absorptionsgrad gleich dem Emissionsgrad ist: $a = \varepsilon$.

Da $a + r = 1$ (Transmissionsgrad $\tau = 0$) folgt $\varepsilon + r = 1$ und somit $r = 1 - \varepsilon$.

Für die weitere Rechnung verwenden wir die Abkürzungen $P_{\text{Ab},i} = V_i$ („von Fläche A_i"), $P_{\text{Ein},i} = Z_i$ („zur Fläche A_i") und $P_{\text{Em},i} = E_i = \varepsilon_i \sigma T_i^4$.

Dann erhalten wir

$$V_i = E_i + Z_i(1 - \varepsilon_i) \quad \Longrightarrow \quad Z_i = \frac{V_i - E_i}{1 - \varepsilon_i} .$$

Bezeichnet P_i die Nettoleistung durch die Fläche A_i, dann ist $\frac{P_i}{A_i}$ die Nettoleistungsdichte bezogen auf die Fläche A_i. Es ergibt sich $P_i = A_i V_i - A_i Z_i$, also

$$\frac{P_i}{A_i} = V_i - Z_i = V_i - \frac{V_i - E_i}{1 - \varepsilon_i} = \frac{E_i - \varepsilon_i V_i}{1 - \varepsilon_i} . \tag{8.2}$$

Weiter bezeichnet $A_i Z_i$ die Einstrahlungsleistung auf die Fläche A_i von allen n Flächen her.

Sie beträgt $A_i Z_i = \sum_{k=1}^{n} V_k \cdot A_k \cdot \varphi_{ki}$. Dabei bedeutet $V_k \cdot A_k \cdot \varphi_{ki}$ die Abstrahlungsleistung von der Fläche A_k mit der Größe V_k, wobei der Anteil $V_k \cdot \varphi_{ki}$ auf die Fläche A_k auftrifft.

Im Detail für zwei Flächen und für $i = 1$ gilt

$$\underbrace{Z_1 \cdot A_1}_{\substack{\text{Einstrahlungsleistung} \\ \text{zur Fläche } A_1}} = \underbrace{V_1 \cdot A_1 \cdot \varphi_{11}}_{\substack{\text{Einstrahlungsleistung} \\ \text{zur Fläche } A_1 \text{ mit Faktor}}} + \underbrace{V_2 \cdot A_2 \cdot \varphi_{21}}_{\substack{\text{Einstrahlungsleistung} \\ \text{zur Fläche } A_2 \text{ mit Faktor}}}$$

Die Nettoleistung, die von der Fläche A_1 ausgeht, ist

$$P_i = A_iV_i - A_iZ_i = A_iV_i - \sum_{k=1}^{n} V_k \cdot A_k\varphi_{ki} \overset{\text{Reziprokregel}}{=} A_iV_i - \sum_{k=1}^{n} V_k \cdot A_i\varphi_{ik}$$
$$= A_i\left[V_i \cdot 1 - \sum_{k=1}^{n} V_k \cdot \varphi_{ik}\right] = A_i\left[V_i \cdot \sum_{k=1}^{n} \varphi_{ik} - \sum_{k=1}^{n} V_k \cdot \varphi_{ik}\right]$$
$$= A_i \sum_{k=1}^{n} \varphi_{ik}(V_i - V_k) \quad\Longrightarrow\quad \frac{P_i}{A_i} = \sum_{k=1}^{n} \varphi_{ik}(V_i - V_k)\,. \tag{8.3}$$

Aus (8.2) und (8.3) folgt

$$\frac{P_i}{A_i} = \frac{E_i - \varepsilon_i V_i}{1 - \varepsilon_i} = \sum_{k=1}^{n} \varphi_{ik}(V_i - V_k) \quad \text{mit} \quad i = 1, \ldots, n\,.$$

Damit kann man V_i für $i = 1, \ldots, n$ bestimmen und daraus die Nettoleistungsdichte $\frac{P_i}{A_i}$.

Dies führen wir für zwei Flächen A_1 und A_2 durch:

$$\frac{P_1}{A_1} = \varphi_{11}(V_1 - V_1) + \varphi_{12}(V_1 - V_2) = \varphi_{12}(V_1 - V_2) = \frac{E_1 - \varepsilon_1 V_1}{1 - \varepsilon_1} \tag{8.4}$$

und

$$\frac{P_2}{A_2} = \varphi_{21}(V_2 - V_1) + \varphi_{22}(V_2 - V_2) = \varphi_{21}(V_2 - V_1) = \frac{E_2 - \varepsilon_2 V_2}{1 - \varepsilon_2}\,. \tag{8.5}$$

Aus Gleichung (8.4) folgt

$$V_1 - V_2 = \frac{E_1 - \varepsilon_1 V_1}{(1 - \varepsilon_1)\varphi_{12}}$$
$$\Longrightarrow \quad V_2 = V_1 - \frac{E_1 - \varepsilon_1 V_1}{(1 - \varepsilon_1)\varphi_{12}} = \frac{V_1(1 - \varepsilon_1)\varphi_{12} - E_1 + \varepsilon_1 V_1}{(1 - \varepsilon_1)\varphi_{12}}$$
$$= \frac{V_1\varphi_{12} - \varepsilon_1 V_1\varphi_{12} - E_1 + \varepsilon_1 V_1}{(1 - \varepsilon_1)\varphi_{12}} = \frac{\varphi_{12}V_1(1 - \varepsilon_1) - E_1 + \varepsilon_1 V_1}{(1 - \varepsilon_1)\varphi_{12}}\,.$$

Setzen wir dieses Ergebnis in Gleichung (8.5) ein, dann ergibt sich

$$\varphi_{21}\left(\frac{\varepsilon_1 V_1 - E_1}{(1 - \varepsilon_1)\varphi_{12}}\right) = \frac{E_2}{1 - \varepsilon_2} - \frac{\varepsilon_2}{1 - \varepsilon_2}\left(\frac{\varphi_{12}V_1(1 - \varepsilon_1) - E_1 + \varepsilon_1 V_1}{(1 - \varepsilon_1)\varphi_{12}}\right)$$

und nacheinander

$$\varphi_{21}(1 - \varepsilon_2)(\varepsilon_1 V_1 - E_1)$$
$$= (1 - \varepsilon_1)\varphi_{12}E_2 - \varepsilon_2\left(\varphi_{12}V_1(1 - \varepsilon_1) - E_1 + \varepsilon_1 V_1\right)\,,$$

$$\varphi_{21}\varepsilon_1 V_1 - \varphi_{21}E_1 - \varphi_{21}\varepsilon_1\varepsilon_2 V_1 + \varphi_{21}\varepsilon_2 E_1$$
$$= \varphi_{12}E_2 - \varphi_{12}\varepsilon_1 E_2 - \varphi_{12}\varepsilon_2 V_1 + \varphi_{12}\varepsilon_1\varepsilon_2 V_1 + \varepsilon_2 E_1 - \varepsilon_1\varepsilon_2 V_1\,,$$

$$V_1(\varphi_{21}\varepsilon_1 - \varphi_{21}\varepsilon_1\varepsilon_2 + \varphi_{12}\varepsilon_2 - \varphi_{12}\varepsilon_1\varepsilon_2 + \varepsilon_1\varepsilon_2)$$
$$= E_1(\varphi_{21} - \varphi_{21}\varepsilon_2 + \varepsilon_2) + E_2(\varphi_{12} - \varphi_{12}\varepsilon_1) \quad \text{und}$$

$$V_1 = \frac{E_1(\varphi_{21} - \varphi_{21}\varepsilon_2 + \varepsilon_2) + E_2(\varphi_{12} - \varphi_{12}\varepsilon_1)}{\varphi_{21}\varepsilon_1(1 - \varepsilon_2) + \varphi_{12}\varepsilon_2(1 - \varepsilon_1) + \varepsilon_1\varepsilon_2}\,.$$

Daraus folgt

$$V_1 - V_2 = \frac{E_1}{(1-\varepsilon_1)\varphi_{12}} - \frac{\varepsilon_1}{(1-\varepsilon_1)\varphi_{12}} \cdot \left[\frac{E_1\left(\varphi_{21}(1-\varepsilon_2)+\varepsilon_2\right)+E_2\varphi_{12}(1-\varepsilon_1)}{\varphi_{21}\varepsilon_1(1-\varepsilon_2)+\varphi_{12}\varepsilon_2(1-\varepsilon_1)+\varepsilon_1\varepsilon_2}\right] .$$

$$\begin{aligned} V_1 - V_2 = & \frac{E_1\left[\varphi_{21}\varepsilon_1(1-\varepsilon_2)+\varphi_{12}\varepsilon_2(1-\varepsilon_1)+\varepsilon_1\varepsilon_2\right]}{(1-\varepsilon_1)\varphi_{12}\cdot\left[\varphi_{21}\varepsilon_1(1-\varepsilon_2)+\varphi_{12}\varepsilon_2(1-\varepsilon_1)+\varepsilon_1\varepsilon_2\right]} \\ & + \frac{-\varepsilon_1\left[E_1\left(\varphi_{21}(1-\varepsilon_2)+\varepsilon_2\right)+E_2\varphi_{12}(1-\varepsilon_1)\right]}{(1-\varepsilon_1)\varphi_{12}\cdot\left[\varphi_{21}\varepsilon_1(1-\varepsilon_2)+\varphi_{12}\varepsilon_2(1-\varepsilon_1)+\varepsilon_1\varepsilon_2\right]} \\ = & \frac{E_1\varphi_{21}\varepsilon_1 - E_1\varphi_{21}\varepsilon_1\varepsilon_2 + E_1\varphi_{12}\varepsilon_2 - E_1\varphi_{12}\varepsilon_1\varepsilon_2 + E_1\varepsilon_1\varepsilon_2}{(1-\varepsilon_1)\varphi_{12}\cdot\left[\varphi_{21}\varepsilon_1(1-\varepsilon_2)+\varphi_{12}\varepsilon_2(1-\varepsilon_1)+\varepsilon_1\varepsilon_2\right]} \\ & + \frac{-E_1\varphi_{21}\varepsilon_1 + E_1\varphi_{21}\varepsilon_1\varepsilon_2 - E_1\varepsilon_1\varepsilon_2 - E_2\varphi_{12}\varepsilon_1 + E_2\varphi_{12}\varepsilon_1^2}{(1-\varepsilon_1)\varphi_{12}\cdot\left[\varphi_{21}\varepsilon_1(1-\varepsilon_2)+\varphi_{12}\varepsilon_2(1-\varepsilon_1)+\varepsilon_1\varepsilon_2\right]} \\ = & \frac{E_1\varphi_{12}\varepsilon_2(1-\varepsilon_1) - E_2\varphi_{12}\varepsilon_1(1-\varepsilon_1)}{(1-\varepsilon_1)\varphi_{12}\cdot\left[\varphi_{21}\varepsilon_1(1-\varepsilon_2)+\varphi_{12}\varepsilon_2(1-\varepsilon_1)+\varepsilon_1\varepsilon_2\right]} \\ = & \frac{\varepsilon_1\varepsilon_2\cdot\sigma(T_1^4-T_2^4)}{\varphi_{21}\varepsilon_1(1-\varepsilon_2)+\varphi_{12}\varepsilon_2(1-\varepsilon_1)+\varepsilon_1\varepsilon_2} \end{aligned}$$

$$V_1 - V_2 = \frac{\sigma(T_1^4-T_2^4)}{\varphi_{21}\left(\frac{1}{\varepsilon_2}-1\right)+\varphi_{12}\left(\frac{1}{\varepsilon_1}-1\right)+1} \quad \text{Nettoleistungsdichte in } [\tfrac{\text{W}}{\text{m}^2\text{K}}] .$$

Beispiel 3. Parallele Platten, $\varphi_{11} = 0$, $\varphi_{12} = 1$, $\varphi_{21} = 1$, $\varphi_{22} = 0$. Es gilt dann

$$u_1(T) = \frac{P_i}{A_i} = \varphi_{12}(V_1 - V_2) = V_1 - V_2 = \frac{\sigma(T_1^4-T_2^4)}{\frac{1}{\varepsilon_2}-1+\frac{1}{\varepsilon_1}-1+1} = \frac{\sigma(T_1^4-T_2^4)}{\frac{1}{\varepsilon_1}+\frac{1}{\varepsilon_2}-1},$$

$\frac{P_2}{A_2}$ analog.

Beispiel 4. Zwei Körper, der eine umhüllt den anderen. Speziell: Konzentrische Zylinder und Kugeln, $\varphi_{11} = 0$, $\varphi_{12} = 1$, $\varphi_{21} = \frac{A_1}{A_2}$, $\varphi_{22} = 1 - \frac{A_1}{A_2}$. Man erhält

$$u_1(T) = \frac{P_i}{A_i} = \varphi_{12}(V_1-V_2) = V_1-V_2 = \frac{\sigma(T_1^4-T_2^4)}{\frac{A_1}{A_2}\left(\frac{1}{\varepsilon_2}-1\right)+\left(\frac{1}{\varepsilon_1}-1\right)+1} = \frac{\sigma(T_1^4-T_2^4)}{\frac{1}{\varepsilon_1}+\frac{A_1}{A_2}\left(\frac{1}{\varepsilon_2}-1\right)},$$

$\frac{P_2}{A_2}$ analog.

Beispiel 5. In der Mitte eines Zimmers, dessen Wände die Oberflächentemperatur $T_W = 15\,°\text{C}$ (288,15 K) besitzen, ist ein Thermometer frei ohne Strahlenschutz aufgehängt. Die Lufttemperatur in der Nähe des Thermometers beträgt $T_L = 20\,°\text{C}$ (293,15 K). Die Wärmeübergangszahl von der Luft zum Thermometer sei $\alpha = 18\,\frac{\text{W}}{\text{m}^2\text{K}}$. Die Emissionszahl von Glas ist $\varepsilon = 0{,}88$.

Das Thermometer zeigt im Allgemeinen eine falsche Lufttemperatur T_L an. Für eine verlässliche Messung muss der konvektive Wärmestrom von Thermoelement (TE) und Umgebungsluft im Gleichgewicht mit dem Strahlungsaustausch zwischen Thermoelement und dem umgebenden Raum sein. Es gilt $\dot{Q}_{\text{Konvektion}} = \alpha \cdot A_{\text{TE}}(T_L - T_{\text{TE}})$.

Für die Wärmestrahlungsleistung $\dot{Q}_{\text{Strahlung}}$ ist

$$\frac{\dot{Q}_{\text{Strahlung}}}{A_{\text{TE}}} = \frac{\sigma(T_1^4 - T_2^4)}{\frac{1}{\varepsilon_1} + \frac{A_{\text{TE}}}{A_{\text{W}}}\left(\frac{1}{\varepsilon_2} - 1\right)} .$$

Daraus folgt

$$\dot{Q}_{\text{Strahlung}} = \frac{A_{\text{TE}}\sigma\left(T_{\text{TE}}^4 - T_{\text{W}}^4\right)}{\frac{1}{\varepsilon_1} + \frac{A_{\text{TE}}}{A_{\text{W}}}\left(\frac{1}{\varepsilon_2} - 1\right)}$$

mit der Austauschfläche

$$A_{\text{Austausch}} = \frac{A_{\text{TE}}}{\frac{1}{\varepsilon_1} + \frac{A_{\text{TE}}}{A_{\text{W}}}\left(\frac{1}{\varepsilon_2} - 1\right)} .$$

Da A_{W} viel größer gegenüber A_{TE} ist, schreiben wir $\dot{Q}_{\text{Strahlung}} \approx A_{\text{TE}}\varepsilon_1\sigma(T_{\text{TE}}^4 - T_{\text{W}}^4)$.

Im Idealfall ist demnach

$$\alpha \cdot A_{\text{TE}}(T_{\text{L}} - T_{\text{TE}}) = A_{\text{TE}}\varepsilon_1\sigma\left(T_{\text{TE}}^4 - T_{\text{W}}^4\right)$$
$$\Longrightarrow \quad \alpha(T_{\text{L}} - T_{\text{TE}}) = \varepsilon_1\sigma\left(T_{\text{TE}}^4 - T_{\text{W}}^4\right) .$$

Man erhält $T_{\text{TE}} \approx 18{,}93$ °C. Der absolute Fehler beträgt $20 - 18{,}93 = 1{,}07$ °C.

Aufgabe

Bearbeiten Sie die Übungen 23 und 24.

---

9 Die Fouriersche Differenzialgleichung bei Wärmestrahlung

Analog zur Wärmeleitung durch Konvektion unterscheiden wir auch hier thermisch dünne und thermisch dicke Körper. Das Kriterium für thermisch dünn lautete $Bi = \frac{\alpha l}{\lambda} \leq 0{,}1$. Vorerst gehen wir von der Annahme einer idealen Durchmischung oder einer nahezu perfekten Wärmeübertragung aus. Dann treten nahezu keine örtlichen Temperaturunterschiede auf. Dies führt uns wieder zum bekannten Modell.

9.1 Ideal gerührter Behälter bei Wärmestrahlung

Wir wiederholen nochmals kurz die Rechnung ab Gleichung (4.2) für Konvektion.

Der Vergleich über das gesamte Volumen lieferte $c_p \cdot \rho \cdot V \cdot \Delta T = \alpha(T - T_\infty)A \cdot \Delta t$.

Trennung der Variablen und anschließende Integration mit Berücksichtigung der Anfangsbedingung führte zum Ergebnis

$$\frac{T(t) - T_\infty}{T_0 - T_\infty} = e^{-\frac{\alpha A}{c_p \rho \cdot V} \cdot t} .$$

Der Exponent wurde in Biot- und Fourierzahl aufgespalten. Im Weiteren wollen wir die Lösung aber so schreiben: $\frac{T(t)-T_\infty}{T_0-T_\infty} = e^{-St}$, wobei

$$St := \frac{\alpha A \cdot t}{c_p \rho \cdot V}$$

die Stanton-Zahl bezüglich Konvektion sein soll, also Biot- und Fourierzahl in sich vereint. Kurz: $\vartheta(St) = e^{-St}$. $\vartheta(St) = \frac{T(St)-T_\infty}{T_0-T_\infty}$ ist die normierte Temperatur.

Im Fall der Wärmestrahlung lautet der Vergleich $c_p \cdot \rho \cdot V \cdot \Delta T = \varepsilon \cdot \sigma (T_\infty^4 - T^4) A \cdot \Delta t$.

Getrennt nach Variablen hat man $\frac{dT}{T_\infty^4 - T^4} = \frac{\varepsilon \cdot \sigma A}{c_p \rho \cdot V} \cdot dt$.

Die Integration liefert

$$\frac{1}{4T_\infty^3}\left[\ln\left(\frac{T+T_\infty}{T-T_\infty}\right) + 2\arctan\left(\frac{T}{T_\infty}\right)\right] = \frac{\varepsilon \cdot \sigma A}{c_p \rho \cdot V} \cdot t + C_1$$

$$\Longrightarrow \frac{1}{4}\left[\ln\left(\frac{T+T_\infty}{T-T_\infty}\right) + 2\arctan\left(\frac{T}{T_\infty}\right)\right] = \frac{T_\infty^3 \cdot \varepsilon \cdot \sigma A}{c_p \rho \cdot V} \cdot t + C_2 .$$

$St_\varepsilon := \frac{T_\infty^3 \cdot \varepsilon \cdot \sigma A \cdot t}{c_p \rho \cdot V}$ nennen wir die Stanton-Zahl bezüglich Strahlung.

T_0 sei die Anfangstemperatur, woraus $C_2 = -\frac{1}{4}[\ln(\frac{T_0+T_\infty}{T_0-T_\infty}) + 2\arctan(\frac{T_0}{T_\infty})]$ folgt.

Somit ist

$$St_\varepsilon = \frac{1}{4}\left[\ln\left(\frac{T+T_\infty}{T-T_\infty}\right) + 2\arctan\left(\frac{T}{T_\infty}\right) - \ln\left(\frac{T_0+T_\infty}{T_0-T_\infty}\right) - 2\arctan\left(\frac{T_0}{T_\infty}\right)\right]$$

$$\Longrightarrow St_\varepsilon = \frac{1}{4}\left[\ln\left(\frac{T+T_\infty}{T-T_\infty} \cdot \frac{T_0-T_\infty}{T_0+T_\infty}\right) + 2\arctan\left(\frac{T}{T_\infty}\right) - 2\arctan\left(\frac{T_0}{T_\infty}\right)\right] .$$

https://doi.org/10.1515/9783110684469-009

Aus $\tan(x-y) = \frac{\tan x - \tan y}{1+\tan x \cdot \tan y}$ erhält man $x-y = \arctan(\frac{\tan x - \tan y}{1+\tan x \cdot \tan y})$ und daraus $\arctan x - \arctan y = \arctan(\frac{x-y}{1+xy})$.

Eingesetzt hat man

$$St_\varepsilon = \frac{1}{4}\left[\ln\left(\frac{T+T_\infty}{T-T_\infty}\cdot\frac{T_0-T_\infty}{T_0+T_\infty}\right) + 2\arctan\left(\frac{T_\infty(T-T_0)}{T_\infty^2 + T\cdot T_0}\right)\right]$$

und schließlich

$$t = \frac{c_p\rho \cdot V}{4T_\infty^3 \cdot \varepsilon \cdot \sigma A}\cdot\left[\ln\left(\frac{T+T_\infty}{T-T_\infty}\cdot\frac{T_0-T_\infty}{T_0+T_\infty}\right) + 2\arctan\left(\frac{T_\infty(T-T_0)}{T_\infty^2 + T\cdot T_0}\right)\right].$$

Natürlich kann man den Quotienten $\frac{V}{A}$ für die drei üblichen Geometrien (Platte, Zylinder und Kugel) vereinfachen.

Im Unterschied zur Konvektion lässt sich diese Gleichung nicht nach der Temperatur auflösen. Das Ergebnis für Konvektion lautete $t = \frac{c_p\rho\cdot V}{\alpha A}\cdot\ln(\frac{T-T_\infty}{T_0-T_\infty})$.

Bei Konvektion liefert die Stanton-Zahl $St = \frac{\alpha A\cdot t}{c_p\rho\cdot V}$ eine Biotzahl von $Bi = \frac{\alpha l}{\lambda}$. Aus der Stanton-Zahl bezüglich Strahlung

$$St_\varepsilon = \frac{T_\infty^3\cdot\varepsilon\cdot\sigma A\cdot t}{c_p\rho\cdot V}$$

leitet sich die zugehörige Biotzahl, die sogenannte Sparrow-Zahl

$$Sp = \frac{T_\infty^3\cdot\varepsilon\cdot\sigma\cdot l}{\lambda}$$

ab. Ein Körper ist demnach thermisch dünn, wenn $Sp \le 0{,}1$ ist.

In diesem Fall darf die Lösung des ideal gerührten Behälters herangezogen werden (l ist bei der Platte die halbe Dicke und beim Zylinder sowie der Kugel der Radius).

9.2 Die Näherungslösung der Fourierschen DGL bei Wärmestrahlung

Die Fouriersche DGL lautet für die drei Geometrien $\frac{\partial T}{\partial t} = \frac{\lambda}{c\rho}\cdot(\frac{\partial^2 T}{\partial r^2} + \frac{n}{r}\cdot\frac{\partial T}{\partial r})$. Die Randbedingung 3. Art wäre $-\lambda\cdot[\frac{dT}{dr}]_{r=l} = \varepsilon\cdot\sigma(T^4(l,t) - T_\infty^4)$. Diese DGL ist analytisch nicht lösbar. Die Idee für eine Näherungslösung sieht folgendermaßen aus: Man nimmt die zugehörige Lösung der Zeit für Konvektion und versieht die zugehörige Fourierzahl mit einem Korrekturterm, der von der Endtemperatur T, der Umgebungstemperatur T_∞ und einem spezifischen, von der Sparrow-Zahl abhängigen Term $f(Sp)$ besteht. Es gibt dafür Näherungsformeln, wie beispielsweise

$$Fo_\varepsilon = Fo + \ln\left(2 - \frac{T-T_\infty}{T_0-T_\infty}\right)\cdot\sqrt{8\cdot\left|1-\frac{T}{T_\infty}\right|^3}\cdot f(Sp)\,.$$

Für die Zahlen $f(Sp)$ existieren Tabellenwerte. Wir erwähnen nur denjenigen Wert, der für unser Beispiel maßgeblich ist: Bei einer Sparrow-Zahl $0 < Sp < 1$ lautet der Korrekturfaktor für den Kern: $f(Sp) = \frac{1}{4}(\frac{5}{4 \cdot Sp} - 1)$.

Mit Hilfe des Korrekturausdrucks für die Fourierzahl können wir nun angeben, welcher Prozess schneller vonstatten geht. Der erste Faktor $\ln(2 - \frac{T-T_\infty}{T_0-T_\infty})$ liegt zwischen 0 und ln 2, da $0 \leq \frac{T-T_\infty}{T_0-T_\infty} \leq 1$ ist. Somit bleibt dieser Faktor positiv. Der zweite Faktor $\sqrt{8 \cdot |1 - T/T_\infty|^3}$ wird bei Erwärmung ($T_\infty > T$) positiv, bei Abkühlung ($T_\infty < T$) negativ. Der letzte Faktor schließlich kann ebenfalls positiv oder negativ sein, je nachdem, wie groß die Sparrow-Zahl ist und welchen Teil des Körpers man betrachtet. Somit entscheidet die Sparrow-Zahl und das Verhältnis $\frac{T}{T_\infty}$ darüber, ob reine Konvektion oder reine Strahlung die Wärme schneller überträgt.

Bemerkung. „Alles strahlt", heißt es, weswegen es auch unmöglich ist, reine Konvektion als Wärmeübertragung herzustellen. Umgekehrt ist auch reine Strahlung (außer im Vakuum) nicht realisierbar, da das umgebende Medium ebenfalls erwärmt wird und Konvektion einsetzt. Tatsächlich kommen beide Wärmeübertragungen immer gleichzeitig vor, mal überwiegt der konvektive Teil, mal der Strahlungsteil, wie wir anschließend sehen werden.

Beispiel. Ein zylindrischer Zinnbolzen mit 0,1 m Radius soll von 20 °C über eine Heiztemperatur von 1000 °C auf die Temperatur 900 °C gebracht werden. Die Stoffwerte sind $c_p = 221 \frac{\mathrm{J}}{\mathrm{kgK}}$, $\rho = 7280 \frac{\mathrm{kg}}{\mathrm{m}^3}$, $\lambda = 22 \frac{\mathrm{W}}{\mathrm{mK}}$. Außerdem ist $\varepsilon = 0{,}7$ und $\alpha = 40 \frac{\mathrm{W}}{\mathrm{m}^2\mathrm{K}}$.

Zuerst untersuchen wir die thermische Dicke des Körpers bezüglich Konvektion und Strahlung: Es gilt

$$Bi = \frac{40 \cdot 0{,}1}{22} = 0{,}181 > 0{,}1\,,$$
$$Sp = \frac{1273{,}15^3 \cdot 0{,}7 \cdot 5{,}68 \cdot 10^{-8} \cdot 0{,}1}{22} = 0{,}122 > 0{,}1\,.$$

Somit ist der Körper thermisch dick und das Modell des ideal gerührten Behälters gilt nicht, sondern wir müssen die Reihenlösung heranziehen. Es soll die Temperatur im Kern untersucht werden. Die Lösung mit Konvektion alleine lautet

$$\vartheta(\xi, Fo) = \sum_{n=1}^{\infty} c_n \cdot e^{-\mu_n^2 \cdot Fo} \cdot \cos(\mu_n \xi)\,,$$

$\vartheta = \frac{T-T_\infty}{T_0-T_\infty}$ ist die dimensionslose Temperatur und $\xi = \frac{r}{l}$ die dimensionslose Länge. Im Kern ist zudem $r = \xi = 0$.

Die Lösung ist dann $\vartheta(\xi, Fo) = \sum_{n=1}^{\infty} c_n \cdot e^{-\mu_n^2 \cdot Fo}$. Wie schon am Ende von Kapitel 3.3 berechnet, lauten die ersten fünf Eigenwerte

n	1	2	3	4	5
μ_n	0,31	3,17	6,30	9,44	12,57

Die ersten fünf Koeffizienten wurden ebenfalls bestimmt zu

n	1	2	3	4	5
c_n	1,0161	−0,0197	0,0050	−0,0022	0,0013

Es soll die dimensionslose Temperatur $\vartheta = \frac{-100}{-980} = 0{,}120$ erreicht werden (von anfänglich 1).

Graphisch ermittelt, ergibt das $Fo = 23{,}916$, folglich eine Zeit von

$$t = \frac{Fo \cdot c_p \cdot \rho \cdot l^2}{\lambda} = 5743\,\mathrm{s}\,.$$

Der Korrekturterm für eine Erwärmung über Strahlung alleine lautet

$$\begin{aligned} Fo_\varepsilon &= 23{,}916 + \ln\left(2 - \frac{-100}{-980}\right) \cdot \sqrt{8 \cdot \left|1 - \frac{1173{,}15}{1273{,}15}\right|^3} \cdot \frac{1}{4}\left(\frac{5}{4 \cdot 0{,}122} - 1\right) \\ &= 23{,}916 + 0{,}092\,. \end{aligned}$$

Die Korrektur ist somit positiv und sehr klein: $Fo_\varepsilon = 24{,}008$.

Dies entspricht einer Aufwärmzeit von $t_\varepsilon = 5756\,\mathrm{s} \approx 1\,\mathrm{h} : 36\,\mathrm{min}$.

Es dauert relativ lange, bis der Kern die erforderliche Temperatur erreicht hat. Andere Teile des Körpers, insbesondere die Oberfläche, weisen dann eine höhere Temperatur auf, höchstens aber 1000 °C.

Aufgabe
Bearbeiten Sie die Übung 25.

9.3 Ideal gerührter Behälter bei Konvektion und Wärmestrahlung

Am realistischsten ist es, Wärmeübertragung bei gleichzeitiger Konvektion und Wärmestrahlung zu betrachten. Die Fouriersche DGL für dieses Problem würde lauten: $\frac{\partial T}{\partial t} = \frac{\lambda}{c\rho} \cdot (\frac{\partial^2 T}{\partial r^2} + \frac{n}{r} \cdot \frac{\partial T}{\partial r})$ mit der Randbedingung $-\lambda \cdot [\frac{dT}{dr}]_{r=l} = \alpha(T - T_\infty) + \varepsilon \cdot \sigma(T^4 - T_\infty^4)$.

Diese DGL ist analytisch nicht lösbar, weshalb wir uns auf thermisch dünne Körper beschränken. Es gilt dann zu beachten, dass $Bi + Sp \leq 0{,}1$ sein muss.

Der Vergleich über das gesamte Volumen liefert dann die Gleichung

$$c_p \cdot \rho \cdot V \cdot \Delta T = \alpha(T - T_\infty)A \cdot \Delta t + \varepsilon \cdot \sigma\left(T_\infty^4 - T^4\right)A \cdot \Delta t\,.$$

Es folgt

$$c_p \cdot \rho \cdot V \cdot \frac{dT}{dt} = \alpha \cdot A \cdot T_\infty\left(1 - \frac{T}{T_\infty}\right) + \varepsilon \cdot \sigma \cdot A \cdot T_\infty^4\left(1 - \frac{T^4}{T_\infty^4}\right)\,.$$

Mit $\theta = \frac{T}{T_\infty}$ ist $d\theta = \frac{dT}{T_\infty}$ und man erhält

$$c_p \cdot \rho \cdot V \cdot \frac{d\theta}{dt} = \alpha \cdot A(1-\theta) + \varepsilon \cdot \sigma \cdot A \cdot T_\infty^3(1-\theta^4)\,.$$

Division durch $(\alpha + \varepsilon\sigma T_\infty^3)A$ ergibt

$$\frac{c_p \cdot \rho \cdot V}{\left(\alpha + \varepsilon \cdot \sigma \cdot T_\infty^3\right)A} \cdot \frac{d\theta}{dt} = \frac{\alpha}{\alpha + \varepsilon \cdot \sigma \cdot T_\infty^3}(1-\theta) + \frac{\varepsilon \cdot \sigma \cdot T_\infty^3}{\alpha + \varepsilon \cdot \sigma \cdot T_\infty^3}(1-\theta^4)\,.$$

Den ersten (Zeit-)Faktor kürzen wir ab mit

$$T_{\mathrm{KS}} := \frac{c_p \cdot \rho \cdot V}{(\alpha + \varepsilon \cdot \sigma \cdot T_\infty^3)A}\,.$$

Weiter führen wir die normierte Zeit τ ein: $\tau := \frac{t}{T_{\mathrm{KS}}}$. Dann ist $d\tau = \frac{dt}{T_{\mathrm{KS}}}$ und $\frac{d\theta}{d\tau} = \frac{d\theta}{dt} \cdot T_{\mathrm{KS}}$.

Zudem definieren wir den Konvektionsgrad

$$\gamma := \frac{\alpha}{\alpha + \varepsilon \cdot \sigma \cdot T_\infty^3}$$

und folglich den Strahlungsgrad

$$\gamma_{\mathrm{S}} = \frac{\varepsilon \cdot \sigma \cdot T_\infty^3}{\alpha + \varepsilon \cdot \sigma \cdot T_\infty^3}\,.$$

Sowohl γ als auch γ_{S} sind beide kleiner als 1. Es gilt $\gamma_{\mathrm{S}} = 1 - \gamma$.

Da beide Wärmeübertragungen gleichzeitig stattfinden, bezeichnen die beiden Wärmegrade die entsprechenden Anteile an der gesamten Wärmetransportart.

Schließlich können wir die DGL schreiben als

$$\frac{d\theta}{d\tau} = \gamma(1-\theta) + (1-\gamma)(1-\theta^4) \quad \text{oder} \quad \frac{d\theta}{d\tau} = 1 - \gamma\theta - (1-\gamma)\theta^4\,.$$

Die Trennung der Variablen führt auf das Integral $\int \frac{d\theta}{1-\gamma\theta-(1-\gamma)\theta^4} = t$. Dieses Integral ist nicht geschlossen lösbar, weshalb man für den Integranden eine Potenzreihe ansetzen kann:

$$f(\theta) = \frac{1}{1-\gamma\theta-(1-\gamma)\theta^4} = \sum_{i=0}^{\infty} a_i\theta^i\,.$$

Ein langwieriger Koeffizientenvergleich liefert die bis zum 16. Glied bestimmte Reihe für $f(\theta)$:

$$\begin{aligned} f(\theta) = {} & \sum_{i=1}^{4} \gamma^{i-1}\theta^{i-1} + \sum_{i=1}^{4} \gamma^{i-1}(\gamma^4 - i\gamma + i)\theta^{i+3} \\ & + \sum_{i=1}^{4} \left[\gamma^{i+3}(\gamma^4 - (i+4)\gamma + (i+4)) + \frac{i(i+1)}{2}\gamma^{i-1}(\gamma-1)^2\right]\theta^{i+7} \\ & + \sum_{i=1}^{4} \left[\gamma^{i+7}(\gamma^4 - (i+8)\gamma + (i+8)) + \frac{i(i+4)(i+5)}{2}\gamma^{i+3}(\gamma-1)^2 \right. \\ & \qquad \left. - \frac{i(i+1)(i+2)}{6}\gamma^{i-1}(\gamma-1)^2\right]\theta^{i+11}\,. \end{aligned}$$

Die Koeffizienten werden immer komplizierter. Zudem besteht die Reihe aus Gruppen von vier Termen. Und schließlich müsste man schätzungsweise mindestens 40 Glieder bestimmen, um $f(\theta)$ in vernünftiger Näherung darzustellen.

Die Kenntnis der Stammfunktion von $f(\theta)$ ist ja nicht zwingend. Wir begnügen uns mit einer numerischen Integration am konkreten Beispiel.

Beispiel. Ein Kupferbolzen in Form eines Zylinders mit dem Radius 0,05 m soll von der Temperatur 20 °C mit Hilfe einer Heiztemperatur von 700 °C auf die Temperatur 680 °C gebracht werden. Die Stoffwerte sind $c_p = 440\,\frac{\text{J}}{\text{kgK}}$, $\rho = 8940\,\frac{\text{kg}}{\text{m}^3}$, $\lambda = 380\,\frac{\text{W}}{\text{mK}}$.

Zudem ist $\varepsilon = 0{,}35$ und $\alpha = 40\,\frac{\text{W}}{\text{m}^2\text{K}}$.

Wir stellen zuerst sicher, dass der Körper bezüglich Konvektion und Strahlung thermisch dünn ist:

$$Bi + Sp = \frac{40 \cdot 0{,}05}{380} + \frac{(973{,}15)^3 \cdot 0{,}35 \cdot 5{,}67 \cdot 10^{-8} \cdot 0{,}05}{380} = 0{,}005 + 0{,}002$$
$$= 0{,}007 < 0{,}1\,.$$

Dann berechnen wir die Temperaturen $\theta_\text{A} = \frac{293{,}15}{973{,}15} = 0{,}3012$, $\theta_\text{E} = \frac{948{,}15}{973{,}15} = 0{,}9794$.

Der Konvektionsgrad beträgt

$$\gamma = \frac{40}{40 + 0{,}35 \cdot 5{,}67 \cdot 10^{-8} \cdot (973{,}15)^3} = 0{,}6862\,.$$

Für die normierte Zeit muss das Integral

$$\tau = \int_{0{,}3012}^{0{,}9794} \frac{d\theta}{1 - 0{,}6862 \cdot \theta - (1 - 0{,}6862)\theta^4}$$

gelöst werden.

Das ergibt $\tau = 2{,}1743$. Für die eigentliche Zeit gilt $t = \tau \cdot T_\text{KS}$ (zudem ist $\frac{V}{A} = \frac{l}{2}$) und damit

$$t = 2{,}1743 \cdot \left(\frac{440 \cdot 8940 \cdot 0{,}05}{(40 + 0{,}35 \cdot 5{,}67 \cdot 10^{-8} \cdot (973{,}15)^3) \cdot 2} \right) = 2{,}1743 \cdot 1687\,\text{s}$$
$$3668\,\text{s} \approx 1\,\text{h} : 1\,\text{min}\,.$$

Der Konvektionsgrad in diesem Beispiel beträgt 68,62 %, der Strahlungsanteil 31,38 %.

Die warme Luft gibt ebenfalls Strahlungswärme ab, und da die abgestrahlte Leistung mit der vierten Potenz der Temperatur einhergeht, ist der Anteil doch relativ hoch. Ist die Umgebungstemperatur beispielsweise nur 20 °C, dann ist der Strahlungsgrad minimal wie in Übung 26 untersucht wird.

Grundsätzliches zu den Heizsystemen:
Konvektionsheizungen erwärmen die Luft und verteilen diese durch Luftwirbelbildung. Es braucht aber seine Zeit, bis die erwärmte Luft unter anderem auch eine Person im Raum erreicht. Ein typisches Beispiel sind die Heizkörper unterhalb der Fenster. Leider geht die erwärmte Luft aber beim Lüften schnell verloren.

Eine Strahlungsheizung hingegen erwärmt die Raumluft nur unwesentlich, sondern erhitzt alle im Raum befindlichen Körper direkt. Diese geben dann Wärme an den Raum wieder ab.

Das Zusammenwirken beider Erwärmungsarten erläutern wir an zwei „Alltagsbeispielen".

Seen oder Meere, die zu Anfang des Frühjahrs noch eiskalt, wenige Wochen später, angenehm warm sind, würden durch Konvektion nur etwa an der Oberfläche erwärmt. Die von der Sonne kommenden infraroten Wärmewellen aber durchdringen das Wasser und erwärmen es bis in eine Tiefe von 20 Meter.

Stehen wir in der Sonne, dann wird uns warm, gehen wir in den Schatten, wird es kühler, obwohl die Lufttemperatur in der Sonne und im Schatten gleich sind. Der von der Sonne ankommende Strahlungsanteil an der gesamten Wärme fällt hier mit einem „Seitenschritt" weg (der Strahlungsanteil der erwärmten Luft bleibt).

9.4 Ideal gerührter Behälter bei Konvektion und Wärmestrahlung und konstanter Wärmequelle

Die Wärmequelle sei $\dot{q}$. Die zugehörige Gleichung, die beispielsweise einen in der Sonne stehenden Körper beschreibt, lautet

$$c_p \cdot \rho \cdot V \cdot \Delta T = \alpha(T - T_\infty)A \cdot \Delta t + \varepsilon \cdot \sigma\left(T_\infty^4 - T^4\right)A \cdot \Delta t + \dot{q} \cdot A \cdot \Delta t\,.$$

$\dot{q}_0 = 1367\,\frac{\mathrm{W}}{\mathrm{m}^2}$ ist die Solarkonstante, die im Mittel während eines Jahres auf die Erde einfallende Strahlungsdichte. In Mitteleuropa sind es aufgrund des Breitengrades nur $\dot{q} = 700\,\frac{\mathrm{W}}{\mathrm{m}^2}$. Es folgt

$$c_p \cdot \rho \cdot V \cdot \frac{d\theta}{dt} = \alpha \cdot A(1 - \theta) + \varepsilon \cdot \sigma \cdot A \cdot T_\infty^3(1 - \theta^4) + \dot{q} \cdot A$$

$$\Longrightarrow \quad \frac{c_p \cdot \rho \cdot V}{\left(\alpha + \varepsilon \cdot \sigma \cdot T_\infty^3 + \dot{q}\right)A} \cdot \frac{d\theta}{dt}$$

$$= \frac{\alpha}{\alpha + \varepsilon \cdot \sigma \cdot T_\infty^3 + \dot{q}}(1 - \theta) + \frac{\varepsilon \cdot \sigma \cdot T_\infty^3}{\alpha + \varepsilon \cdot \sigma \cdot T_\infty^3 + \dot{q}}(1 - \theta^4) + \frac{\dot{q}}{\alpha + \varepsilon \cdot \sigma \cdot T_\infty^3 + \dot{q}}\,.$$

Mit den Definitionen

$$T_{\mathrm{KS}} := \frac{c_p \cdot \rho \cdot V}{(\alpha + \varepsilon \cdot \sigma \cdot T_\infty^3 + \dot{q})A} \quad \text{und} \quad \delta := \frac{\dot{q}}{\alpha + \varepsilon \cdot \sigma \cdot T_\infty^3 + \dot{q}}$$

folgt die nach getrennten Variablen lautende DGL $\frac{d\theta}{d\tau} = 1 - \gamma\theta - (1 - \gamma)\theta^4 + \delta$.

Beispiel. Eine Kupferplatte der Dicke 0,01 m besitzt die Temperatur 20 °C und wird 60 s in die Sonne bei einer Umgebungstemperatur von 30 °C gestellt. Welche Temperatur erreicht die Kupferplatte? Die Stoffwerte sind $c_p = 440\,\frac{\text{J}}{\text{kgK}}$, $\rho = 8940\,\frac{\text{kg}}{\text{m}^3}$, $\lambda = 380\,\frac{\text{W}}{\text{mK}}$.

Außerdem sei $\varepsilon = 0{,}35$ und $\alpha = 40\,\frac{\text{W}}{\text{m}^2\text{K}}$.

Der Körper ist bezüglich Konvektion und Strahlung thermisch dünn.

Die normierten Temperaturen sind $\theta_\text{A} = \frac{293{,}15}{303{,}15} = 0{,}9670$, $\theta_\text{E} = ?$

Weiter ist

$$\gamma = \frac{40}{40 + 0{,}35 \cdot 5{,}67 \cdot 10^{-8} \cdot (303{,}15)^3 + 700} = 0{,}0540\,.$$

Die normierte Zeit wird über die folgende Gleichung gelöst:

$$60 = \tau \cdot \left(\frac{40 \cdot 8940 \cdot 0{,}01}{(40 + 0{,}35 \cdot 5{,}67 \cdot 10^{-8} \cdot (303{,}15)^3 + 700) \cdot 1} \right) = \tau \cdot 4{,}8288$$
$$\Longrightarrow \quad \tau = 0{,}0805\,.$$

Die Lösung der Gleichung

$$0{,}0805 = \int_{0{,}9670}^{\theta_\text{E}} \frac{d\theta}{1 - 0{,}0540 \cdot \theta - (1 - 0{,}0540)\theta^4 + 0{,}9452}$$

ergibt die normierte Endtemperatur $\theta_\text{E} = 1{,}041$. Aus $\theta_\text{E} = 1{,}041 = \frac{T_\text{E}+273{,}15}{303{,}15}$ folgt $T_\text{E} = 42{,}43\,°\text{C}$.

Wird der Körper in den Schatten gelegt, fällt der letzte Term mit $\dot{q}$ weg und die Rechnung verläuft wie üblich.

Aufgabe

Bearbeiten Sie die Übung 26.

Übungen

1. Auf der Innenseite einer Wand hat die Luft eine Temperatur von 22 °C, außerhalb beträgt die Temperatur 0 °C. Die Wand besitzt eine Dicke von 40 cm und eine Wärmeleitfähigkeit von 1 $\frac{\mathrm{W}}{\mathrm{m\,K}}$. Die Wärmeübergangszahl ist innen (α_1) wie außen (α_2) gleich groß, nämlich 5 $\frac{\mathrm{W}}{\mathrm{m^2 K}}$.
   a) Bestimmen Sie den k-Wert.
   b) Wie groß wird die konstante Wärmestromdichte, die sich nach einiger Zeit einstellt?
   c) Wie hoch ist die Wandtemperatur an der Innenseite?

2. Die Wand eines Kühlhauses besteht von innen nach außen aus einer dünnen Kunststoffschicht der Dicke $s_1 = 5\,\mathrm{mm}$ mit einer Leitfähigkeit $\lambda_1 = 1{,}5\,\frac{\mathrm{W}}{\mathrm{m\,K}}$, einer Isolationsschicht der Dicke s_2 und einer Leitfähigkeit $\lambda_2 = 0{,}04\,\frac{\mathrm{W}}{\mathrm{m\,K}}$ und einer äußeren Mauer von $s_3 = 20\,\mathrm{cm}$ Dicke und einer Leitfähigkeit $\lambda_3 = 1\,\frac{\mathrm{W}}{\mathrm{m\,K}}$ (Abb. 1 links). Die Wärmeübergangszahlen sind innen $\alpha_\mathrm{i} = 8\,\frac{\mathrm{W}}{\mathrm{m^2 K}}$ und außen $\alpha_\mathrm{a} = 5\,\frac{\mathrm{W}}{\mathrm{m^2 K}}$. Im Kühlhaus beträgt die Temperatur $T_\mathrm{i} = -22\,°\mathrm{C}$. Die Außentemperatur ist $T_\mathrm{a} = 35\,°\mathrm{C}$. Damit in der Fuge zwischen Mauer und Isolation die Luft nicht kondensiert (Taubildung), darf die Temperatur T_3 in der Fuge nicht unter 32 °C fallen.
   a) Wie breit muss die Isolationsdicke s_2 sein?
   b) Wie groß sind bei dieser Dicke die Temperaturen T_1, T_2 und T_4?

3. Führen Sie dieselben Rechenschritte zur Berechnung des k-Werts eines Zylinders nun für eine Kugelschale durch.
   a) Nehmen Sie dieselben Bezeichnungen und leiten Sie eine Formel für die Berechnung des Wärmestroms und des k-Werts für eine Isolationsschicht her.
   b) Verallgemeinern Sie die Ergebnisse von a) für n Schichten.

4. In einer Dampfleitung aus Stahl mit dem Durchmesser 10 cm und 5 mm Wanddicke strömt Wasserdampf der Temperatur $T_\mathrm{i} = 400\,°\mathrm{C}$ (Abb. 1 rechts). Im Rohr beträgt die Wärmeübergangszahl $\alpha_\mathrm{i} = 1000\,\frac{\mathrm{W}}{\mathrm{m^2 K}}$. Das Rohr ist mit einer Isolation, die außen mit einem Aluminiumblech von 1 mm Dicke verkleidet ist, verse-

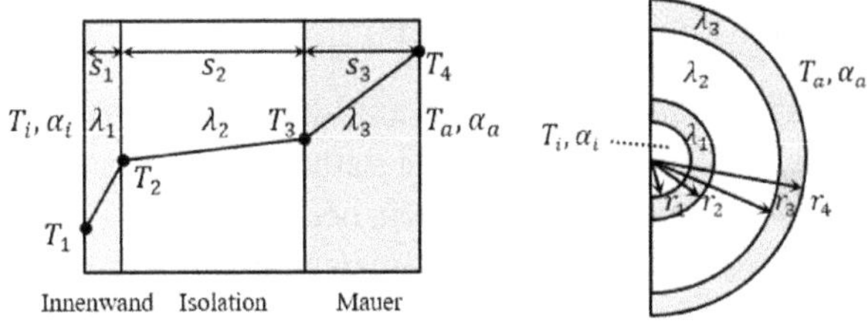

Abb. 1: Skizzen zu den Übungen 2 und 4

https://doi.org/10.1515/9783110684469-010

hen. Die Wärmeleitfähigkeit des Rohrs ist $\lambda_1 = 50\,\frac{\mathrm{W}}{\mathrm{m\,K}}$, des Isolators $\lambda_2 = 0{,}1\,\frac{\mathrm{W}}{\mathrm{m\,K}}$ und des Aluminiums $\lambda_3 = 200\,\frac{\mathrm{W}}{\mathrm{m\,K}}$. Gemäß der Sicherheitsvorschriften darf bei einer Raumtemperatur von $T_\mathrm{a} = 32\,°\mathrm{C}$ und einer äußeren Übergangszahl von $\alpha_\mathrm{a} = 15\,\frac{\mathrm{W}}{\mathrm{m^2K}}$ die Außenwand des Aluminiums nicht wärmer als $T_4 = 45\,°\mathrm{C}$ werden Berechnen Sie die dafür notwendige Dicke der Isolation.

5. Führen Sie dieselben Rechenschritte zur Berechnung des kritischen Radius bei der Isolation eines Zylinders nun für eine Kugelschale durch. Nehmen Sie dieselben Bezeichnungen, betrachten Sie auch wieder das Verhältnis $\Phi(\varrho)$ der Wärmeströme als Funktion der Radien $\varrho = \frac{r_3}{r_2}$ und bestimmen Sie den Wert für den kritischen Radius r_3 bzw. ϱ.

6. Gegeben ist eine Kugelschale der Dicke $r_2 - r_1$. Gesucht ist der Temperaturverlauf für den stationären Zustand. Lösen Sie die DGL $\frac{1}{r^2} \cdot \frac{d}{dr}(r^2 \frac{d}{dr}) = 0$ für die folgenden Fälle.
   a) Randbedingung 1. Art: $T(r_1) = T_1$, $T(r_2) = T_2$,
   b) Randbedingung 1. und 2. Art: $T(r_1) = T_1$, $-\lambda \cdot A \cdot [\frac{dT}{dx}]_{r=r_2} = \dot{Q}_l$ und
   c) Randbedingung 1. und 3. Art: $T(r_1) = T_1$, $-\lambda \cdot [\frac{dT}{dr}]_{r=r_2} = \alpha \cdot (T(r_2) - T_\mathrm{U})$.

7. Ein 20 cm dickes Aluminiumblech der Temperatur $T_\mathrm{W} = 20\,°\mathrm{C}$ wird senkrecht zu seiner Fläche kräftig mit Luft der Temperatur $T_0 = 50\,°\mathrm{C}$ angeblasen. „Kräftig" bedeutet, dass dieser Vorgang einen hohen Wärmeübergangskoeffizienten $100 \leq \alpha \leq 300$ gewährleistet, so dass man von einer konstanten Wandtemperatur ausgehen und damit bei der Wand mit einer Randbedingung der 1. Art rechnen kann. Die zugehörigen Daten für Aluminium lauten $\rho = 2700\,\frac{\mathrm{kg}}{\mathrm{m^3}}$, $c_p = 900\,\frac{\mathrm{J}}{\mathrm{kg \cdot K}}$, $\lambda = 240\,\frac{\mathrm{W}}{\mathrm{m \cdot K}}$.
   a) Wie lautet die zugehörige Temperaturfunktion $T(r, t)$?
   b) Stellen Sie den Verlauf von $T(r, t)$ im Intervall $-0{,}1\,\mathrm{m} \leq r \leq 0{,}1\,\mathrm{m}$ für die Zeiten 2 s, 5 s, 10 s, 20 s, 40 s, 60 s, 80 s, 120 s, 180 s dar.
   c) Stellen Sie den Verlauf der Kerntemperatur $T(0, t)$ für $0 \leq t \leq 120\,\mathrm{s}$ dar.
   d) Stellen Sie den Verlauf der Temperaturdifferenz zwischen Wandtemperatur und Kerntemperatur für $0 \leq t \leq 120\,\mathrm{s}$ dar.
   e) Stellen Sie den Verlauf der mittleren Temperatur $\overline{T}(t)$ zwischen Wandtemperatur und Kerntemperatur für $0 \leq t \leq 120\,\mathrm{s}$ dar.
   f) Bestimmen Sie die Wärmestromdichte $\dot{q}_l$ an der Wand nach 2 s und stellen Sie den Verlauf von $\dot{q}_l(t)$ für $0 \leq t \leq 120\,\mathrm{s}$ dar.

8. Ein Brownie hat die Form eines Quaders und füllt ein großes Blech aus. Maßgebend für die Wärmeleitung sei nur die Dicke 3 cm. Die seitlichen Wärmeströme werden vernachlässigt. Gerade aus dem Ofen genommen, besitzt der Teig überall eine Temperatur von $T_0 = 150\,°\mathrm{C}$. Er wird nun der Raumtemperatur von $T_\infty = 20\,°\mathrm{C}$ überlassen und kühlt ab.

Die Werte für den Teig betragen $\rho = 1250\,\frac{\text{kg}}{\text{m}^3}$, $c_p = 2000\,\frac{\text{J}}{\text{kg}\cdot\text{K}}$, $\lambda = 0{,}2\,\frac{\text{W}}{\text{m}\cdot\text{K}}$. Der Wärmeübergangskoeffizient sei $\alpha = 15\,\frac{\text{W}}{\text{m}^2\cdot\text{K}}$.

a) Bestimmen Sie die Temperaturleitfähigkeit $\beta^2 = \frac{\lambda}{c_p\cdot\rho}$ und die Biotzahl $Bi = \frac{\alpha l}{\lambda}$.
b) Berechnen Sie aus der charakteristischen Gleichung die ersten beiden Eigenwerte und die ersten beiden Koeffizienten c_n der Temperaturverteilung.
c) Bestimmen Sie daraus eine Näherungslösung für die Temperaturverteilung $T(r,t)$ und für die Temperatur im Kern zur Zeit t.
d) Nach welcher Zeit beträgt die Temperatur im Kern 35 °C?

9. Ein Ei soll mit kondensierendem Dampf bei 100 °C erwärmt werden. Die Temperatur des Eis beträgt zu Beginn 20 °C. Das Ei wird als Kugel mit einem Radius von 2,5 cm idealisiert. Dichte und Wärmekapazität seien $\rho = 1075\,\frac{\text{kg}}{\text{m}^3}$, $c_p = 3250\,\frac{\text{J}}{\text{kg}\cdot\text{K}}$. Für die Wärmeleitfähigkeit nehmen wir den Mittelwert zwischen derjenigen des Eiweiß, $0{,}557\,\frac{\text{W}}{\text{m}\cdot\text{K}}$, und derjenigen des Eigelbs, $0{,}337\,\frac{\text{W}}{\text{m}\cdot\text{K}}$, zu $\lambda = 0{,}45\,\frac{\text{W}}{\text{m}\cdot\text{K}}$. Der Wärmeübergangskoeffizient zwischen Dampf und Schale sei $\alpha = 10\,\frac{\text{kW}}{\text{m}^2\cdot\text{K}}$.
   a) Bestimmen Sie die Temperaturleitfähigkeit $\beta^2 = \frac{\lambda}{c_p\cdot\rho}$ und die Biotzahl $Bi = \frac{\alpha l}{\lambda}$.
   b) Da α sehr groß ist, können wir mit einer konstanten Außentemperatur rechnen. (Die Eigenwerte sind praktisch gleich $\mu_n = n\pi$.) Wie lautet demnach die Temperaturverteilung $T(r,t)$?
   c) Nach welcher Zeit gerinnt das Ei auch im Kern (Gerinntemperatur des Eis: 42 °C)?
   Rechnen Sie mit einer Näherungslösung für $T(r,t)$ unter Berücksichtigung der ersten fünf Eigenwerte.

10. Nehmen wir an, der Brownie aus Übung 8 wird beidseitig durch einen speziell konstruierten Elektroherd, ähnlich einem Toaster mit der konstanten Wärmestromdichte $\dot{q} = 1\,\frac{\text{kW}}{\text{m}^2}$, aufgewärmt. Seine Anfangstemperatur sei $T_0 = 20$ °C. Ansonsten gelten dieselben Kennwerte wie in Übung 8.
    a) Nach welcher Zeit erreicht der Rand erstmals eine Temperatur von 150 °C?
    b) Welche Temperatur herrscht dann im Kern des Brownie?
    c) Erreicht man dieselbe Temperaturverteilung wie bei a) und b) in einem Zehntel der Zeit, wenn man beidseitig den Wärmestrom $\dot{q} = 10\,\frac{\text{kW}}{\text{m}^2}$ anlegt?
    d) Stellen Sie die Temperaturen am Rand und im Kern mit der Zeit qualitativ dar.

11. Wir betrachten dasselbe Würstchen wie am Ende des Kapitels 3.5. Es hatte einen Durchmesser von 2 cm und die Stoffwerte betrugen $c_p = 2875\,\frac{\text{J}}{\text{kg}\cdot\text{K}}$, $\rho = 1045\,\frac{\text{kg}}{\text{m}^3}$, $\lambda = 0{,}365\,\frac{\text{W}}{\text{m}\cdot\text{K}}$. Die Anfangstemperatur sei $T_0 = 20$ °C. Es wird nun mit einem Draht umwickelt, dessen Windungen dicht aneinander liegen. Auf diese Weise wird dem Würstchen ringsherum der Wärmestrom $\dot{q} = 1\,\frac{\text{kW}}{\text{m}^2}$ zugeführt. Nehmen Sie die Näherungslösung für große Zeiten.
    a) Bestimmen Sie die Temperatur am Rand nach 10 Minuten.
    b) Berechnen Sie die Temperaturzunahme pro Minute am Rand.

12. Eine 8 cm dicke Aluminiumplatte der Temperatur $T_0 = 300\,°C$ soll mittels eines Wasserbads der Temperatur $T_\infty = 50\,°C$ auf die Temperatur $T = 200\,°C$ abgekühlt werden.
Die zugehörigen Daten für Aluminium sind $\rho = 2700\,\frac{kg}{m^3}$, $c_p = 900\,\frac{J}{kg \cdot K}$, $\lambda = 240\,\frac{W}{m \cdot K}$.
Der Wärmeübergangskoeffizient sei $\alpha = 480\,\frac{W}{m^2 \cdot K}$.
    a) Prüfen Sie, ob die Bedingung $Bi \leq 0{,}1$ für die Beschreibung des Abkühlvorgangs mit Hilfe des ideal gerührten Behälters gegeben ist.
    b) Bestimmen Sie die Abkühlzeit mit dem genannten Modell.
    c) Berechnen Sie die während der Abkühlzeit vom Körper an das Wasser abgegebene Wärmemenge.
    d) Berechnen Sie den prozentualen Fehler gegenüber der Reihenlösung. Nehmen Sie dazu nur deren ersten Eigenwert (da die Biotzahl sehr klein ist und die Abkühlungszeit groß, nämlich weit über $Fo = 0{,}3$). Betrachten Sie als Vergleichsgröße die mittlere Temperatur. (Diese schwankt aufgrund der kleinen Biotzahl sehr wenig auf der ganzen Dicke des Körpers.)

13. Ein Anbieter behauptet, seine zylinderförmigen Pommes mit 9 mm Durchmesser würden in 90 s gar. Man müsse aber die gefrorenen Pommes zuerst auf $T_0 = 20\,°C$ auftauen lassen und diese dann in Öl der Temperatur $T_\infty = 50\,°C$ tauchen (üblich sind 175 °C). Zudem hätte man 80 °C für die Kerntemperatur als „gar“ zu tolerieren.
Die Daten für die Kartoffeln sind $\rho = 1100\,\frac{kg}{m^3}$, $c_p = 3500\,\frac{J}{kg \cdot K}$, $\lambda = 0{,}5\,\frac{W}{m \cdot K}$.
Der Wärmeübergangskoeffizient sei $\alpha = 600\,\frac{W}{m^2 \cdot K}$.
    a) Testen Sie, ob das Modell des halbunendlichen Körpers hier anwendbar ist.
    b) Welche Größe macht die Anwendung des HUK hauptsächlich anwendbar?
    c) Berechnen Sie mit diesem Modell die Kerntemperatur.

14. Wir betrachten ein stromdurchflossenes zylindrisches Kupferkabel, das sich erwärmt. Das Kabel stehe im Wärmeaustausch mit der Umgebung. Der Strom fließe schon einige Zeit, so dass wir von einem stationären Zustand ausgehen können.
    a) Wie groß ist die Temperaturdifferenz zwischen Wand und Umgebung des Kabels?
    b) Für einen stromdurchflossenen Leiter ist die elektrische Leistung gegeben durch $P = U \cdot I = I^2 R$. Der Widerstand eines Drahtes wiederum ist proportional zur seiner Länge und umgekehrt proportional zu seinem Querschnitt: $R = \rho \cdot \frac{l}{A}$. ρ ist der spezifische Widerstand, abhängig von Temperatur und Dichte, usw. Daraus ergibt sich für die Leistung $P = U \cdot I = I^2 \rho \cdot \frac{l}{A}$. Berechnen Sie daraus den elektrischen Wärmestrom pro Volumen $\dot{\varepsilon} = \frac{P}{V}$. Setzen Sie beiden Wärmeströme $\dot{\varepsilon}$ und $\dot{\omega}$ gleich und bestimmen Sie einen Ausdruck für den notwendigen Durchmesser d des Kabels bei einem zulässigen Strom I.
    c) Wie groß wird der Durchmesser für folgende Daten: $\rho = 1{,}7 \cdot 10^{-8}\,\Omega m$, $I = 20\,A$, $T_W = 30\,°C$, $T_\infty = 20\,°C$, $\alpha = 50\,\frac{W}{m^2 K}$?

15. Wärmekugeln sind metallene Hohlkugeln mit einer Wärmequelle im Inneren. Solche Kugeln wurden bis ins 18. Jahrhundert zum Anwärmen der Hände in kalten Räumen verwendet. Die ersten Exemplare reichen bis ins Jahr 800 n. Chr. zurück. Heutzutage werden diese Kugeln elektrisch betrieben. Unsere Kugel habe einen Durchmesser von 60 cm. Die innere Wärmequellendichte sei $\dot{\omega} = 1000\,\frac{\text{W}}{\text{m}^3}$. Die Wärmeleitfähigkeit ist $\lambda = 120\,\frac{\text{W}}{\text{mK}}$. Die Oberfläche stehe im „Wärmeaustausch" mit der Umgebung. Diese habe eine Temperatur von $T_\infty = 20\,°\text{C}$. Der Übergangskoeffizient sei $\alpha = 10\,\frac{\text{W}}{\text{m}^2\text{K}}$.
Mit der Zeit stellt sich eine stationäre Temperaturverteilung im Körper ein.
    a) Bestimmen Sie die zugehörige Temperaturfunktion.
    b) Welche Temperatur stellt sich auf der Oberfläche ein?
    c) Zeigen Sie, dass der im Inneren der Kugel erzeugte Wärmestrom genauso groß ist wie der aus der Oberfläche entweichende Wärmestrom.
    d) Ist der Wärmestrom im Inneren der Kugel überall gleich groß?

16. Eine Heizung besteht aus einer ebenen Stahlplatte der Höhe 50 cm (Abb. 2 links). Um die Übertragungsfläche zu vergrößern, werden quaderförmige Rippen des gleichen Materials mit 8 mm Dicke, 50 cm Höhe und 5 cm Tiefe im Abstand von 2 cm parallel an die Platte angeschweißt. Die Wärmeübergangszahl außen ist $\alpha = 10\,\frac{\text{W}}{\text{m}^2\text{K}}$, die Wärmeleitfähigkeit der Rippen beträgt $\lambda = 15\,\frac{\text{W}}{\text{mK}}$. Die Temperatur der Platte ist $T_0 = 100\,°\text{C}$, die der Umgebung $T_\text{a} = 20\,°\text{C}$. Führen Sie alle Berechnungen nur für eine einseitig berippte Platte durch.
    a) Bestimmen Sie die Vergrößerung der Übertragungsfläche.
    b) Wie groß ist die Temperatur in der Mitte einer Rippe?
    c) Berechnen Sie den Wärmestrom am Anfang einer Rippe.
    d) Wie groß ist der von einer Rippe abgegebene Wärmestrom?
    e) Berechnen Sie die Wärmestromdichte ohne und mit Rippen.

17. a) Berechnen Sie den hydraulischen Durchmesser d_h eines bis zu einer Höhe h gefüllten Rohrs (Abb. 2 rechts). Geben Sie d_h zuerst als Funktion des Durchmessers d und des Zentriwinkels α und dann als Funktion von h und b an.
    b) Für welchen Winkel α wird d_h und somit auch die Nusselt- und die Wärmeübergangszahl maximal?

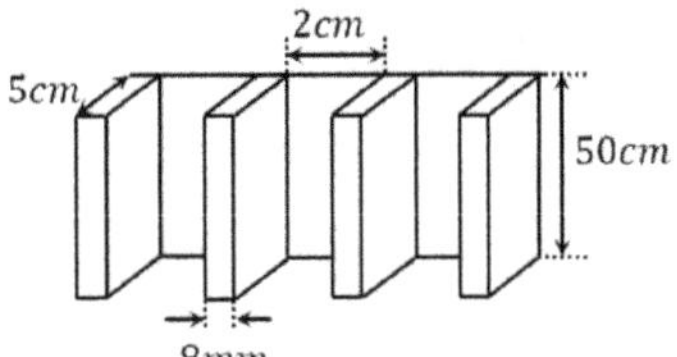

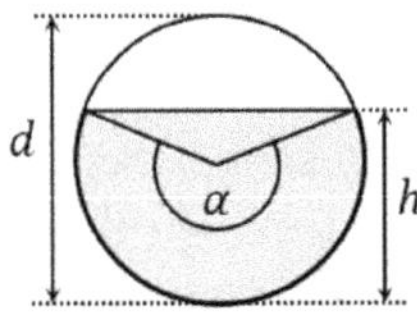

Abb. 2: Skizzen zu den Übungen 16 und 17

18. Frisch gemolkene Kuhmilch ($c_{p_1} = 3{,}94\,\frac{\text{kJ}}{\text{kg}\cdot\text{K}}$, $\dot{m}_1 = 1\,\frac{\text{kg}}{\text{s}}$) soll von der Temperatur $T_{1,0} = 38\,°\text{C}$ auf die Temperatur $T_{1,l} = 8\,°\text{C}$ abgekühlt werden. In einem Wärmeübertrager wird dazu Kühlwasser ($c_{p_1} = 4{,}18\,\frac{\text{kJ}}{\text{kg}\cdot\text{K}}$, $\dot{m}_2 = 1{,}5\,\frac{\text{kg}}{\text{s}}$) der Temperatur $T_{2,0} = 4\,°\text{C}$ im Gegenstrom geführt.
    a) Welcher Wärmestrom wird der Milch entzogen?
    b) Mit welcher Temperatur $T_{2,l}$ tritt das Kühlwasser aus dem Wärmeübertrager aus?
    c) Wie groß ist die gemittelte Temperaturdifferenz?
    d) Bestimmen Sie den Faktor $K := k \cdot A$ dieses Systems (K = Übertragungsfähigkeit).

19. Der Wärmeüberträger einer Heizung besteht aus einem Innenrohr mit 1,8 cm Außendurchmesser und 1 mm Wandstärke. Das konzentrisch angeordnete Außenrohr hat den Innendurchmesser 2,4 cm. Die mittlere Geschwindigkeit im Rohr und im Ringspalt beträgt $1\,\frac{\text{m}}{\text{s}}$. In den Ringspalt strömt das Heizwasser mit der Temperatur von 90 °C hinein. Im Rohr fließt das Brauchwasser und soll von 40 °C auf 60 °C erwärmt werden. Die Wärmeleitfähigkeit des Rohrmaterials ist $17\,\frac{\text{W}}{\text{mK}}$. Gegen außen sei das Außenrohr ideal isoliert. Die Korrekturfaktoren f_1 und f_2 werden der Einfachheit halber 1 gesetzt.
    Die Stoffwerte sind

T [°C]	$\rho\left[\frac{\text{kg}}{\text{m}^3}\right]$	$c_p\left[\frac{\text{kJ}}{\text{kg}\cdot\text{K}}\right]$	$\lambda\left[\frac{\text{W}}{\text{mK}}\right]$	$\nu\left[\frac{\text{m}^2}{\text{s}}\right]$	Pr
Brauchwasser 50 °C	998,1	4,179	$637{,}4 \cdot 10^{-3}$	$0{,}553 \cdot 10^{-6}$	3,55
Heizwasser 90 °C	971,8	4,195	$670{,}1 \cdot 10^{-3}$	$0{,}365 \cdot 10^{-6}$	2,22

    a) Berechnen Sie die Massenströme im inneren Rohr bzw. im Ringspalt und die Austrittstemperatur des Heizwassers.
    b) Bestimmen Sie die Wärmeübergangszahl α_i im inneren Rohr.
    c) Wie groß wird die Wärmeübergangszahl α_a im Ringspalt?
    d) Berechnen Sie die Wärmedurchgangszahl.
    e) Bestimmen Sie die benötigte Austauschfläche und die Rohrlänge mit Hilfe der gemitteltenTemperaturdifferenz.

20. a) Zeigen Sie, dass sich der Volumenausdehnungskoeffizient α_p auch schreiben lässt als $\alpha_p = -\frac{1}{\rho}(\frac{\partial \rho}{\partial T})_p$ und bestätigen Sie den Wert von $\alpha_p = \frac{1}{T}$ für ein ideales Gas.
    b) Leiten Sie den Volumenausdehnungskoeffizienten $\alpha_p = \frac{1}{V}(\frac{\partial V}{\partial T})_p$ nach der Zeit und die Kompressibilität $\kappa_T = -\frac{1}{V}(\frac{\partial V}{\partial p})_T$ nach dem Druck ab und beweisen Sie mit Hilfe der Schwarz'schen Gleichung, dass $(\frac{\partial \alpha_p}{\partial p})_T = -(\frac{\partial \kappa_T}{\partial T})_p$ gilt. Was erhält man speziell für ein ideales Gas?

21. a) Formen Sie den Ausdruck $\alpha_p = \frac{1}{V}(\frac{\partial V}{\partial T})_p$ um, integrieren Sie T von T_1 bis T_2 und V von V_1 bis V_2. Bestimmen Sie dann $V_2(T_2)$.
    b) Was erhält man für $V_2(T_2)$ im Fall eines idealen Gases?
    c) Wie lautet der Ausdruck für $V_2(T_2)$ im Falle eines konstanten α_p?
    d) Linearisieren Sie den Exponentialterm von c). Welches Gesetz erhalten Sie?

22. In einem starren Behälter werden 50 kg Wasser bei einem konstanten Druck p_1 = 1 bar von t_1 = 20 °C auf t_2 = 50 °C aufgeheizt. Der Umgebungsdruck beträgt dabei p_U = 1 bar.
    a) Welche Arbeit verrichtet das Wasser bei diesem Prozess (es wird Arbeit frei)?
    b) Wieviel Arbeit muss an dem Wasser verrichtet werden, wenn die unter a) entstandene Volumenänderung bei der konstanten Temperatur t_2 = 50 °C durch Druckerhöhung (von 1 bar ausgehend) rückgängig gemacht wird?
    c) Unter welchem Druck steht das Wasser im Fall von b) dann?

23. Bei einer Thermosflasche ist der Hohlraum zwischen den beiden Wänden evakuiert, weswegen der Wärmeaustausch weder durch Leitung noch Konvektion, sondern nur durch Strahlung stattfindet. Um diese Wärmeabgabe möglichst klein zu halten, sind die Flächen des Hohlraumes versilbert. Die innere Wand hat die Temperatur T_1 = 80 °C, die äußere eine Temperatur von T_2 = 15 °C. Der Emissionsgrad von Silber ist ε = 0,03. Wir vernachlässigen zudem die Wärmeleitung am Flaschenhals.
    a) Berechnen Sie den Wärmeverlust, wenn die Innenfläche A = 0,04 m^2 beträgt.
    b) Wie dick müsste eine Isolierschicht aus Kork sein, wenn diese dieselbe Isolierwirkung haben soll? Wärmeleitfähigkeit von Kork: $\lambda = 0{,}05\ \frac{\mathrm{W}}{\mathrm{mK}}$.

24. Zwei parallele Wände der Größe 2 m^2 sind in einem gewissen Abstand aufgestellt. Ihre Temperaturen betragen T_1 = 400 K bzw. T_2 = 300 K. Die Emissionsgrade sind $\varepsilon_1 = 0{,}6$, $\varepsilon_2 = 0{,}9$.
    a) Berechnen Sie den zugehörigen Strahlungsaustauschfaktor ε_{12} und den Wärmestrom.
    b) Nun wird eine parallele Strahlungsschutzwand der gleichen Größe mit ε_3 = 0,1 dazwischen aufgebaut. Bestimmen Sie die Strahlungsaustauschfaktoren ε_{13} und ε_{32}, die Temperatur T_3 der Schutzwand und daraus den reduzierten Wärmestrom.
    c) Zum Vergleich werden zwei Schutzwände derselben Größe mit $\varepsilon_3 = \varepsilon_4 = 0{,}2$ dazwischen aufgebaut. Absorbieren die beiden Filter zusammen mehr als der einzelne Filter aus Aufgabe b)?

25. Backsteine werden bei ca. 1000 °C gebrannt. Ein 20 cm dicker Ziegel soll bei einer Kühltemperatur von 20 °C auf die *mittlere* Temperatur 100° abgekühlt werden. Die Stoffwerte sind $c_p = 900\,\frac{\mathrm{J}}{\mathrm{kg\cdot K}}$, $\rho = 1200\,\frac{\mathrm{kg}}{\mathrm{m}^3}$, $\lambda = 1\,\frac{\mathrm{W}}{\mathrm{mK}}$. Außerdem ist $\varepsilon = 0{,}93$ und $\alpha = 10\,\frac{\mathrm{W}}{\mathrm{m^2K}}$. Verwenden Sie die berechnete Reihenentwicklung der mittleren Temperatur (3.6) und bestimmen Sie die notwendige Zeit für die Abkühlung.

26. Ein Kupferbolzen in Form eines Zylinders mit dem Radius 0,05 m soll von der Temperatur 700 °C mit Hilfe einer Kühltemperatur von 20 °C auf 40 °C heruntergekühlt werden. Berechnen Sie die dafür benötigte Zeit. Die Stoffwerte sind $c_p = 440\,\frac{\mathrm{J}}{\mathrm{kg\cdot K}}$, $\rho = 8940\,\frac{\mathrm{kg}}{\mathrm{m}^3}$, $\lambda = 380\,\frac{\mathrm{W}}{\mathrm{mK}}$. Außerdem ist $\varepsilon = 0{,}35$ und $\alpha = 40\,\frac{\mathrm{W}}{\mathrm{m^2K}}$.

Weiterführende Literatur

H. D. Baehr und K. Stephan. *Wärme- und Stoffübertragung*. Springer, 3. Auflage, 1998. ISBN 978-3-662-10835-9.

P. von Böckh und T. Wetzel. *Wärmeübertragung*. Springer, 5. Auflage, 2013. ISBN 978-3-642-37730-3.

F. Brandt. *Wärmeübertragung in Dampferzeugern und Wärmeaustauschern*. FDBR, 2. Auflage, 1995. ISBN 3-8027-2535-2.

E. Doering, H. Schedwill und M. Dehli. *Grundlagen der Technischen Thermodynamik*. Vieweg&Teubner, 6. Auflage, 2008. ISBN 978-3-8351-0149-4.

U. Grigull und H. Sandner. *Wärmeleitung*. Springer, 2. Auflage, 1990. ISBN 13:978-3-540-52315-4.

N. Hannoschöck. *Wärmeleitung und -transport*. Springer, 2018. ISBN 978-3-662-57571-0.

G. Jeschke. PC I: Thermodynamik. Vorlesungsskript, ETH Zürich, 28. Mai 2015.

W. Kaiser und W. Schlachter. *Energie in der Kunststofftechnik*. Hanser, 2019. ISBN 978-3-446-45409-5.

H. P. Kiani. Laplace-Gleichung im zweidimensionalen Raum. Vorlesungsskript, Universität Hamburg, Mai 2015.

C. Kramer und A. Mühlbauer. *Praxishandbuch Thermoprozess-Technik*. Vulkan, 2002. ISBN 3-8027-2922-6.

K. Langeheinecke, P. Jany und G. Thieleke. *Thermodynamik für Ingenieure*. Vieweg, 6. Auflage, 2006. ISBN 10 3-8348-0103-8.

R. Marek und K. Nitsche. *Praxis der Wärmeübertragung*. Hanser, 5. Auflage, 2019. ISBN 978-3-446-46124-6.

M. Pfitzner. Wärme- und Stofftransport. Vorlesungsskript, Universität München, Juni 2017.

W. Polifke und J. Kopitz. *Wärmeübertragung*. Pearson Studium, 2. Auflage, 2009. ISBN 978-3-8273-7349-6.

https://www.fh-dortmund.de/de/fb/3/personen/lehr/hahn/medien/Waermetransport.pdf.

https://www.schweizer-fn.de/waerme/waermeleitung/waermeleitung.php.

https://theorie2.physik.uni-erlangen.de/images/1/15/Kap1-4.pdf.

https://tu-dresden.de/ing/maschinenwesen/iet/ressourcen/dateien/kwt/lehre/Folien_Vorlesung.pdf?lang=de.

https://tu-dresden.de/ing/maschinenwesen/iet/ressourcen/dateien/kwt/lehre/LoesWUE2.pdf?lang=de.

http://www.uni-magdeburg.de/isut/TV/Download/Waerme-_und_Stoffuebertragung_Kapitel_1%2B2_WS0809.pdf.

http://www.uni-magdeburg.de/isut/TV/Download/Kapitel_5_Waerme-_und_Stoffuebertragung_WS0809.pdf.

http://www.uni-magdeburg.de/isut/TV/Download/Kapitel_7_Waerme-_und_Stoffuebertragung.pdf.

https://www.yumpu.com/de/document/read/6746246/warmetransportphanomene-lehrstuhl-fur-thermodynamik-tum.

https://doi.org/10.1515/9783110684469-011

Stichwortverzeichnis

https://doi.org/10.1515/9783110684469-012

www.ingramcontent.com/pod-product-compliance
Ingram Content Group UK Ltd.
Pitfield, Milton Keynes, MK11 3LW, UK
UKHW061656190726
13853UKWH00008B/2239